インプレス R&D ［NextPublishing］

New Thinking and New Ways
E-Book / Print Book

# 沸騰熱伝達の基本構造

東京大学名誉教授
工　学　博　士　西尾 茂文 ｜著

沸騰熱伝達を、豊富な参考文献にもとづいて
その基礎となる蒸発・沸騰の素過程とともに
独自の視点で解説した成書

# 序　文

　本書は、平成 2 年（1990 年）11 月 29 日（木）〜30 日（金）に東京大学生産技術研究所で開催された生研セミナー（コース 159）「沸騰熱伝達の基本構造と冷却制御工学への応用」のために執筆・製本したテキストを基としている。これから沸騰研究に従事する若手研究者（特に学部学生や大学院生）や技術者が、沸騰現象の基本となる素過程の物理・化学的理解と沸騰熱伝達特性の概要を把握する際のテキストとして執筆した。1990 年までの様々な文献や専門書の知見を体系化して整理してあることも本書の特徴の 1 つである。以下、本書の構成について述べる。

　第 1 章は沸騰現象とその熱伝達特性の概説である。特に、1990 年当時の筆者の沸騰熱伝達基本構造の視点が記されている。固液接触割合をパラメータとして沸騰曲線を 1 つの連続曲線と捉えている。この視点に立って、第 5 章以降の沸騰熱伝達特性の章立てを行った。

　第 2 章から第 4 章は沸騰現象の素過程について述べている。まず、第 2 章では、気液平衡や蒸発の動力学といった気液相変化の熱力学・化学的解説を行った。さらに、固体表面での沸騰現象の基礎となる濡れに関して、表面張力や接触角に関する物理化学的解説を行った。次いで、第 3 章では、液相中での蒸気泡生成機構、すなわち気泡核生成に関して、大きくは自発核生成と沸騰核生成に大別されることと、各々の現象の動力学・熱力学的解説を行った。第 4 章では、主に核沸騰現象に関連する生成気泡の成長に関する熱流体力学的解説と、主に膜沸騰現象（一部は限界熱流束点条件）に関連する気液界面安定性の解説を行った。

　第 5 章から第 8 章では、第 1 章で述べた視点で捉えた沸騰曲線の各領域の熱伝達特性について述べている。第 5 章では、沸騰核生成とその既存核の活性化による沸騰開始条件について解説を行った。第 6 章では、沸騰開始後の核沸騰熱伝達について、気泡成長・気泡サイクル・気泡ユニットに関する知見と、それらをふまえた核沸騰熱伝達モデルや核沸騰熱伝達特性について解説した。第 7 章では、高過熱度領域の沸騰形態である膜沸騰熱伝達に関して、気液界面の性状に応じた熱流体力学的解析と、それらに基づく膜沸騰熱伝達特性について解説を行った。最後に第 8 章では、固液接触割合が 0 と 1 の間の値をとる領域を広義の遷移沸騰領域と定義し、限界熱流束（ＣＨＦ）点と極小熱流束（ＭＨＦ）点を含むこの遷移沸騰熱伝達に関して、固液接触を限定する諸機構と遷移沸騰熱伝達モデルや熱伝達特性について解説した。

　1990 年以降、当然のことながら、沸騰に関する新たな知見が次々と発表されており、筆者の研究成果だけを見ても、膜沸騰蒸気膜ユニットモデル（西尾茂文・大竹浩靖：「自然対流膜沸騰に関する研究（第 6 報，波状界面を有する膜沸騰熱伝達の整理）」，日本機械学会論文集（Ｂ編），58-554(1992.10)，pp.3161-3166.等）、接触界線長さ密度による高熱流束プール沸騰熱伝達モデル（西尾茂文・田中宏明："高熱流束プール沸騰における沸騰構造の可視化"，日本機械学会論文集（Ｂ編），Vol.69, no.682(2003.6), pp.1425-1432.等）、高温

- iii -

面スプレー沸騰冷却熱伝達特性（S.Nishio, Y.-C.Kim："Heat Transfer of Dilute Spray Impinging on Hot Surface (Simple Model Focusing on Rebound Motion and Sensible Heat of Droplets)"，International Journal of Heat and Mass Transfer, 41-24(1998.12), pp.4113-4119.等）、等に関する成果を論文発表している。これらの新たな知見は、将来大幅な改訂版を執筆する際に含めることとし、本書には含まれていない点に留意されたい。しかし、沸騰現象の素過程や沸騰熱伝達基本構造の内容は普遍的なものであり、特にこれから沸騰研究に取り組もうとする若手研究者・技術者にとって有用な内容と思う。少しでも多くの方の参考になれば幸いである。

　このたび本書を出版するにあたり、筆者の研究室 OB 関係者数名の協力を得て、20数年前のテキスト再入力・数式入力・図表スキャン・文章や数式や文献の校正等を行うこととなった。特に、東京大学生産技術研究所教授・白樫了氏と白樫研究室秘書・足立菜摘氏には多大な労務をおかけした。ここに出版刊行委員会全員に深く謝意を表したい。

西尾茂文

平成 30 年(2018 年)1 月 13 日

# 目　次

**第1章　蒸発・沸騰現象と沸騰熱伝達**
§1.1 沸騰熱伝達の諸相 ･････････････････････････････ 1
§1.2 蒸発・沸騰現象 ･････････････････････････････････ 8
§1.3 沸騰熱伝達の基本構造 ･････････････････････････ 10


＜蒸発・沸騰現象概論＞･･････････････････････････ 15

**第2章　気液平衡、蒸発および濡れ**
§2.1 気液の平衡 ･･････････････････････････････････････ 16
§2.2 蒸発の動力学 ･･･････････････････････････････････ 27
§2.3 濡れ ･･･････････････････････････････････････････････ 36

**第3章　気泡核生成**
§3.1 自発核生成と沸騰核生成 ･････････････････････ 42
§3.2 自発核生成 ･･････････････････････････････････････ 44
§3.3 液相の過熱限界 ･････････････････････････････････ 60
§3.4 沸騰核生成 ･･････････････････････････････････････ 66

**第4章　気泡成長と界面安定性**
§4.1 気泡成長理論 ･･･････････････････････････････････ 74
§4.2 気液界面安定性 ･････････････････････････････････ 90


＜沸騰熱伝達概論＞･･･････････････････････････････ 103

**第5章　沸騰開始**
§5.1 理想沸騰面における気泡初生 ････････････････ 104
§5.2 現実沸騰面における核沸騰開始 ･････････････ 107

**第6章　核沸騰熱伝達**
§6.1 核沸騰熱伝達の基本構造 ･････････････････････ 112
§6.2 固体表面近傍の不均一温度場における気泡成長 ･････ 116
§6.3 気泡サイクル ･･･････････････････････････････････ 125
§6.4 気泡ユニット ･･･････････････････････････････････ 136
§6.5 核沸騰熱伝達モデル ･････････････････････････ 146
§6.6 核沸騰熱伝達の特性 ･････････････････････････ 151

－ v －

## 第 7 章　膜沸騰熱伝達

§7.1 膜沸騰熱伝達の基本構造······························167

§7.2 平滑界面・層流蒸気膜を有する自然対流膜沸騰熱伝達······171

§7.3 波状界面・層流蒸気膜を有する膜沸騰熱伝達··············183

§7.4 膜沸騰熱伝達の特性································188

## 第 8 章　遷移沸騰熱伝達

§8.1 遷移沸騰熱伝達の基本構造··························192

§8.2 固液接触の存在を限定する諸機構····················197

§8.3 遷移沸騰熱伝達モデル····························205

§8.4 遷移沸騰熱伝達の特性····························214

## 記号表および参考文献································229

## 編集後記········································263

# 第１章　蒸発・沸騰現象と沸騰熱伝達

　液相中で気液界面を新たに形成しながら「蒸発（evaporation）」が起きることを、「沸騰（boiling）」と呼ぶ。液体の飽和温度以上の温度にある固体表面で沸騰が起き、固体表面から液体への正味の熱流束がある場合、この伝熱過程を「沸騰熱伝達（boiling heat transfer）」と呼ぶ。沸騰熱伝達では、気泡や蒸気膜といった形で新たな気液界面が形成され、これらが複雑な運動を行うことにより熱伝達が支配されるため、沸騰熱伝達は複雑な「構造（structure）」を有する。

　本章では、沸騰熱伝達の特性を表す「沸騰曲線（boiling curve）」（§1.1）、沸騰熱伝達を構成する素過程群＝「蒸発・沸騰現象（evaporation and boiling phenomena）」（§1.2）、さらに「沸騰熱伝達の基本構造」（§1.3）について述べる。

## §1.1 沸騰熱伝達の諸相

　沸騰熱伝達は、上述のように新たに形成される気液界面の挙動がその基本構造を構成するので、気液界面の挙動に本質的影響を及ぼす因子により、様々な領域や形態に区分されている。 例えば、図 1.1.1 の沸騰曲線に示されているように表面過熱度に対しては「核沸騰」→「遷移沸騰」→「膜沸騰」と言った３領域、また、発生する蒸気に対する凝縮能力の有無により「飽和沸騰」、「サブクール沸騰」、さらに、発生する蒸気の沸騰面表面近傍からの離脱挙動により「プール沸騰」、「外部流沸騰」、「（流路）内部流沸騰」などの形態がある。

　本節では、沸騰熱伝達の基礎として、これらの領域や形態について概説する。なお、沸騰熱伝達全般および内部流沸騰熱伝達全般に関する参考書としては、以下のものを薦めたい。

　　◇　日本機械学会編:1965, ″沸騰熱伝達″
　　◇　Hsu, Y.-Y. and Graham, R.W.:1976, ″Transport Process in Boiling and Two-Phase Systems, including near-critical fluids″,（Hemisphere Pub. Co.）
　　◇　植田:1981, ″気液二相流″,　（養賢堂）
　　◇　日本機械学会編:1989, ″沸騰熱伝達と冷却″,　（日本工業出版）

## §1.1.1　沸騰領域

　図 1.1.1 に示したように、沸騰熱伝達の特性は、沸騰面表面熱流束 $q_w$ を表面過熱度 $\Delta T_{ws}$ に対して（通常は両対数紙上に）図示した「沸騰曲線（boiling curve）」により示されることが多い。ここで、「沸騰面表面過熱度（surface superheat）」

－ 1 －

とは、沸騰面表面温度$T_w$が（系の圧力に相当する液相の）飽和温度$T_{sat}$よりどれだけ高いかを示す量$\Delta T_{ws}=T_w-T_{sat}$であり、また、「過熱度(superheat)」とは、液相温度$T_l$が飽和温度よりどれだけ高いかを示す量$\Delta T_{sat}=T_l-T_{sat}$である。

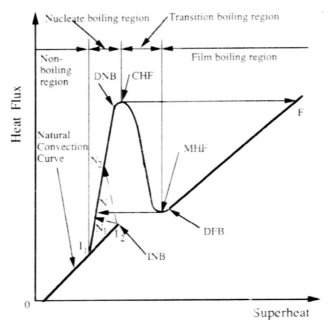

図 1.1.1　沸騰曲線と沸騰熱伝達の概要

　さて、沸騰曲線は、沸騰面表面過熱度が小さい側から、通常以下のような4つの沸騰領域および3つの特性点により構成される（但し、沸騰開始後に核沸騰が発生せず膜沸騰に直接遷移したり、核沸騰から遷移沸騰を経ずに膜沸騰へ移行したりすることがあり得ることを付言しておく）。

　　① 未沸騰領域 (non-boiling region)
　　　　← ② 核沸騰開始 (ＩＮＢ、 incipience of nucleate boiling) 点
　　③ 核沸騰領域 (nucleate boiling region)
　　　　← ④ ＤＮＢ (departure from nucleate boiling) 点
　　　　← ⑤ 限界熱流束 (ＣＨＦ、 critical heat flux) 点
　　⑥ （狭義の）遷移沸騰領域 (transition boiling region)
　　　　← ⑦ 極小熱流束 (ＭＨＦ、 minimum heat flux) 点
　　　　← ⑧ ＤＦＢ (departure from nucleate boiling) 点
　　⑨ 膜沸騰領域 (film boiling region)

　いま、飽和温度にある液相中に水平円柱があり、この円柱の温度を（例えば円柱に電流を流すことにより）徐々に上昇させてゆく過程を考える。円柱の表面過熱度が小さい間は、円柱表面での気泡生成は見られず、この状態は「未沸騰状態」と呼ばれる。

【核沸騰開始】

　沸騰面表面過熱度がやや大きくなると、円柱表面で気泡の生成が開始し、「核沸騰開始」の状態に至る。気泡を発生する場所は、通常、気相を予め捕捉しているキャビティなどの「固体表面の幾何学的微細構造」である。したがって、気相を捕捉している幾何学的微細構造が沸騰面表面に如何に分布するかにより、沸騰開始条件は同一液体でも変化する。例えば、単結晶など表面欠陥の少ない固体面では、沸騰面表面に存在する幾何学的微細構造の代表寸法分布が微細寸法域に偏在しており、こうした沸騰面では図 1.1.1 中の $I_1$ 点では沸騰が開始せず、この点を遥かに通過した $I_2$ 点で初めて沸騰が開始する。$I_2$ 点で沸騰が開始すると、第6章で述べる site seeding が可能であれば、沸騰面表面過熱度は $N_1$ 点に向かって一旦降下する。ところで、$N_1$ 点から逆に表面の過熱度を下げてゆくと、沸騰曲線は $I_2$ 点を経ずに $I_1$ 点に直接復帰するので、この領域では過熱度を上げる過程と下げる過程とでは「ヒステリシス（hysteresis）」が存在することになる。ヒステリシスには、上述のような $I_2$ から $N_1$ に（すなわち核沸騰曲線に）急速に移行する場合や、図示したように $I_2$ から $N_2$ に至る長い漸近過程を経る場合があり得る。

【核沸騰領域】

　表面過熱度が核沸騰開始点を越えると、気泡の発生点密度と離脱頻度とが過熱度の増大とともに急速に増大する「核沸騰領域」が現れる。このため、核沸騰領域では、熱流束は過熱度の2〜6乗程度に依存して急速に増大する。核沸騰領域には、一般には、平面表面で隣接して成長する気泡や離脱気泡が互いに干渉し合わず、気泡が孤立した気泡として自立的に挙動する「孤立気泡域」（図1.1.2(a)）と、気泡同士の干渉が激しくなる「二次気泡域」（図1.1.2(b)）とがある。孤立気泡域での核沸騰曲線は、液体温度、液体流速、沸騰面形状・姿勢、重力加速度などにより若干変化するが、二次気泡域ではそれらに対する依存性が弱くなる。この領域では、気泡による熱輸送や液体の撹拌が重要であり、したがって気泡の生成・挙動が熱伝達の基本構造を支配する。

【ＤＮＢ(departure from nucleate boiling)】

　上述のように、核沸騰熱伝達は表面過熱度がある程度高くなると熱伝達率が過熱度とともに急速に増大するので、蒸気生成を目的とする機器や技術への応用面からは、核沸騰曲線が十分高い熱流束まで維持されることが望ましい。しかし、図1.1.1に示されているように沸騰曲線は、一般にある過熱度あるいは熱流束に至ると核沸騰曲線から離れ始め、熱流束の急増傾向が急速に鈍るようになる。このように核沸騰曲線から離れ始める点を「ＤＮＢ」点と呼ぶ。

【限界熱流束】

　さらに表面過熱度あるいは熱流束を大きくすると、沸騰曲線は極大点に到達する。この極大値に相当する熱流束以上の熱流束を円柱に投入すると、円柱過熱度はＦ点に向かって上昇し始め、いわゆる「温度跳躍（temperature jump）」が発生する。Ｆ点の温度は、水などの沸騰熱伝達では円柱材料の融点を上回る場合も多く、この場合は温度跳躍の発生は円柱の物理的焼損を意味することになる。この極大点は、「限界熱流束」点と呼ばれる。したがって、核沸騰領域において作動する蒸発器などの熱機器では限界熱流束は作動拘束条件として極めて重要である。限界熱流束は、最大熱流束、極大熱流束、バーンアウト熱流束などとも呼ばれているが、本書では「限界熱流束（ＣＨＦ）」を用語として使用する。

 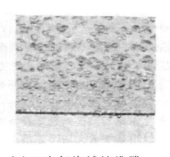 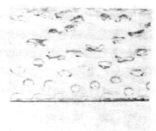

(a)孤立気泡域核沸騰　　　(b)二次気泡域核沸騰　　　(c)膜沸騰
図 1.1.2　核沸騰と膜沸騰

【膜沸騰領域】
　一方、F点では、表面過熱度が高いため液体は円柱に全く接触することができず、円柱表面は液体中にあるにも関わらず完全に乾いている。すなわち、図1.1.2(c)に示したように、液体は蒸気膜により平面から完全に分離されており、この領域は「膜沸騰領域」と呼ばれている。膜沸騰領域では一般に、熱は蒸気膜中を熱伝導により気液界面まで運ばれ、そこで蒸発（および液体温度が飽和温度より低い場合には液相の加熱）に使用される。したがって、膜沸騰領域の熱伝達率は蒸気膜厚さの逆数として概算できることになり、蒸気膜厚さを支配する構造が重要となる。また、表面過熱度が高いため、放射伝熱の効果も無視できなくなることがある。

【ＤＦＢ(departure from film boiling)】
　F点から徐々に表面過熱度を減じてゆくと、やがて完全に乾いていた円柱表面に間欠的かつ局所的な固液接触が現れるようになる。間欠的・局所的な固液接触がある程度発生するようになると、完全乾燥面における膜沸騰熱伝達に比べて（恐らく明らかに）熱流束が増大する。「ＤＦＢ」点は、間欠的・局所的な固液接触の発生の境界に位置する。

【極小熱流束】
　さらに表面過熱度が減少すると、やがて沸騰曲線の極小値、すなわち極小熱流束に到達する。限界熱流束同様、膜沸騰状態で円柱への供給熱流束がこの極小値を下回ると、表面温度はN点に向かって減少し始め「温度跳躍」が発生する。極小熱流束点についても、最小熱流束点、膜沸騰下限界点、クエンチ点など様々な呼び方があるが、ここでは「極小熱流束（ＭＨＦ）点」を使用する。

【遷移沸騰領域】
　限界熱流束点と極小熱流束点とにより挟まれる表面過熱度領域を、一般には「遷移沸騰領域」と呼ぶ。遷移沸騰熱伝達の基本構造は、濡れ面と乾き面との時空間的混在であると現在は考えられている。本書では、後述する理由から、限界熱流束点と極小熱流束点とに挟まれた領域を「狭義の遷移沸騰領域」と呼び、ＤＮＢ点とＤＦＢ点とで挟まれた領域を「広義の遷移沸騰領域」と呼ぶ。狭義の遷移沸騰領域では、一般に沸騰曲線が表面過熱度に対して負勾配をもつことから、この領域を定常的に実現するには円柱の加熱方法に工夫が必要である。例えば、直接通電加熱あるいは電気ヒーター加熱など熱流束制御型の沸騰面を使用する場合、この領域で表面過熱度が微小量だけ減少するような擾乱を受けると、沸騰面を加熱している熱流束は一定であるにも関わらず沸騰熱流束が増大するので、表面過熱度は初期値に復帰せずさらに減少を開始する。逆に、表面過熱度が微小量だけ増大するような擾乱を

受けると、沸騰面過熱度は増大を開始する。このように、熱流束支配型沸騰面における狭義の遷移沸騰領域は不安定な領域である。

## §1.1.2　沸騰条件

　　沸騰曲線を定めるためには、通常の熱伝達現象と同様に、まず、液体に関する条件を指定しなければならない。液体の条件としては、液体種類は別にして、少なくとも

① 　液体圧力　　　　：$p_{lb}$
② 　液体温度　　　　：$T_{lb}$
③ 　液体速度　　　　：$u_{lb}$
④ 　場に加わる外力：$g$ など

を指定する必要があろう。

### 【飽和沸騰とサブクール沸騰】
　　まず、液体の圧力と温度は、流体の物性を定めるために必要である。しかし、沸騰熱伝達では、液体の圧力と温度は、流体物性を定める基準温度を与えるのみならず、伝熱構造を決める重要な量である。例えば、沸騰面表面から離脱する気泡径は圧力により大きく変化する。また、沸騰面表面で発生した気泡は、液体温度が飽和温度より低くなると離脱後に凝縮するようになり、液体温度がさらに低くなると気泡の離脱が困難になり図1.1.3に示したような定在的気泡が一種のサーモサイフォンとして機能するようになることも考えられる。さらに、飽和液体の膜沸騰では気液界面は複雑な運動を伴うが、液体温度が低くなると気液界面の運動は秩序化するようになる。このように、沸騰様相はサブクール度とともに大きく変化する。

　　そこで、沸騰熱伝達では、バルク液体温度$T_{lb}$が飽和温度よりどれだけ低いかを示す「サブクール度（subcooling）」$\Delta T_{sub}＝T_{sat}－T_{lb}$を液体温度の代表値とする場合が多く、飽和液体の沸騰を「飽和沸騰（saturated boiling）」、サブクールされた液体の沸騰を「サブクール沸騰（subcooled boiling）」と呼んで区別する。

### 【外部流沸騰熱伝達と内部流沸騰熱伝達】
　　液体速度や外力も、発生蒸気や気液界面の運動と密接に関係する。例えば、水平上向き平面系の膜沸騰における気液界面は、飽和沸騰では後述する Rayleigh－Taylor 不安定により波立つが、この波長は系に加わる重力の大きさに依存している。沸騰熱伝達においても、単相流熱伝達と同様、バルク液体が強制流動されていない系における沸騰を「自然対流沸騰（natural-convection boiling）」あるいは「プール沸騰（pool boiling）」、強制流動されている系におけるそれを「強制対流沸騰（flow boiling または forced-convection boiling）」と呼んで区別するが、固体面表面近傍に形成される自律的伝熱構造が重要である沸騰熱伝達では、単相流熱伝達に比べてこうした分類がもつ意味は比較的小さいと思われる。

　　単相流熱伝達と比べて沸騰熱伝達でより本質的な意味をもつ分類は、「内部流沸騰（internal flow boiling）」と「外部流沸騰（external flow boiling）」である。内部流沸騰では発生蒸気が流れ方向に累積するため、例えば図1.1.4に示したように流れ方向により流動様相が大きく変化し、図1.1.5に示したように様々な「流動

様式（flow pattern）」が出現し得る。内部流沸騰熱伝達あるいは二相流熱伝達はその応用上極めて重要であるが、基礎的事項を述べる本書では対象外とした。

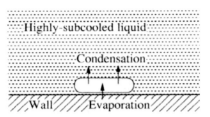

図 1.1.3 サブクール沸騰における気泡サーモサイフォン

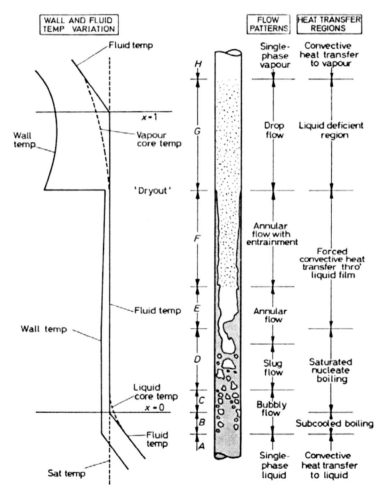

図 1.1.4 内部流沸騰熱伝達における流動様式と壁温度分布
（図中の x はクオリティ＜Collier(1972)より＞）

【定常沸騰と過渡沸騰】
　後述するような核沸騰領域における気泡サイクル、あるいは遷移沸騰領域におけ

- 6 -

る固液接触サイクルなど、沸騰熱伝達は本質的に非定常現象である。しかし、次節で述べるように、各沸騰領域における代表的時間スケールより十分に長い時間に亙って沸騰熱伝達を観測すると、沸騰面の表面過熱度および熱流束の平均値を定義することができる。このように平均値が定義できる状態における沸騰熱伝達を「定常沸騰（steady-state boiling）」、平均値が定義できず、時間スケール毎に例えば沸騰面表面過熱度が特定方向に変化する場合、これを「過渡沸騰（transient boiling）」と呼ぶ。

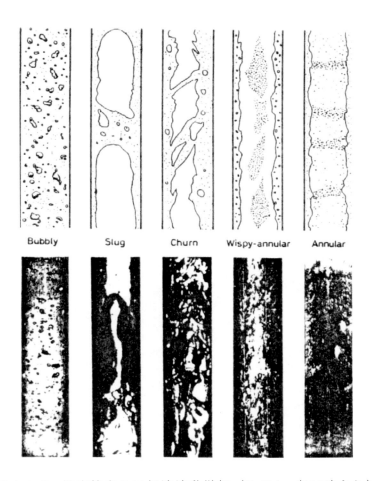

図 1.1.5 鉛直管内の二相流流動様相 （Collier(1972)より）

$$\boxed{\S 1.2 \quad 蒸発・沸騰現象}$$

　本書では、沸騰熱伝達の基本構造を構成する素過程群を、「蒸発・沸騰現象 (evaporation and boiling phenomena)」と呼ぶ。

　蒸発・沸騰現象として重要な事項を図 1.2.1 に示した。

【熱力学と蒸発動力学】

　蒸発は相変化の一つであるから、当然、相平衡、相の安定性、状態式などといった相変化に関する「化学熱力学 (chemical thermodynamics)」と、蒸発過程を分子レベルで扱う「蒸発動力学 (molecular dynamics of evaporation)」が、最も基礎的な蒸発・沸騰現象として重要である。しかし、双方とも詳細な専門書があるので、本書では基本的事項についてのみ述べる。

【気泡核生成】

　沸騰とは、前述したように「新たな気液界面の形成とその運動を伴いながら液相中で蒸発が起きる」ことである。　例えば§3.3で述べるように、無限空間中で過熱される大気圧水は、理論的には 300℃を越える高温にまで過熱されなければ沸騰を起こすことはないが、金属容器内で湯を沸かす場合などの日常的経験では、容器温度が 100℃を若干越えると沸騰が開始する。この相違は後述するように気泡の作られ方、即ち「気泡核生成 (bubble nucleation)」の相違に起因する。気泡核生成としては、自発核生成、沸騰核生成、また自発核生成と関連する液体の過熱限界が重要である。

【界面運動論】

　気泡核生成などにより新たに形成された気液界面が如何に運動するかは、直接に沸騰熱伝達の構造を決定することとなる。したがって、まず、気泡が如何なる速度で成長するか、隣接して成長・運動する気泡同士の干渉により如何なる熱伝達構造が出現するかなどに関して、「気泡力学 (bubble dynamics)」が重要である。一方、多くの気泡は滑らかな気液界面を有しながら成長・運動するが、気液界面の不安定性により気液界面の代表的空間スケールが規定されることもあり、「界面安定性 (interface stability)」が重要である。このように、気泡力学および界面安定性は、沸騰により生成される新たな気液界面の運動を介して沸騰熱伝達の基本構造を決定する重要概念である。

【濡れ動力学】

　既に述べたように、純粋膜沸騰領域では液相と沸騰面表面との接触が保てなくなる。この事情は、次のような経験により理解できる。焼けたフライパンに水滴を落とすと、温度が低い場合は濡れが発生し気泡生成を伴いながら水滴の蒸発が起きる。しかし、温度が高くなると水滴はフライパンの上を跳ねながら蒸発飛散するようになり、さらに温度が高くなると水滴は蒸気膜に支えられながらフライパン表面でゆっくりと蒸発するようになる。この例からわかるように、「液体の濡れ」は明らかに沸騰面の温度により大きく変化し、濡れの変化は新たな熱伝達構造を生成する。したがって、接触角、蒸発メニスカスあるいは三相界線の運動など、濡れの静力学や「濡れ動力学 (wetting dynamics)」が重要である。

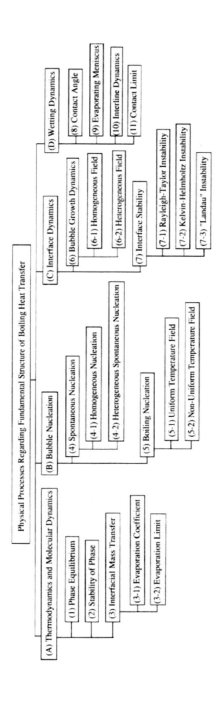

図 1.2.1　蒸発・沸騰現象

## §1.3 沸騰熱伝達の基本構造

さて、面積が十分に大きい沸騰面表面で起こっている定常沸騰熱伝達を考える。この場合の熱伝達特性は、既に述べたように沸騰曲線で示される。本節では、図1.3.1に示した沸騰曲線を基に、沸騰熱伝達の基本構造についてまとめておく。

## §1.3.1 沸騰熱伝達の時間スケールと空間スケール

沸騰熱伝達の特徴の一つは、たとえ表面過熱度$\Delta T_{ws}$および熱流束$q_w$が時空間的平均量として定義されても、沸騰熱伝達は本質的に非定常（周期定常的）あるいは不均質な現象であることである。したがって、沸騰曲線を見るとき、何らかの意味で時空間的平均化操作が行われていることに留意する必要がある。

ところで、ある時刻tにおける沸騰面表面の熱移動量$Q_w'$は次式で表される。

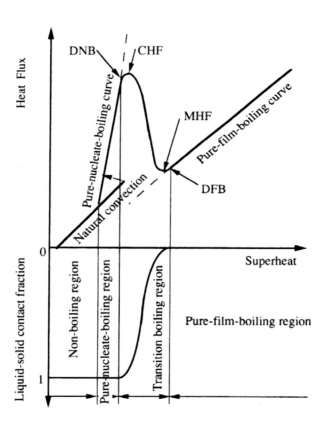

図 1.3.1 沸騰曲線と固液接触割合

$$Q_w{'}[t] = \sum_j \int_{A_{wet,j}[t]} q_{wet}[x,y;t]dA_{wet,j} + \sum_j \int_{A_{dry,j}[t]} q_{dry}[x,y;t]dA_{dry,j}$$

但し、ｘ－ｙ平面で沸騰面表面を表し、ｊは沸騰面表面の分割要素番号を表し、$A_{wet,j}[t]$、$A_{dry,j}[t]$、$q_{wet}[x,y;t]$、$q_{dry}[x,y;t]$はそれぞれ、第ｊ分割面における濡れ面、乾き面の面積および熱流束である。”濡れ面（ｗｅｔ）”、”乾き面（ｄｒｙ）”の定義は難しいが、ここでは文字通りの意味としておく。上述の熱移動量を t＝０～τ の間で積分すると、この間の沸騰面表面における時空間的平均熱流束ｑwおよび平均表面過熱度ΔＴwsは、以下のように表されよう。

$$q_w = \frac{1}{A\tau} \int_0^\tau Q_w{'}dt$$

$$= \frac{1}{A\tau} \int_0^\tau \left( \sum_j \int_{A_{wet,j}[t]} q_{wet}[x,y;t]dA_{wet,j} + \sum_j \int_{A_{dry,j}[t]} q_{dry}[x,y;t]dA_{dry,j} \right) dt \tag{1.3.1a}$$

$$\Delta T_{ws} = \frac{1}{A\tau} \int_0^\tau \left( \int_A \Delta T_{ws}[x,y;t]dA \right) dt \tag{1.3.1b}$$

ここで、Ａは沸騰面全面積である。

さて、（1.3.1）式により評価される熱流束ｑwが普遍的な時空間的平均熱流束を意味するためには、ｑwがτおよびＡに依存しない必要がある。そこで、まず観測時間τを十分に大きくとり、その条件下で沸騰面面積Ａを次第に減少させてゆくとする。Ａがある程度小さくなるとＡの減少に対してｑwも変化するようになると考えられる（無論、こうした限界値Ａが定義できない沸騰現象もあることを付言しておく）。いま、ｑwがＡに依存するようになる限界値$A_{cr}$は、おおよそ「沸騰熱伝達における代表的空間スケール」$L_{ss} = A_{cr}{}^{0.5}$ を意味していると考えることができよう。

次に、沸騰面面積Ａを$L_{ss}{}^2$以上に保持したままで、観測時間τを減少させてゆくとする。Ａと同様にτがある程度小さくなると、ｑwがτに依存するようになる。Ａと同様に、この境界の観測時間τは、「沸騰熱伝達における代表的時間スケール」$\tau_{ts}$を意味していると考えることができる。

ここまできて、（1.3.1）式の中の”濡れ面”および”乾き面”をもう少し明瞭に定義することができる。ここで言う濡れ面および乾き面は、少なくとも上述の代表的時間・空間スケールに比べて有意な「寿命時間」と「面積」を持つものを意味する。例えば、後述する孤立気泡域における核沸騰熱伝達では、気泡サイクル周期が時間スケールを、気泡ユニットスケール$N_{ns}{}^{-0.5}$（$N_{ns}$は§6.4で述べる気泡発生点密度）が空間スケールを代表すると考えられる。一方、一次気泡底部に存在し得る乾き面はクボミ寸法程度であろうから、気泡サイクルにおける空間スケールに比べて十分に小さく、後述する核沸騰領域では乾き面の割合は一般には極めて小さい。

## §1.3.2 固液接触割合

さて、代表的空間スケールより十分に広い沸騰面について、代表的時間スケールより十分に長い観測時間の間の積分平均をとるとする。この状況において、エルゴ

- 11 -

ート性が成立するとすると、次式が成立する

$$\frac{1}{A}\left(\sum_j \int_{A_{wet,j}[t]} q_{wet}[x,y;t]dA_{wet,j} + \sum_j \int_{A_{dry,j}[t]} q_{dry}[x,y;t]dA_{dry,j}\right)$$

【1.3.2】

$$= \frac{1}{\tau}\int_0^\tau \left(q_{wet}[t]\delta[t;t_{wet}] + q_{dry}[t]\delta[t;t_{dry}]\right)dt$$

ここで、$q_{wet}[t]$は沸騰面表面のある場所での濡れ期間における局所熱流束変動、$q_{dry}[t]$は乾燥期間における局所熱流束変動、$\delta[t;t_{wet}]$は沸騰面表面のその位置が濡れている場合には1、乾いている場合には0となる関数である。いま、観測時間中に沸騰面表面が濡れている時間を$\tau_{wet}$、乾いている時間を$\tau_{dry}$とすると、濡れ面および乾き面における平均熱流束が定義できる。

$$q_{wet,m} = \frac{1}{\tau_{wet}}\int_0^{\tau_{wet}} q_{wet}dt, \quad q_{dry,m} = \frac{1}{\tau_{dry}}\int_0^{\tau_{dry}} q_{dry}dt$$

【1.3.3】

さらに、次の量すなわち「固液接触の時間割合(time fraction of liquid-solid contact)」を定義する。

$$\Gamma_{ls,t} = \frac{\tau_{wet}}{\tau_{wet} + \tau_{dry}}$$

【1.3.4】

この固液接触の時間割合$\Gamma_{ls,t}$はエルゴート性を仮定すると「固液接触の空間割合 (spatial fraction of liquid-solid contact)」$\Gamma_{ls,s}$に等しい。したがって、これを一般的に$\Gamma_{ls}$と書くと、沸騰熱伝達における平均熱流束は次のように表される。

$$q_w = q_{wet,m}\Gamma_{ls} + q_{dry,m}(1-\Gamma_{ls})$$

【1.3.5】

この式によれば、沸騰曲線は連続曲線である。

$$\frac{dq_w}{d\Delta T_{ws}} = 0, \quad \frac{d^2 q_w}{d\Delta T_{ws}^2} < 0$$

(1.3.6a)

を満たす$[\Delta T_{ws}, q_w]$が限界熱流束点$[\Delta T_{CHF}, q_{CHF}]$、

$$\frac{dq_w}{d\Delta T_{ws}} = 0, \quad \frac{d^2 q_w}{d\Delta T_{ws}^2} > 0$$

(1.3.6b)

を満たす$[\Delta T_{ws}, q_w]$が極小熱流束点$[\Delta T_{MHF}, q_{MHF}]$を意味する。

【核沸騰領域】

核沸騰領域においては、例えば$\Gamma_{ls}=1$とすると(1.3.5)式より、

$$q_w = q_{wet,m} = q_{NB}$$

(1.3.7a)

となる。この場合、$q_{wet,m}$を決定する際に十分な時間、空間スケールは、「気泡サイクル(bubble cycle)」の周期と「気泡ユニット(bubble unit)」の寸法$N_{ns}^{-0.5}$($N_{ns}$は気泡発生点数)であると考えられる。気泡サイクルには、第6章で述べるように、「一次気泡サイクル」と「二次気泡(合体気泡)サイクル」があり得るが、いずれにしても核沸騰熱伝達の基本構造は気泡が発生し離脱するまでの気泡サイクルと気泡ユニットである。

【膜沸騰領域】

膜沸騰領域においては、例えば $\Gamma_{ls} = 0$ とすると(1.3.5)式より、

$$q_w = q_{dry,m} = q_{FB} \tag{1.3.7b}$$

となる。

【遷移沸騰領域】

遷移沸騰領域では、$0 < \Gamma_{ls} < 1$ であるから (1.3.5)式がそのまま成立する。したがって、遷移沸騰領域の基本構造は、固液接触割合 $\Gamma_{ls}$ を決定する「固液接触サイクル(liquid-solid contact cycle)」と「固液接触ユニット(liquid-solid contact unit)」である。例えば、ＤＮＢ点よりあまり高くない過熱度における遷移沸騰を考えてみる。沸騰曲線が連続曲線であるとすると、この状況における基本構造はＤＮＢにおけるそれと大きくは異ならない。そこで、固液接触時には核沸騰と類似した現象が起きると考えられる。しかし、この状況では、固液接触は、時間および空間的限定を受け固液接触サイクル・ユニットを構成している。固液接触サイクルの周期あるいは固液接触ユニットのピッチが核沸騰熱伝達における代表的時間・空間スケールより十分に大きい状況では、濡れ面あるいは濡れ期間における熱伝達は核沸騰と類似していると考えて良かろう。とすれば、(1.3.5)式は次式で近似できる。

$$q_w = q_{NB}\Gamma_{ls} + q_{FB}\left(1 - \Gamma_{ls}\right) \tag{1.3.8}$$

いずれにしても、この領域では固液接触サイクルと固液接触ユニットが基本構造を決定する。

## §1.3.3 沸騰曲線

前節で述べた固液接触に関する理解を前提として、本書では図 1.3.1 に示した沸騰曲線に関する立場を前提とする。即ち、完全な固液接触が保持される「純粋核沸騰領域 (pure-nucleate-boiling region)」、固液接触が完全に消失する「純粋膜沸騰領域 (pure-film-boiling region)」、および時間空間的に限定された固液接触が発生する「(広義の)遷移沸騰領域 (transition boiling region)」が沸騰曲線を構成する。

こうした区分では、純粋核沸騰と遷移沸騰との境界がＤＮＢ、遷移沸騰と純粋膜沸騰との境界がＤＦＢとなる。ＣＨＦとＭＨＦとは、遷移沸騰領域に含まれる２つの特性点であり、(1.3.5)と(1.3.6)式より定まる。

# 蒸発・沸騰現象概論

# 第2章　気液平衡、蒸発および濡れ

　本章では、沸騰熱伝達を構成する素過程群＝蒸発・沸騰現象に関して最も基礎的な、「相平衡あるいは気液平衡（liquid-vapor equilibrium）」（§2.1）と、蒸発や凝縮の問題を分子運動論的に扱う「蒸発動力学（molecular dynamics of evaporation）」（§2.2）、「濡れ（wetting）」（§2.3）について述べる。

## §2.1 気液の平衡

　気相と液相が接する（物質移動が可能な）気液界面において、気液界面から蒸発する分子数束と気液界面に凝縮する分子数束とが等しい場合、気相と液相とは「平衡（equilibrium）」状態にあると言う。
　本節では気液間の相変化の基礎として、気液界面における平衡条件（§2.1.1）と熱力学的安定性（§2.1.2）について述べる。なお、液相の熱力学的安定限界である「過熱限界（limit of superheat）」については§3.1、§3.2、その具体値については§3.3をも参照されたい。
　ここでは、相変化に関する熱力学について基礎からは詳述しないが、相変化に関する熱力学の参考書としては、以下のものを薦めたい。
　　◇　Hatsopoulos, G.N. and Keenan, J.H. : 1965,"Principles of General Thermodynamics", (John Wiley & Sons).
　　◇　プリゴジン・デファイ（妹尾学訳）：1954、「化学熱力学Ⅰ，Ⅱ」、（みすず書房）.

## §2.1.1 気液界面における平衡条件

　いま、気液界面を介して接する蒸気相と液相とからなる閉じた系を考える。系の体積Vと温度Tが一様かつ一定であるとすると、この系の平衡条件は、ヘルムホルツの自由エネルギーFを用いて、次のように表される。

$$\delta F = 0$$

液相、蒸気相および界面相をそれぞれ添え字 l、v、i で表すと、上式は次のように書き換えられる。

$$\delta F = \delta F_l + \delta F_v + \delta F_i$$

$$\delta F_l = \left. \frac{\partial F_l}{\partial V_l} \right|_{T,xl} dv_l + \left. \frac{\partial F_l}{\partial x_l} \right|_{T,vl} dx_l$$

$$= -p_l dV_l + \mu_l dx_l$$

- 16 -

$$\delta F_v = -p_v dV_v + \mu_v dx_v$$

ここで、$x$はモル数である。考察対象の系は体積$V$一定の閉じた系であるから、

$$dV_l = -dV_v, \quad dx_l = -dx_v$$

であることを考慮すると、平衡条件は最終的に次式のように書き直される。

$$\delta F = (p_l - p_v)dV_v + (\mu_v - \mu_l)dx_v + \delta F_i \qquad 【2.1.1】$$

$\delta F_i$はモル数$x_l$、$x_v$の変化には無関係であるから、圧力$p_l$の液相と平衡する蒸気相の圧力＝蒸気圧（vapor pressure）を$p_{ve}$とすると、この式は気液の平衡条件が以下のように表されることを意味している。

$$\mu_l[T, p_l] = \mu_v[T, p_{ve}] \qquad 【2.1.2】$$

$$p_{ve} - p_l = \left.\frac{\partial F_l}{\partial V_v}\right|_e \qquad 【2.1.3】$$

(2.1.2)式は気液界面における物質移動の釣合を、(2.1.3)式は気液界面における力の釣合を意味している。

このように、一般に「熱力学的平衡(thermodynamic equilibrium)条件」は、「化学的平衡条件（chemical equilibrium）」と「力学的平衡条件（mechanical equilibrium）」により記述される。

## 【Ⅰ】 平衡蒸気圧：化学的平衡条件

前項で述べた気液界面における化学的平衡条件、即ち(2.1.2)式は、熱力学の一般関係式を用いて、以下のように書き直すことができる。まず、液相の化学ポテンシャルは、ある基準圧力$p_{sat}$を用いて次のように書き直すことができる。

$$\mu_l[T, p_l] = \mu_l[T, p_{sat}] + \int_{p_{sat}}^{p_l} v_l{}^* dp$$

$$\sim \mu_l[T, p_{sat}] + v_l{}^*(p_l - p_{sat}) \qquad (2.1.4a)$$

ここで、$v_l{}^*$は液相のモル比容積である。同様に、蒸気相の化学ポテンシャルは、蒸気相を理想気体近似すると、次のように書き直すことができる。

$$\mu_v[T, p_{ve}] = \mu_v[T, p_{sat}] + \int_{p_{sat}}^{p_{ve}} v_v{}^* dp$$

$$= \mu_v[T, p_{sat}] + (R_G T)\log_e\left(\frac{p_{ve}}{p_{sat}}\right) \qquad (2.1.4b)$$

と表される。ここで、$R_G$は一般気体定数である。

さて、(2.1.3)式すなわち力学的平衡条件式は、平面界面を介して気液が平衡している場合には両相の圧力は同一であることを意味している。この時の両相の圧力を温度$T$における「飽和圧力（saturation pressure）」$p_{sat}$と呼ぶ。したがって、(2.1.2)式より次式を得る。

$$\mu_l[T, p_{sat}] = \mu_v[T, p_{sat}] \qquad (2.1.4c)$$

(2.1.3)および(2.1.4a〜c)より平衡蒸気圧$p_{ve}$に関する次の一般式

(Poyntingeffect) を得る。

$$p_{ve} = p_{sat} \exp\left[ -\frac{v_l{}^*(p_{sat} - p_l)}{R_G T} \right]$$ 【2.1.5】

　この式より、温度 T、圧力 $p_l$ の液相と平衡する蒸気相の圧力 $p_{ve}$ は、$p_{sat}$ が $p_l$ と等しくない限り、温度 T における飽和圧力 $p_{sat}$ より小さく、過熱蒸気となっていることがわかる。即ち、過熱液は過熱蒸気と平衡する。

## 【Ⅱ】　Laplace の式：力学的平衡条件
　一方、(2.1.3)式の力学的平衡条件式は、以下のように書き直すことができる。一般に固液、気液および固気の界面が存在する系を考えると、固液、気液および固気界面を添え字 ls、lv、vs で表すと、

$$\delta F_i = \delta F_{ls} + \delta F_{lv} + \delta F_{vs} = \sum_{n=ls,lv,vs}{}' \gamma_n \delta A_n$$ 【2.1.6】

　いま、蒸気相が半径 R の球形気泡の形で液相中に存在するとすると、(2.1.3)式および上式より、次式が得られる。

$$p_{ve} - p_l = \left.\frac{\partial F_l}{\partial V_v}\right|_{xe} = \left.\sigma\frac{\partial A_{lv}}{\partial V_v}\right|_{xe} = \frac{2\sigma}{R_e}$$ (2.1.7a)

気液界面位置を $z = \eta(x,y)$ と書き、上式を少し一般的に書くと次式が得られる。

$$p_{ve} - p_l = \sigma\left(\frac{\partial^2 \eta}{\partial x^2} + \frac{\partial^2 \eta}{\partial y^2}\right)$$ (2.1.7b)

この式は、「ラプラス (Laplace) の式」と呼ばれている式である。
　(2.1.5)式と(2.1.7)式とを組み合わせると、[T, $p_l$]にある過熱液相と平衡する蒸気泡径 R が求まる。
　いま、気液が平面界面を介して平衡しているとすると、(2.1.7a)式より $p_{ve} = p_l$ また(2.1.5)式より $p_l = p_{sat}$ となり、したがって $p_{ve} = p_{sat}$ が成立する。即ち、飽和圧力とは、前述したように気液が平面界面を介して平衡する場合の平衡蒸気圧である。
　飽和温度 T と飽和圧力 $p_{sat}$ との関係は、Clausius-Clapeyron の式により記述される。熱力学における Maxwell の式より、

$$\left.\frac{\partial s}{\partial v}\right|_T = \left.\frac{\partial p}{\partial T}\right|_v$$

飽和圧力は温度のみの関数であるから、

$$\left.\frac{\partial p}{\partial T}\right|_v = \left.\frac{dp}{dT}\right|_{sat}$$

よって、

$$\left.\frac{dp}{dT}\right|_{sat} = \left.\frac{s_v - s_l}{v_v - v_l}\right|_{sat} = \left.\frac{h_v - h_l}{T(v_v - v_l)}\right|_{sat}$$

- 18 -

蒸発潜熱 $h_{lv}$ を用いて書き直すと、

$$\left.\frac{dp}{dT}\right|_{sat} = \frac{h_{lv}}{T_{sat}(v_v - v_l)_{sat}} \qquad \text{【2.1.8】}$$

となり、いわゆる「クラウジウス・クラペイロン（Clausius-Clapeyron）の式」が得られる。

---

### §2.1.2 熱力学的安定性

---

平衡状態には、

① 安定（stable）平衡状態
② 準安定（metastable）平衡状態
③ 不安定（unstable）平衡状態

の3つが存在し得る。いま、平衡状態にある系が微小擾乱を受ける場合を考える。この系において、いかなる擾乱も時間とともに減衰する場合、平衡状態は安定である。また、ある規模以内の擾乱は減衰するが、それ以上の規模の擾乱は時間とともに増大する場合、平衡状態は準安定である。さらに、いかなる微小擾乱も時間とともに成長する場合には、平衡状態は不安定である。

#### 【Ⅰ】 平衡状態の安定性

温度Tの過熱液相と球系蒸気泡の間で成立する平衡状態の安定性を考えてみる。まず、平衡状態における系の自由エネルギーを $F_e$、擾乱を受けた状態における系の自由エネルギーをF、この平衡状態を基準とした系の自由エネルギー差 $[\Delta F]_e$ は、次のようにテイラー展開される。

$$[\Delta F]_e = F - F_e = [\delta F]_e + [\delta^2 F]_e / 2 + [\delta^3 F]_e / 6 + \cdots\cdots$$

ここで、平衡状態の定義より $[\delta F]_e = 0$ であるから、3次以上の微小項を省略すると、上式は次のように書き換えられる。

$$[\Delta F]_e = [\delta^2 F]_e / 2$$

系の平衡状態の安定性はエントロピー生成が負であることであり、すなわち [T,V] 一定系での安定平衡条件は、次のように書ける。

$$[\Delta F]_e = [\delta^2 F]_e / 2$$

$$= \left\{ [\delta^2 F_l]_e + [\delta^2 F_v]_e + [\delta^2 F_i]_e \right\} / 2 > 0 \qquad \text{【2.1.9】}$$

一方、

$$[\delta^2 F_l]_e = \left.\frac{\partial^2 F_l}{\partial V_l^2}\right|_{T,xl} (dV_l)^2 + 2\left.\frac{\partial^2 F_l}{\partial V_l \partial x_l}\right|_T (dV_l)(dx_l) + \left.\frac{\partial^2 F_l}{\partial x_l^2}\right|_{T,V_l} (dV_l)(dx_l)$$

$$= -\left.\frac{\partial p_l}{\partial V_l}\right|_{T,x_l}(dV_l)^2 - 2\left.\frac{\partial p_l}{\partial x_l}\right|_T(dV_l)(dx_l) + \left.\frac{\partial \mu_l}{\partial x_l}\right|_{T,V_l}(dx_l)^2$$

全く同様にして、蒸気相に関して次式を得る。

$$\left[\delta^2 F_v\right]_e = -\left.\frac{\partial p_v}{\partial V_v}\right|_{T,xv}(dV_v)^2 - 2\left.\frac{\partial p_v}{\partial x_v}\right|_T(dV_v)(dx_v) + \left.\frac{\partial \mu_v}{\partial x_v}\right|_{T,V_v}(dx_v)^2$$

また、界面相に関しては、次のように書くことができる。

$$\left[\delta^2 F_i\right]_e = \frac{\partial^2\left(\sum \gamma_n A_n\right)}{\partial V_v^2}(dV_v)^2$$

ここで、$z_{cl}$ を液相の圧縮係数とすると、

$$\left.\frac{\partial \mu_l}{\partial x_l}\right|_{T,V_l} = \frac{v_l^*}{z_{cl}x_l}$$

が成立する。また、$dV_l$ は極めて小さく、さらに液体のモル数 $x_l$ は任意の量であるから $x_l$ を十分に大きくとると、

$$\left[\delta^2 F_l\right]_e = 0$$

となる。また、

$$\left.\frac{\partial \mu_v}{\partial x_v}\right|_{V_v} = \left.\frac{\partial \mu_v}{\partial p_v}\right|_{V_v}\left.\frac{\partial p_v}{\partial x_v}\right|_{V_v} = v_v^*\left.\frac{\partial p_v}{\partial x_v}\right|_{V_v}$$

であることを考慮すると、安定平衡条件は、以下のように書き換えられる。

$$v_v^*\left.\frac{\partial p_v}{\partial x_v}\right|_{V_v}(dx_v)^2 - 2\left.\frac{\partial p_v}{\partial x_v}\right|_{V_v}(dV_v)(dx_v) + \left\{-\left.\frac{\partial p_v}{\partial V_v}\right|_{x_v} + \left.\frac{\partial^2\left(\sum \gamma_n A_n\right)}{\partial V_v^2}\right|_{x_v}\right\}$$

$$(dV_v)^2 > 0$$

上式が成立する条件、即ち正値確定条件は次式で表される。

$$v_v^*\left.\frac{\partial p_v}{\partial x_v}\right|_{V_v} > 0 \tag{2.1.10a}$$

$$v_v^*\left.\frac{\partial p_v}{\partial x_v}\right|_{V_v}\left\{-\left.\frac{\partial p_v}{\partial V_v}\right|_{x_v} + \left.\frac{\partial^2\left(\sum \gamma_n A_n\right)}{\partial V_v^2}\right|_{x_v}\right\} - \left(\left.\frac{\partial p_v}{\partial x_v}\right|_{V_v}\right)^2 > 0 \tag{2.1.10b}$$

(2.1.10b)式は、次式のように書き換えられる。

$$v_v^*\left.\frac{\partial p_v}{\partial x_v}\right|_{V_v}\left.\frac{\partial^2\left(\sum \gamma_n A_n\right)}{\partial V_v^2}\right|_{x_v} > \left(\left.\frac{\partial p_v}{\partial x_v}\right|_{V_v}\right)^2\left\{v_v^*\left.\frac{\partial p_v}{\partial v_v}\right|_{x_v}\left.\frac{\partial x_v}{\partial p_v}\right|_{V_v} + 1\right\}$$

$$\tag{2.1.10c}$$

ここで、等温条件での状態式は、$p_v = p_v[x_v, V_v]$ であるから次式が成立する。

$$- 20 -$$

$$\frac{\partial p_v}{\partial V_v}\bigg|_{x_v} \frac{\partial V_v}{\partial x_v}\bigg|_{p_v} \frac{\partial x_v}{\partial p_v}\bigg|_{V_v} = v_v^* \frac{\partial p_v}{\partial V_v}\bigg|_{x_v} \frac{\partial x_v}{\partial p_v}\bigg|_{V_v} = -1$$

したがって、(2.1.10c)式は(2.1.10a)式を用いると最終的に次式となる.

$$\frac{\partial^2 \left(\sum \gamma_n A_n\right)}{\partial V_v^{\ 2}}\bigg|_{x_v} > 0 \qquad\qquad 【2.1.11】$$

ここで、(2.1.3)、(2.1.6)および(2.1.7a)式より

$$\frac{\partial}{\partial V_v}\left(\sum \gamma_n A_n\right) = p_{ve} - p_l = \frac{2\sigma}{R_e}$$

したがって、(2.1.11)式は上式より次のようになる。

$$\frac{\partial}{\partial V_v}\left(\frac{2\sigma}{R_e}\right) > 0$$

さらに、均一に過熱された液相中の気泡核では、σは一定であるから次式のようになる。

$$\frac{\partial}{\partial V_v}\left(\frac{1}{R_e}\right) > 0 \qquad\qquad 【2.1.12】$$

過熱液中で平衡する蒸気泡については、(2.1.12)式の左辺は

$$-(8\pi/9)(3/4\pi)^{2/3} V_v^{\ -4/3}$$

となり明らかに不安定平衡状態にある。

即ち、過熱液中における球形蒸気泡核は、攪乱に対して不安定であり、現実には攪乱により「気泡」として成長するか、「気泡核萌芽」へ凝縮するかのいずれかの道を辿る。

## 【II】 相の熱力学的安定性

前項において、平衡状態の安定性について考えた。それによれば、平衡状態には、安定平衡、準安定平衡および不安定平衡がある。既に述べたように、不安定平衡とは、平衡状態に加わる攪乱がいかに微小であっても攪乱が時間とともに成長する平衡状態である。

例えば、温度Tおよび圧力$p_l$にある液相に、攪乱として半径Rの蒸気相分子の微小集団が加えられたとしよう。この液相は、この攪乱に対して以下のように応答する。

① $T < T_{sat}[p_l]$であれば、この温度にある周囲液相と平衡する蒸気相分子集団＝気泡核が定義されないので、液相はあらゆる半径Rの蒸気相分子集団に対して安定である。

② $T > T_{sat}[p_l]$であれば、(2.1.5)および(2.1.7)式から気泡核半径Rが定まり、この気泡核が液相と不安定平衡にある場合（例えば、液相中に保持された球形気泡核）は、気泡核以下の規模の攪乱に対して液相は安定であるが、気泡核以上の規模の攪乱については不安定となる。すなわち、この場合、過熱液相は準安定である。

②で述べた気泡核寸法は系の過熱度の増大とともに小さくなり、過熱液相系はついにはいかなる微小擾乱に対しても不安定となる状況に到達する。このように、液相が熱力学的に準安定な状態を維持できる限界過熱状態を、「熱力学的過熱限界（thermodynamic limit of superheat）」と呼ぶ。

後述するように、「相の熱力学的安定性条件（thermodynamic stability con-ditions of phase）」は以下のように記述できる（但し、eは比内部エネルギー）。

①相の熱的安定性条件　　: $\left.\dfrac{\partial e}{\partial T}\right|_v = c_v > 0$

②相の機械的安定性条件　: $\left.\dfrac{\partial p}{\partial v}\right|_T < 0$

【2.1.13】

このことは、以下のことを意味する。図 2.1.1 は、流体の p － v 線図を示したものである。図中には等温線を示したが、各等温線上の破線部分は(2.1.13)式の機械的安定性条件を満たしておらず、熱力学的に不安定な状態である。各等温線上の実線部分と破線部分との境界、すなわち「相の機械的安定性条件」の限界状態 $(\partial p/\partial v)_T = 0$ の状態の集合（図中の実線）を「スピノーダル（Spinodal）」と呼ぶ。例えば、圧力 $p_{lb}$ の液相系の温度を上げてゆき、系の温度が $T_{sp}$ に到達すると、系は圧力 $p_{lb}$ における「液相スピノーダル（liquid spinodal）」温度に到達し、液相はこの圧力における熱力学的過熱限界状態に至る。

液相スピノーダルおよび蒸気相スピノーダルは、上述の相の熱力学的安定性条件と流体の状態式とを用いて定めることができる。このように、液相の熱力学的安定性限界を熱力学的過熱限界と呼ぶ。熱力学的過熱限界温度は、§3.3で述べる運動論的過熱限界温度の上限界温度に相当する。

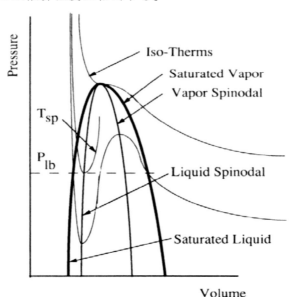

図 2.1.1　状態図と相の熱力学的安定性

## 【熱力学的過熱限界の具体的計算】

さて、熱力学的過熱限界を(2.1.13)式より定めるには、状態式が必要となる。　例えば、一般化された van der Waals や Berthlot の状態式は、次のように書ける。

$$\left(\Pi+\frac{3}{\Theta^n\Phi^2}\right)\left(\Phi-\frac{1}{3}\right)=\frac{8}{3}\Theta \tag{2.1.14a}$$

ここで、$\Pi=p/p_{cr}$、$\Theta=T/T_{cr}$、$\Phi=v/v_{cr}$であり、添字 cr は臨界状態を意味する。　(2.1.14)式は、$n=0$ の場合は「van der Waals の状態式」、$n=1$ の場合は「Berthelot の状態式」となる。(2.1.13)、(2.1.14)式より熱力学的過熱限界条件を求めると、

$$\left.\begin{aligned}\Pi_{tls} &=\frac{4(3\Theta_{tls}-2)}{\left(4\Phi_{tls}^{\;3}\right)^{1/(n+1)}(3\Phi_{tls}-1)^{2n/(n+1)}}\\[2mm]\Theta_{tls} &=\left\{\frac{(3\Phi_{tls}-1)^2}{4\Phi_{tls}^{\;3}}\right\}^{1/(n+1)}\end{aligned}\right\} \tag{2.1.15}$$

となる。(2.1.15)式は、$\Pi\ll1$ では

$$\Theta_{tls}=\left(\frac{27}{32}\right)^{1/(n+1)}$$

となる。(2.1.15)式より、圧力を定めて換算圧力$\Pi_{tls}$を決め、$\Phi_{tls}$、$\Theta_{tls}$の順に求めると、熱力学的過熱限界温度$T_{tls}$が定まる。また、(2.1.14a)式における排除体積を修正した Augmented van der Waals の状態式として、

$$z_c=\frac{pv^*}{R_GT}=\frac{v^*}{v^*-1/3}-\frac{3}{R_Gv^*}=\frac{1+\xi+\xi^2}{(1-\xi)^2} \tag{2.1.14b}$$

さらに修正を進めた generalized van der Waals の状態式として、

$$z_c=\frac{1}{1-\xi}+\frac{\gamma\xi}{(1-\xi)^2}+\frac{\gamma^2\xi^2}{3(1-\xi)^3}-\frac{a\xi}{N_Av_l^*R_GT} \tag{2.1.14c}$$

などがある。　ここで、$\xi=N_Av_h/v^*$であり、$v_h$は分子の rigid-sphere 体積である。　図 2.1.2 に、各状態式と(2.1.13)式とにより計算される熱力学的過熱限界温度と、§3.3で述べる実験値とを比較して示したが、(2.1.14a)式において $n=1/2$ と置くか、あるいは(2.1.14c)式が状態式として適当であることがわかる。

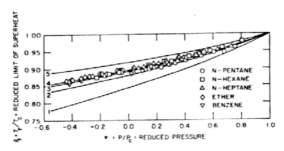

図 2.1.2　状態式と熱力学的過熱限界温度（1. van der Waals の状態式、2. (2.1.14b)式、3. (2.1.14a)式、n=1/2、4. (2.1.14c)式、γ=3、5. Berthlot の状態式、＜Eberhart and Schnyders(1973)より＞）

一方、臨界定数（臨界温度 $T_{cr}$、臨界圧力 $p_{cr}$ および臨界比容積 $v_{cr}$）は、状態方程式と次式より定まる。

$$\left.\frac{\partial p}{\partial v}\right|_T = 0, \quad \left.\frac{\partial^2 p}{\partial v^2}\right|_T = 0$$

分子の排除体積と分子間引力を代表する2つの定数を含む(2.1.14a)式では、3つの臨界定数はこの2つの定数により決定されることになるが、実在物質について臨界定数をこの2つの定数により一般的に表すことはできない。この観点からすれば、状態方程式は、少なくとも3つの定数を含む必要がある。さらに、スピノーダル線は臨界点で飽和線と接する。したがって、臨界点については3つの臨界定数の他に次の量を使用することができる。

$$\left.\frac{dp_{sat}}{dT_{sat}}\right|_{cr}$$

例えば、4因子状態式としては、次のようなものがある。

$$z_c = \frac{pv^*}{R_G T} = \frac{v^*}{v^* - b} - \frac{a}{R_G T^{m+1} v^{*n-1}} \tag{2.1.16a}$$

[Himpan cubic equation of state]

$$Z_c = \frac{pv^*}{R_G T} = \frac{v^*}{v^* - \beta} - \frac{\gamma v^*}{(v^* - \alpha)(v^* - \delta)} \tag{2.1.16b}$$

ここで、a、b、m、n および α、β、γ、δ は定数である。例えば、(2.1.16a)式と相の安定性条件より以下の式が得られる。

$$a = \left(\frac{n+1}{n-1}\right) p_{cr} T_{cr}^{m} v_{cr}^{n}, \quad b = \left(\frac{n-1}{n+1}\right) v_{cr}$$

$$n = 2z_{c,cr} + \left(4z_{c,cr}^2 + 1\right)^{1/2}$$

$$m = \frac{(n-1)\dfrac{T_{cr}}{p_{cr}}\left.\dfrac{dp_{sat}}{dT_{sat}}\right|_{cr} - 2n}{n+1}$$

こうした液体の過熱限界については、次章で運動論的観点から再度検討し、過熱限界温度の具体値については §3.3 において述べる。

## 【相の熱力学的安定性条件の導出】

ここで、(2.1.13)式を導出しておく。

例えば、E、V一定にある均一相の系が、無限小だけ異なる新しい相の生成により摂動を受ける過程を考える。摂動後の母相、およびこれと無限小だけ異なる異相をそれぞれ添え字m、n、摂動前の状態を添え字0で表す。

初期状態の母相のモル比容積を$v_0{}^*$とすると、異相（新相）および摂動後の母相のモル比体積はそれぞれ、

$$v_n{}^* = v_0{}^* + \left(\delta v^*\right)_n$$
$$v_m{}^* = v_0{}^* + \left(\delta v^*\right)_m$$

となる。異相が$\delta x$モルだけ生成したとすると、全体積V一定の条件より、

$$\left(x - \delta x\right)\left\{v_0{}^* + \left(\delta v^*\right)_m\right\} + \delta x\left\{v_0{}^* + \left(\delta v^*\right)_n\right\} = 0$$

即ち、

$$\left(x - \delta x\right)\left(\delta v^*\right)_m + \delta x\left(\delta v^*\right)_n = 0 \tag{2.1.17a}$$

同様にして、内部エネルギーEについては、

$$\left(x - \delta x\right)\left(\delta e^*\right)_m + \delta x\left(\delta e^*\right)_n = 0 \tag{2.1.17b}$$

さて、モルエントロピー$s^*$については、$j = m$、nとすると次のように表される。

$$s_j{}^* = s^* + \left\{\left.\frac{\partial s^*}{\partial v^*}\right|_{e^*}\left(\delta v^*\right)_j + \left.\frac{\partial s^*}{\partial e^*}\right|_{v^*}\left(\delta e^*\right)_j\right\}$$

$$+ \frac{1}{2}\left\{\left.\frac{\partial s^{2*}}{\partial v^{*2}}\right|_{e^*}\left(\delta v^*\right)_j^2 + 2\frac{\partial^2 s^*}{\partial v^*\partial e^*}\left(\delta v^*\right)_j\left(\delta e^*\right)_j + \left.\frac{\partial^2 s^*}{\partial e^{*2}}\right|_{v^*}\left(\delta e^*\right)_j^2\right\} + \cdots \cdot$$

$$\tag{2.1.17c}$$

摂動によるエントロピー増大$\delta s$は、次式で表される。

$$\delta S = \left(x - \delta x\right)s_m{}^* + \delta x s_n{}^* - x s_0{}^*$$

$$= x\left(s_m{}^* - s_0{}^*\right) + \delta x\left(s_n{}^* - s_m{}^*\right) \tag{2.1.17d}$$

(2.1.17a, b)式より以下の式が得られる。

$$\left(\delta v^*\right)_m = -\frac{\delta x}{x - \delta x}\left(\delta v^*\right)_n, \quad \left(\delta e^*\right)_m = -\frac{\delta x}{x - \delta x}\left(\delta e^*\right)_n \tag{2.1.18}$$

(2.1.17d)式に(2.1.17c)式を代入し(2.1.18)式を用い、さらに簡単のために微分条件の記入を省略すると次式が得られる。

$$\delta S = \frac{x\delta x}{2\left(x - \delta x\right)}\left\{\left.\frac{\partial^2 s^*}{\partial v^{*2}}\right|e^*\left(\delta v^*\right)^2 + 2\frac{\partial^2 s^*}{\partial e^*}\left(\delta v^*\right)\left(\delta e^*\right) + \left.\frac{\partial^2 s^*}{\partial v^{*2}}\right|v^*\left(\delta e^*\right)\right\}$$

この系では、$\delta S < 0$の場合、安定である。即ち、上式の符号確定条件を考慮すると、相の安定性条件として以下の式を得る。

$$\frac{\partial^2 s^*}{\partial e^{*2}} < 0, \quad \left(\frac{\partial^2 s^*}{\partial v^{*2}}\right)\left(\frac{\partial^2 s^*}{\partial e^{*2}}\right) > \left(\frac{\partial^2 s^*}{\partial v^* \partial e^*}\right)^2 \tag{2.1.19a, b}$$

(2.1.19a)式は以下のように変形できる。

$$\frac{\partial^2 s^*}{\partial e^{*2}}\bigg|_v = \frac{\partial}{\partial e^*}\left(\frac{1}{T}\right) = -\frac{1}{T^2}\frac{\partial T}{\partial e^*}\bigg|_v = -\frac{1}{T^2 c_v} < 0 \tag{2.1.19c}$$

即ち、この式は「相の熱的安定性条件」を意味する。 また、(2.1.19b)式は以下のように変形できる。まず、熱力学の第1法則より、

$$\frac{\partial^2 s^*}{\partial v^{*2}}\bigg|_{e^*} = \frac{\partial}{\partial v^*}\left(\frac{p}{T}\right) = \frac{1}{T}\frac{\partial p}{\partial V}\bigg|_{e^*} - \frac{p}{T^2}\frac{\partial T}{\partial v^*}\bigg|_{e^*} \tag{2.1.20a}$$

$$\frac{\partial p}{\partial v}\bigg|_{e^*} = \frac{\partial p}{\partial v^*}\bigg|_T + \frac{\partial p}{\partial T}\bigg|_{v^*}\frac{\partial T}{\partial v^*}\bigg|_{e^*} \tag{2.1.20b}$$

$$de^* = \frac{\partial e^*}{\partial v^*}\bigg|_T dv^* + \frac{\partial e^*}{\partial T}\bigg|_{v^*} dT = \left(T\frac{\partial s^*}{\partial v^*}\bigg|_T - p\right)dv^* + c_v dT \tag{2.1.20c}$$

(2.1.20c)式の導出には、

$$de^* = Tds^* - pdv^*$$

を使用した。(2.1.20c)式に、Maxwell の関係式

$$\frac{\partial s^*}{\partial v^*}\bigg|_T = \frac{\partial p}{\partial T}\bigg|_v$$

を代入し、 $de^*=0$ とすると、次式が得られる。

$$\frac{\partial T}{\partial v^*}\bigg|_{e^*} = -\frac{1}{c_v}\left(T\frac{\partial p}{\partial T}\bigg|_v - p\right)$$

上式および(2.1.20b)式を(2.1.20a)式に代入すると、次式を得る。

$$\frac{\partial^2 s^*}{\partial v^{*2}} = \frac{1}{T}\frac{\partial p}{\partial v^*}\bigg|_T - \left(\frac{1}{T}\frac{\partial p}{\partial T}\bigg|_v - \frac{p}{T^2}\right)^2 \frac{T^2}{c_v^*}$$

これを(2.1.19b)式に代入すると、(2.1.13)式の機械的安定性条件を得る。

## §2.2 蒸発の動力学

　沸騰熱伝達における気泡成長などでは、気液界面において正味の物質移動があり、蒸発分子数と凝縮分子数とは等しくない。ここでは、気相分子の速度分布関数として「マクスウェル（Maxwell）分布」（§2.2.1）を基礎とし、気液界面近傍での分子運動の物理的把握（§2.2.2）および蒸発限界（§2.2.3）について述べる。

　統計熱力学や速度論の参考書としては、以下のものを薦めたい。

　◇　Kittel, C.（山下次郎、福地充共訳）：1971、「熱物理学」、（丸善）
　◇　慶伊：1983、「反応速度論」、（東京化学同人）

## §2.2.1 分子流束

　一定かつ一様温度Tで熱平衡状態にある気相分子の集団においては、運動エネルギーはボルツマン（Boltzmann）統計にしたがって分配されており、したがって、速度分布関数 f は次のように書き表される。

$$f[u,v.w] = C_{ML}\exp\left[-\frac{m(u^2 + v^2 + w^2)}{2k_B T}\right]$$

ここで、m　　　　　：分子の質量
　　　　u，v，w：分子の速度ベクトル成分
　　　　$k_B$　　　　：Boltzmann 定数
　　　　$C_{ML}$　　　：比例係数
である。気相分子の数密度を N ［コ/cm³］とすると、

$$\iiint_{-\infty}^{\infty} f\,du\,dv\,dw = N$$

であるから、

$$C_{ML} = N\left(\frac{m}{2\pi k_B T}\right)^{3/2}$$

したがって、温度Tで熱平衡状態にある気相分子の速度分布関数は、次式で与えられる。

$$f[u,v,w] = N\left(\frac{m}{2\pi k_B T}\right)^{3/2}\exp\left[-\frac{m(u^2 + v^2 + w^2)}{2k_B T}\right]\,,\qquad (2.2.1a)$$

これを、マクスウェル（Maxwell）分布と呼ぶ。この式は、一般ガス定数（$R_G = k_B N_A$、$N_A$はアボガドロ数）と分子量Mを用いて、次のようにも書ける。

$$f[u,v,w] = N\left(\frac{M}{2\pi R_G T}\right)^{3/2}\exp\left[-\frac{M(u^2 + v^2 + w^2)}{2R_G T}\right],\qquad (2.2.1b)$$

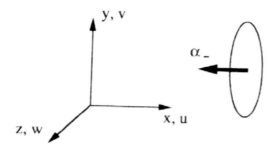

図 2.2.1　分子流束

ここで、(2.2.1)式を用いて分子の平均速度<u>を求めると次のようになる。

$$<u> = \iiint_{-\infty}^{\infty} f[u,v,w] du dv dw = \left(\frac{8k_B T}{\pi m}\right)^{1/2} = \left(\frac{8R_G T}{\pi M}\right)^{1/2} \quad (2.2.2a)$$

また、以下の平均速度を定義することもできる。

$$<u_N> = \left(\frac{2k_B T}{m}\right)^{1/2} = \left(\frac{2R_G T}{M}\right)^{1/2} = \frac{\pi^{1/2}}{2}<u> \quad (2.2.2b)$$

$$<u_M> = \{<u^2>\}^{1/2} = \left(\frac{3k_B T}{m}\right)^{1/2} = \left(\frac{3R_G T}{M}\right)^{1/2} = \left(\frac{3\pi}{8}\right)^{1/2}<u> \quad (2.2.2c)$$

上の<$u_N$>はこの速度を有する分子の数が最も多いという意味の平均速度であり、<$u_M$>は平均エネルギーを有するという意味の平均速度である。

さて、図 2.2.1のように、熱平衡状態において気相速度成分uに直交する単位面積の平面を、－u方向に単位時間に通過する気相分子数すなわち分子数束$\alpha_-$は、(2.2.1)式を用いて次のように書くことができる。

$$\alpha_- = \int_{-\infty}^{\infty}\int_{-\infty}^{\infty}\int_{-\infty}^{0} (uf) du dv dw$$

$$= -N\left(\frac{m}{2\pi k_B T}\right)^{3/2}\left(\frac{k_B T}{m}\right)\left(\frac{2\pi k_B T}{m}\right)^{1/2}\left(\frac{2\pi k_B T}{m}\right)^{1/2}$$

$$= -N\left(\frac{k_B T}{2\pi m}\right)^{1/2} = -N\left(\frac{R_G T}{2\pi M}\right)^{1/2} = -\frac{<u>}{4}N \quad (2.2.3a)$$

ここで、理想気体の状態式（$p_v = Nk_B T$）を用いて上式を書き直すと、

$$\alpha_- = -\frac{p_v}{(2\pi m k_B T)^{1/2}} = -\frac{N_A p_v}{(2\pi M R_G T)^{1/2}} \quad (2.2.3b)$$

あるいは、モル流束$W_-$（kmol/m²·s）、質量流束$G_-$（kg/m²·s）を用いると、次のように表される。

$$W_- = \frac{\alpha_-}{N_A} = -\frac{p_v}{(2\pi M R_G T)^{1/2}} \quad (2.2.3c)$$

$$G_{-} = -\frac{\alpha_v - M}{N_A} = -\frac{p_v M^{1/2}}{(2\pi R_G T)^{1/2}} \qquad (2.2.3d)$$

### §2.2.2 非平衡蒸発の概要

図2.2.2は、温度$T_{sf}$の液相から蒸発が起こっている状況を図示したものである。いま、正味の蒸発量が0である場合、即ち平衡状態にある場合には、蒸気相の温度も$T_{sf}$であり、蒸発分子およびバルク蒸気相分子の速度分布関数は同一のマクスウェル分布により示されると考えて良い。しかし、気液界面において正味の蒸発量がある場合には、蒸発分子およびバルク蒸気相分子の速度分布は以下の理由により、同一の速度分布とはならない。

【クヌトセン層】

まず、バルク蒸気相は正味の蒸発量に対応したマクロ流速Uを有しており、したがってバルク蒸気相分子の速度分布関数もこのUを含んだ形を取る。

一方、正味の蒸発あるいは凝縮がある場合には、気液界面から射出される蒸発分子と気液界面に向かって入射するバルク蒸気相分子との衝突・干渉が不十分であり、速度分布関数が平衡状態におけるマクスウェル分布とは異なった非平衡分布を持つ層が気液界面近傍に形成されている。

したがって、非平衡蒸発では、図2.2.2のように、蒸気相の占める空間領域を二つに区分する必要がある。

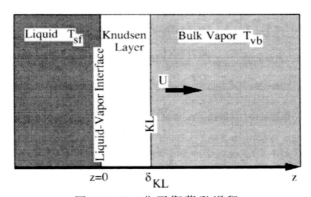

図2.2.2　非平衡蒸発過程

① $\delta_{KL} \leqq z$ ： バルク蒸気相であり、蒸気相分子全体としては正味の、あるいはマクロな流速Uで流動しているが、分子同士の衝突・干渉は十分に行われており、状態としては少なくとも局所平衡にある。
② $0 < z < \delta_{KL}$： $z = \delta_{KL}$の面を通してこの層に入射してくる分子と$z = 0$の面を通してこの層に入射してくる分子との衝突・干渉が不十分であり、速度分布は平衡状態におけるマクスウェルの速度分布とは異なる。クヌトセン（Knudsen）層と呼ばれる。

①については、速度分布関数は次のように与えられる。

$$f_{vb} = N_{vb}\left(\frac{M}{2\pi R_G T_{vb}}\right)^{3/2} \exp\left[-\frac{M\{(u-U)^2 + v^2 + w^2\}}{2R_G T_{vb}}\right]$$ 【2.2.4】

クヌトセン層における速度分布関数は、ボルツマン方程式を気液界面での境界条件（次に述べる蒸発・凝縮係数など）を用いて解くことにより得られる。

【蒸発・凝縮係数】

次に、蒸発界面に注目してみる。気液界面から蒸気相に向かって実質的に射出される分子数束 $\alpha_+$ は、気液界面から蒸発する分子数束 $\alpha_e$ と、蒸気相から気液界面に入射し気液界面で反射される分子数束 $\alpha_r$ との和である。 また、気液界面に入射する分子数束 $\alpha_-$ は、気液界面で凝縮する分子数束 $\alpha_c$ と、気液界面で反射される分子数束 $\alpha_r$ との和である。 したがって、次式を得る。

$$\left.\begin{array}{ll} \alpha_+ = \alpha_e + \alpha_r, & \text{つまり} \quad (\alpha_e/\alpha_+) + (\alpha_r/\alpha_+) = 1 \\ \alpha_- = \alpha_c + \alpha_r, & \text{つまり} \quad (\alpha_c/\alpha_-) + (\alpha_r/\alpha_-) = 1 \end{array}\right\}$$ 【2.2.5】

ここで、蒸発係数（evaporation coefficient） $\sigma_e$、 凝縮係数（condensation coefficient） $\sigma_c$ を、次のように定義する。

$$\sigma_e = \alpha_e/\alpha_+, \qquad \sigma_c = \alpha_c/\alpha_-$$ 【2.2.6】

蒸発あるいは凝縮係数の物理的意味は、以下のように述べることができる。いま、分子分配関数を $\Psi$ とすると、$\Psi$ は次のように表される。

$$\Psi = \Psi^t \Psi^r \Psi^v \exp\left[-\frac{E_0}{k_B T}\right]$$ 【2.2.7】

ここで、$\Psi^t$、$\Psi^r$、$\Psi^v$ はそれぞれ、 並進運動、回転運動および振動に関する分配関数であり、また $E_0$ は分子の基底状態のエネルギーである。 ここで、3次元運動をする気相分子が凝縮する際には、気液界面で界面に垂直方向の運動の自由度を持たない2次元運動状態（慶伊にしたがってこれを臨界系と呼ぶ）を経ることを想定する。即ち、凝縮過程では、

気相分子 ←→ 臨界系 → 液相分子

蒸発の場合には、

液相分子 ←→ 臨界系 → 気相分子

と書くことができる。いま、凝縮過程を考え、 臨界系に関する諸量を ”*” をつけて区別すると、分子分配関数を用いて次のように分子流束を表すことができる。

$$\alpha_c = N\left(\frac{k_B T}{h_p}\right)\left(\frac{\Psi_*}{\Psi_v}\right)$$ (2.2.8a)

ここで、$h_p$ は Planck の定数である。また、活性化熱が小さいとすると、

$$\Psi_v = \frac{(2\pi m k_B T)^{3/2}}{h_p^3}\Psi_v^r \Psi_v^v$$ (2.2.8b)

$$\Psi_* = \frac{2\pi m k_B T}{h_p^2}\Psi_*^r \Psi_*^v$$ (2.2.8c)

気液の相変化においては振動に関する分配係数は大きくは変化しないことを考えると、（2.2.8）式より次式を得る。

$$\alpha_c = N \frac{<u>}{4} \left( \frac{\Psi_*^r}{\Psi_v^r} \right) \qquad \text{【2.2.9】}$$

(2.2.3)、(2.2.9)式を比較すると、(2.2.6)式より、

$$\sigma_c = \frac{\Psi_*^r}{\Psi_v^r} = \frac{\Psi_1^r}{\Psi_v^r} \qquad \text{【2.2.10】}$$

上式の第2の等号は、蒸気相分子のそれと液相分子のそれとの中間にある臨界系の回転状態を液相分子の回転状態に近いとして得られる。以上のように、凝縮係数は、臨界系（あるいは液相分子）と蒸気相分子との回転に関する分配関数の比である。即ち、液相分子と蒸気相分子の回転状態が類似していれば、凝縮・蒸発係数は1に近い。

## §2.2.3 蒸発限界

ここでは、前項で示した過程における蒸発量について述べる。

### 【I】 Schrageの式

いま、簡単のために、気液界面に入射する分子数束 $\alpha_-$ を、図2.2.2の平面KLをx軸の負の方向へ通過する分子数束で与える。即ち、現実に気液界面に入射する分子数束は、前項で述べたように面sfと面KLとから流入する分子同士の干渉により平衡速度分布からずれた分布を持っているが、ここではこれを無視して考える。

さて、$\sigma_e = \sigma_c = \sigma_{ec}$ とすると、蒸発分子流束 $\alpha_e$ は、式(2.2.3)と同様にして得られる（sf面を $z > 0$ 方向に向かって通過する）分子流束 $\alpha_{+,sf}$ と $\sigma_{ec}$ により、次のように表される。

$$\alpha_e = \sigma_{ec}\alpha_{+,sf} = \sigma_{ec}N_{sf}\left(\frac{k_B T_{sf}}{2\pi m}\right)^{1/2} = \sigma_{ec}N_{sf}\left(\frac{R_G T_{sf}}{2\pi M}\right)^{1/2}$$

$$W_e = \frac{\alpha_e}{N_A} = \frac{\sigma_{ec}p_{sat}}{(2\pi M R_G T_{sf})^{1/2}}$$

$$G_e = \frac{\alpha_e M}{N_A} = \frac{\sigma_{ec}p_{sat}M^{1/2}}{(2\pi R_G T_{sf})^{1/2}} \qquad \text{【2.2.11】}$$

一方、凝縮分子数束 $\alpha_c$ は次のように表される。

$$\alpha_c = \sigma_{ec}\alpha_{-,vb} = \sigma_{ec}\iint_{-\infty}^{\infty}\int_{-\infty}^{0}(f_{vb}u)dudvdw$$

$$= -\sigma_{ec}N_{vb}\left(\frac{R_G T_{vb}}{2\pi M}\right)^{1/2}\Gamma \qquad (2.2.12a)$$

$$W_c = \frac{\alpha_c}{N_A} = \frac{-\sigma_{ec}p_{vb}}{(2\pi M R_G T_{vb})^{1/2}}\Gamma \qquad (2.2.12b)$$

$$G_c = \frac{\alpha_c M}{N_A} = \frac{-\sigma_{ec} p_{vb} M^{1/2}}{(2\pi R_G T_{vb})^{1/2}} \Gamma \tag{2.2.12c}$$

但し，

$$\left.\begin{array}{l} \Gamma = \exp(-\xi^2) - \pi^{1/2}\xi\{1 - \mathrm{erf}[\xi]\} \\[2mm] \xi = \left(\dfrac{M}{2R_G T_{KL}}\right)^{1/2} U \\[2mm] \mathrm{erf}[\xi] = \dfrac{2}{\pi^{1/2}} \displaystyle\int_0^{\xi} \mathrm{ext}[-\lambda^2]\mathrm{d}\lambda \end{array}\right\} \tag{2.2.13a}$$

である．この $\Gamma$ は，$1 \geqq |\xi| \geqq 10^{-3}$ では，次式により近似される．

$$\Gamma = 1 - \pi^{1/2}\xi \tag{2.2.13b}$$

　　したがって、気液界面から蒸発してくる正味の蒸発蒸気の質量流束 $\Delta G_e$ は、次のように表される．

$$\Delta G_e = G_e + G_c$$

$$= \frac{\sigma_{ec} p_{sat} M^{1/2}}{(2\pi R_G T_{sf})^{1/2}} - \frac{\sigma_{ec} p_{KL} M^{1/2}}{(2\pi R_G T_{KL})^{1/2}} \Gamma \tag{2.2.14a}$$

$$= \sigma_{ec} \left(\frac{M}{2\pi R_G T_{sf}}\right)^{1/2} p_{sat} \left\{ 1 - \left(\frac{T_{sf}}{T_{vb}}\right)^{1/2} \left(\frac{p_{vb}}{p_{sat}}\right) \Gamma \right\} \tag{2.2.14b}$$

これが、いわゆる「Schrage の式」(1960) である。$\Gamma$ が (2.2.13b) 式で近似できる場合には、(2.2.14a) 式は次のように書き換えられる．

$$\Delta G_e = \sigma_{ec} \left\{ \left\lfloor \frac{p_{sat} M^{1/2}}{(2\pi R_G T_{sf})^{1/2}} \right\rfloor - \left\lfloor \frac{p_{KL} M^{1/2}}{(2\pi R_G T_{KL})^{1/2}} \right\rfloor + \frac{\Delta G_e}{2} \right\}$$

これを $\Delta G_e$ について解くと、

$$\Delta G_e = \left(\frac{2\sigma_{ec}}{2 - \sigma_{ec}}\right) \left\{ \frac{p_{sat} M^{1/2}}{(2\pi R_G T_{sf})^{1/2}} - \frac{p_{vb} M^{1/2}}{(2\pi R_G T_{vb})^{1/2}} \right\} \tag{2.2.14c}$$

となる。ここで、$p_{sat}$，$p_{vb}$ はそれぞれ $T_{sf}$、$T_{vb}$ における飽和圧力である。
　　(2.2.14c) 式において、$2\sigma_{ec}/(2 - \sigma_{ec})$ を $\sigma_{ec}$ で置き換えた式は，「Hertz-Knudsen の式」と呼ばれ、(2.2.4) 式において $U = 0$ として蒸気の巨視的流速を無視した場合に得られる式である。

## 【Ⅱ】　Knudsen 層における干渉

　　さて、前項で導いた (2.2.14) 式すなわち Schrage の式では、Knudsen 層における分子同士の干渉、つまり、分子の速度分布関数の空間依存性を考慮していない。Knudsen 層における分子同士の干渉は「ボルツマン(Boltzmann) 方程式」を蒸発係数を境界条件として解くことにより扱うことができるが、ここでは近似解析的取扱いについて述べる。
　　図 2.2.2 に示した気液界面法線方向の任意の位置の速度分布関数は、温度分布を $T[z]$ とすると、(2.2.4) 式と同様にして以下のように表される。

- 32 -

$$f = N[z]\left(\frac{m}{2\pi k_B T[z]}\right)^{3/2} \exp\left(-\frac{m\left\{(u \cdot U)^2 + v^2 + w^2\right\}}{2k_B T[z]}\right)$$

この式は、気液界面 sf では以下のように書ける。まず、$u \geqq 0$ に対して、

$$f_+ = N_{sf}\left(\frac{m}{2\pi k_B T_{sf}}\right)^{3/2} \exp\left(-\frac{m\left(u^2 + v^2 + w^2\right)}{2k_B T_{sf}}\right)$$

となる。また、$u \leqq 0$ に対しては、$T_{vb}$における速度分布関数と修正係数Cを用いると次のように表される。

$$f_- = Cf_{vb} = CN_{vb}\left(\frac{m}{2\pi k_B T_{vb}}\right) \exp\left[-\frac{m\left\{(u-U)^2 + v^2 + w^2\right\}}{2k_B T_{vb}}\right]$$

　さて、バルク蒸気・気液界面間の質量、運動量、エネルギーの釣合を考えると、以下のようになる。保存される量を、いま一般に$\phi$と書くと、定常状態で涌き出しがない場合、保存則は次のように書ける。

$$\iint_{-\infty}^{\infty}\int_0^{\infty} f_+\phi d\xi + \iint_{-\infty}^{\infty}\int_{-\infty}^0 f_-\phi d\xi = \iiint_{-\infty}^{\infty} f_{vb}\phi d\xi \qquad \text{【2.2.15】}$$

ここで、$d\xi = dudvdw$である。$\phi$は、

　　質量保存則　　　：$\phi = u(m) = m$
　　運動量保存則　　：$\phi = u(mu) = mu^2$
　　エネルギー保存則：$\phi = u(mu^2/2) = mu^3/2$

であるから、以下の各保存式を得る。

$$1 - CN_{vb}^+\left(T_{vb}^{+1/2}\exp\left[-\frac{U^{+2}}{4\pi T_{vb}^+}\right] - \frac{U^+}{2}\text{erfc}\left[\frac{U^+}{2\left(\pi T_{vb}^+\right)^{1/2}}\right]\right) = N_{vb}^+ U^+ \qquad (2.2.16a)$$

$$\frac{1}{2} + CN_{vb}^+\left\{\left(\frac{T_{vb}^+}{2} + \frac{U^{+2}}{4\pi}\right)\text{erfc}\left[-\frac{U^+}{2\left(\pi T_{vb}^+\right)^{1/2}}\right] - \frac{U^+ T_{vb}^{+1/2}}{2\pi}\exp\left[-\frac{U^{+2}}{4\pi T_{vb}^+}\right]\right\}$$

$$= N_{vb}^+ T_{vb}^+ + \frac{N_{vb}^+ U^{+2}}{2\pi} \qquad (2.2.16b)$$

$$\frac{1}{2} - \frac{1}{2}CN_{vb}^+\left\{\left(T_{vb}^{+3/2} + \frac{T_{vb}^{+1/2}U^{+2}}{8\pi}\right)\exp\left[-\frac{U^{+2}}{4\pi T_{vb}^+}\right] - \left(\frac{5T_{vb}^+ U^+}{8} + \frac{U^{+3}}{16\pi}\right)\text{erfc}\left[\frac{U^+}{2\left(\pi T_{vb}^+\right)^{1/2}}\right]\right\}$$

$$= N_{vb}^+ U^+\left(\frac{5T_{vb}^+}{8} + \frac{U^{+2}}{16\pi}\right) \qquad (2.2.16c)$$

ここで、

$$T_{vb}^+ = \frac{T_{vb}}{T_{sf}}, \qquad N_{vb}^+ = \frac{N_{vb}}{N_{sf}}, \qquad U^+ = U\left(\frac{2\pi m}{k_B T_{sf}}\right)^{1/2}$$

である。

　(2.2.16)式は、表面 sf での値を所与条件とすると、$T_{vb}$、$N_{vb}$、UおよびCを未知数として含んでいる。例えば、$T_{vb}$をパラメータとすれば、上の3式より、$N_{vb}$、UおよびCを求めることができる。図2.2.3(a)は、以上のようにして求められた Labuntsov and Kryukov(1979)の計算結果である。ここで、

- 33 -

$$\Delta G_e^+ = \frac{\Delta G_e}{N_{sf}} \left( \frac{2\pi}{mk_B T_{sf}} \right)^{1/2} = \frac{\Delta G_e}{\Delta G_{e,max}}$$

である。この図より、以下のことがわかる。

① 蒸発係数が1であっても、無次元蒸発量$\Delta G_e^+$には上限値＝「蒸発限界量 (maximum evaporation rate)」が存在する。

② 無次元蒸発限界は$\Delta G_{e,max}$=0.82程度であり、蒸発分子のうち18%程度が再び気液界面に捕捉される。

③ 上述の蒸発限界状況では、無次元バルク蒸気温度は$T_{vb}^+$=0.7程度であり、Knudsen層近傍で$T_{sf}$の30%程度の温度差が存在し、いわば正味の蒸発が起きるための非平衡効果として顕著な「温度跳躍」が発生する。

一方、図2.2.3(b)は、上述の計算結果をもとにしてバルク蒸気相の状態を示したものである。図の縦軸はバルク蒸気相圧力$p_{vb}$をバルク蒸気相温度$T_{vb}$における飽和圧力$p_{sat}$で無次元化して無次元蒸発量に対して示したものである。図よりわかるように、

④ 無次元蒸発量が増大すると蒸発蒸気相の過冷却の度合いが増大し、恐らく蒸発限界に至る前に蒸気相の均質凝縮核生成が発生する。

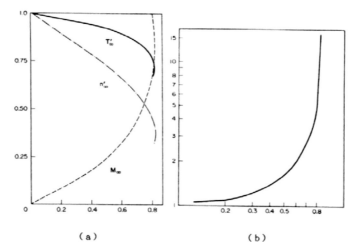

図2.2.3 intensive evaporationにおける諸量(a図の縦軸は割合、実線は$T_{vb}^+$、一転鎖線は$N_{vb}^+$、破線はマッハ数$U/\{(c_p/c_v)R_G T\}^{1/2}$、b図の縦軸は$p_{sat}[T_{vb}]/p_{sat}[T_{sf}]$、また横軸は双方とも$\Delta G_e^+$である。
＜Labuntsov and Kryokov(1979)より＞)

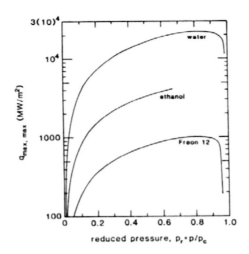

図 2.2.4 蒸発限界熱流束（縦軸）と換算圧力の関係（Gambill and Lienhard(1989)より）

なお、図 2.2.4 には先に定義した蒸発限界量 $\Delta G_{e,max}$ に相当する熱流束 $q_{ev,max}$

$$q_{ev,max} = h_{lv} G_{max} = h_{lv} N_{sf} \left(\frac{mk_B T_{sf}}{2\pi}\right)^{1/2} = h_{lv} \frac{N_{sf}}{N_A} \left(\frac{MR_G T_{sf}}{2\pi}\right)^{1/2} = \rho_v h_{lv} \left(\frac{R_G T_{sf}}{2\pi M}\right)^{1/2}$$
【2.2.17】

を各液体について圧力に対して図示したものである。図に示したように、
⑤ 蒸発限界に相当する熱流束 $q_{ev,max}$ は圧力とともに、低圧では増大し、換算圧力 $\Pi = 0.8 \sim 0.9$ 程度で最大値に到達し、臨界圧力近傍では急速に減少することがわかる。

さて、ここで、Labuntsov and Kryukov(1979) が上述の計算を基に導いた、温度跳躍 $\Delta T = T_{sf} - T_{vb}$ などの近似的評価式を記しておく。

$$\frac{\Delta T}{T_{sf}} = \frac{T_{sf} - T_{vb}}{T_{sf}} = \frac{(\pi M)^{1/2} U}{4(2R_G T_{sf})^{1/2}} \tag{2.2.18a}$$

$$= 0.265 \frac{\rho_{sf} - \rho_{vb}}{(\rho_{sf}\rho_{vb})^{1/2}} \tag{2.2.18b}$$

$$\Delta G = 0.6 \left(\frac{\rho_{vb}}{\rho_{sf}}\right)^{1/2} (\rho_{sf} - \rho_{vb}) \left(\frac{2R_G T_{sf}}{M}\right)^{1/2} \tag{2.2.18c}$$

蒸発・凝縮係数が $\sigma_{ec}$ である場合は、上式の $\rho_{sf}$ を次の $\rho_{rf}$ に置き換えることにより計算する。

$$\rho_{rf} = \left\{1 - 2\left(\frac{\Delta G}{\rho_{sf}}\right)\left(\frac{\pi M}{2R_G T_{sf}}\right)^{1/2}\left(\frac{1-\sigma_{ec}}{-\sigma_{ec}}\right)\right\}\rho_{sf} \tag{2.2.18d}$$

# §2.3 濡れ

　　ここでは、表面張力および界面張力の熱力学的意味（§2.3.1）、接触角の多義性（§2.3.2）、および静的濡れ条件（§2.3.3）について述べる。本節は、本来ならば章を設けて述べるべき「濡れ動力学」の1節であるが、濡れに関する記述が本節の記述に止めざるを得ないのは極めて残念である。

　　濡れに関する参考書としては、例えば次のものを薦めたい。

　　◇　Dussan V., E.B. : 1979, "On The Spreading of Liquid on Solid
　　　　Surface:Contact Lines", Ann. Rev. Fluid Mech., 11, pp.371-400

## §2.3.1 表面張力と界面張力

　　厳密な用語法としては、気相と凝集体（液相や固相）との境界を「表面」、凝集体同士の境界を「界面」と呼ぶのが一般的である。しかし、本書では、後述するように「表面張力」、「界面張力」なる用語を使用する際、「表面」とは液相と自己蒸気との境界、「界面」とはすべての境界を一般的に意味する。

**【界面相】**

　　いま、a相、b相の2相から成る空間を考える。a、b両相が、ある面で分割されており、この面を境界とする2領域それぞれの内部では相の性質は一様であるとすると、以下の式が成立する。

$$V = V_a + V_b \tag{2.3.1a}$$

$$x_j = c_{j,a} V_a + c_{j,b} V_b \tag{2.3.1b}$$

ここで、jは成分、xはモル数、cはモル濃度を意味する。

　　（2.3.1）式をある成分jについて用いると$V_a$および$V_b$を定めることができ、この成分に関する数学的境界面（相の物性がステップ的に変化する仮想的境界面）を定めることができる。しかし、ある特定成分について数学的境界面によりこうして定まる体積$V_a$と$V_b$とを用いると、他の成分に関しては、（2.3.1b）式より計算されるモル数が現実のモル数と異なる。そこで、この差が界面に過剰量$\xi$として存在し、これが相を形成すると考える。過剰量を有するこの相を、「界面相」と呼ぶ。但し、界面相は体積を有しない点で、バルク相と異なる。

**【表面張力と界面張力の熱力学】**

　　上述のように界面相は体積を有しないので、Gibbsの自由エネルギーG（＝E＋pV－TS）とHelmholtzの自由エネルギーF（＝E－TS）は、界面相においては等しい。したがって、温度Tと圧力pが一定の条件下の界面相の自由エネルギー$G_i$について、次式が成立する。

$$dG_i = \frac{\partial G_i}{\partial A}\Big|_{T,p} \ dA + \sum \frac{\partial G_i}{\partial \xi_j A}\Big|_{T,p} \ d(\xi_j A)$$

ここで、

$$dG_i = \gamma dA + \sum \mu_{j,i} d(\xi_j A) \qquad 【2.3.2】$$

と書くと、γは界面が単位面積だけ増大する場合の自由エネルギーの増分であり、これを「界面張力（interfacial tension）」と呼ぶ。

系が1成分すなわち純物質系であれば、a相を蒸気相、b相を液相として、

$$G_i = \sigma A \qquad (2.3.3a)$$

あるいは、

$$\sigma = \frac{\partial G_i}{\partial A} \qquad (2.3.3b)$$

となる。これを「表面張力（surface tension）」と呼ぶ。また、

$$G_i = F_i = E_i - TS_i$$

$$= E_i + T \frac{\partial G_i}{\partial T}\Big|_p$$

であるから、

$$\frac{E_i}{A} = \sigma - T \frac{\partial \sigma}{\partial T}\Big|_p \qquad 【2.3.4】$$

となる。

ところで、液相表面にある分子は内部にある分子と異なり、液相内部に向かう分子間作用力を受けており、この力は表面を縮小する効果を持ち、これが表面張力となって現れる。したがって、表面張力は、分子論的にはこの分子間作用力を London の分散力や Lennard-Jones のポテンシャルなどにより評価することにより、一応求められる。

## 【表面張力と界面張力の関係】

一方、界面張力 $\gamma_{ab}$ は、物質 a，b の表面張力 $\sigma_a$、$\sigma_b$ と以下のような関係にある。即ち、

$$\gamma_{ab} = \sigma_a + \sigma_b - W_{ab}$$

ここで、右辺第1、2項は物質 a，b について単位面積の表面を作るに要する仕事であり、第3項は離れていた表面が接合させる仕事（$-W_{ab} < 0$）である。この式を、

$$\gamma_{ab} = \sigma_a + \sigma_b - 2\phi(\sigma_a \sigma_b)^{1/2} \qquad 【2.3.5】$$

と表すと、球形分子で分子間力が分散力のみの場合には、φは次式で近似される。

$$\phi = \frac{4R_a R_b}{(R_a + R_b)^2}$$

ここで、$R_a$、$R_b$はそれぞれ物質 a、b の分子の半径である。

## §2.3.2 接触角

図 2.3.1 は接触角の定義を示したものである。即ち、例えば図のように固体表面

- 37 -

に液滴があるとすると、液滴、固体および周囲媒体とが形成する三相界線において液滴表面の接線と固体とがなす角度を接触角と呼び、図に示したように液体を含む角度θとして定義する。

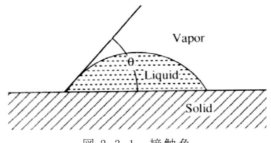

図 2.3.1　接触角

【Young-Dupre の式】
　いま、図2.3.1の接触角θがδθだけ変化した結果、濡れ面積がδAだけ増加したとする。この場合の系の自由エネルギーの変化は、次式で与えられる。

$$\Delta F = \Delta F_i = (\gamma_{ls} - \gamma_{vs})\delta A + \sigma\{\cos(\theta + \delta\theta)\}\delta A \qquad 【2.3.6】$$

ここで、右辺第1項は濡れ面積の増加による自由エネルギーの変化であり、第2項は、濡れ面積の増加に対応した液相表面積の増加による自由エネルギーの変化である。平衡状態では、ΔF＝0であるから、上式より接触角について次の関係を得る。

$$\gamma_{ls} - \gamma_{vs} + \sigma\cos\theta = 0 \qquad (2.3.7a)$$

この式は、「Young-Dupreの式」と呼ばれている。この式は、各張力を三相界線に働く力と見なし、固体表面方向の力の釣合を調べることからも導かれるが、例えば、固体の表面張力が引っ張り応力であるならば表面の結晶構造の異方性に対応して方向性を持つことになるが、現実の液滴の接触面は円形であり異方性を示さないことから、こうした導出には問題がある。
　(2.3.7a)式の接触角は、接触角を形成する三相界線近傍の界面形状が最小エネルギーとなる形状を取るとして表面張力および界面張力と関係づけられた。この接触角を「平衡接触角」$\theta_e$と呼ぶ。したがって、(2.3.7)式は次のように書くのが妥当である。

$$\gamma_{ls} - \gamma_{vs} + \sigma\cos\theta_e = 0 \qquad (2.3.7b)$$

【接触角のヒステリシス】
　さて、図2.3.1のように固体表面に液滴を置く場合を考えれば容易に想像できるように、接触角は三相界線の形成方法あるいは状態（運動状態など）により変化する。図2.3.2は、この様子を図示したものである。図の縦軸は接触角、図の横軸は三相界線の速度uであり、液相が拡張する方向に動くときをu＞0とする。この図に示したように、接触角には

　　　　平衡接触角　　　$\theta_e$　（equilibrium contact-angle）
　　　　静的前進接触角　$\theta_{sa}$（static advancing contact-angle）
　　　　動的前進接触角　$\theta_{da}$（dynamic advancing contact-angle）
　　　　静的後退接触角　$\theta_{sr}$（static receding contact-angle）
　　　　動的後退接触角　$\theta_{dr}$（dynamic receding contact-angle）

などがある。

　静的・動的あるいは前進・後退とは、以下の状況を意味する。静的前進接触角とは、三相界線が液体が拡張する方向に運動を開始する直前の接触角である。三相界線が動き始めると、u（＞0）が小さい間は界線の運動が安定せず、やがてuが増大するとともに界線の運動が安定化し$\theta$は$\theta_{sas}$（≧$\theta_{sa}$）となる。さらに、界線の運動が安定化して以後は、接触角は$\theta$は界線移動速度uに依存する値（≧$\theta_{sas}$）となり、これを動的前進接触角$\theta_{da}$と呼ぶ。静的後退接触角$\theta_{sr}$（あるいは$\theta_{srs}$）および動的後退接触角$\theta_{dr}$も同様に定義される。

　図2.3.2に示したように、これらの接触角の間には次のような関係がある。

$$\theta_{da}[u] > \theta_{sas} \geq \theta_{sa} > \theta_e > \theta_{sr} \geq \theta_{srs} > \theta_{dr}[u]$$
　【2.3.8】

即ち、接触角$\theta$は$\theta_{dr}[u]$と$\theta_{da}[u]$の間の角度を取り得るが、$\theta_{sa} \geq \theta \geq \theta_{sr}$にある場合には三相界線は動かない。

### §2.3.3　静的濡れ条件

　接触角$\theta$は、他の物質を濡らす性質の目安になる。即ち、図2.3.3に示したように、$\theta$の値により濡れは以下のように変化する。

① $\theta = 0$では、液体は固体表面で自発的に広がり、固体表面を完全に濡らす。したがって、この状態の濡れを「拡張ぬれ（spreading wetting）」と呼ぶことがある。

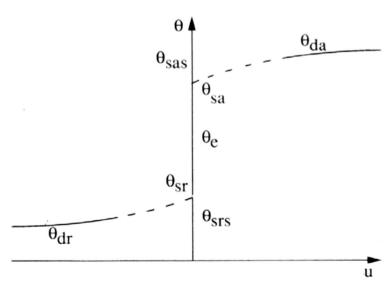

図2.3.2　接触角のヒステリシス

②　$\theta < \pi/2$ では、液体は水平に置かれた細い管路や狭い平板間路で自発的に広がり、浸漬して行く。したがって、この状態の濡れを「浸漬濡れ（immersional wetting）」と呼ぶことがある。
③　$\theta < \pi$ では、液体は固体表面を濡らすことができる。この状態の濡れを「付着濡れ（adhesional wetting）」と呼ぶことがある。

**【拡張係数】**

図 2.3.3 に示した拡張濡れ、浸漬濡れおよび付着濡れにおける自由エネルギー変化は、それぞれ、以下の式で表される。

$$\Delta F_{sw} = \gamma_{ls} - \gamma_{vs} + \sigma = -W_{sw} \qquad (2.3.9a)$$

$$\Delta F_{iw} = \gamma_{ls} - \gamma_{vs} = -W_{iw} \qquad (2.3.9b)$$

$$\Delta F_{aw} = \gamma_{ls} - \gamma_{vs} - \sigma = -W_{aw} \qquad (2.3.9c)$$

ここで、$W_{sw}$、$W_{iw}$ および $W_{aw}$ はそれぞれ、拡張仕事、浸漬仕事および付着仕事と呼ばれている。

$\Delta F_{sw} \leq 0$ の条件では、(2.3.9a)式に(2.3.7)式を代入して得られる式

$$\Delta F_{sw} = \sigma(1 - \cos\theta_e) = -W_{sw} \qquad 【2.3.10】$$

で $\theta_e$ が 0 となるかあるいは定義できなくなり、拡張濡れが進行する。そこで、(2.3.9a)式の $W_{sw}$ を「拡張係数（spreading coefficient）」S と呼び、拡張係数が正の場合に拡張濡れが発生することになる。また、(2.3.9c)式に(2.3.7)式を代入すると、

$$\Delta F_{aw} = \sigma(\cos\theta_e - 1) = -W_{aw}$$

となり、$0 < \theta_e \leq \pi$ で $\Delta F_{aw} < 0$ であるから濡れが発生する。

**【吸着膜と平衡接触角】**

例えば、(2.3.7)や(2.3.9)式などでは、固体の表面張力 $\sigma_s$ を使用せず、固気間の界面張力 $\gamma_{vs}$ を使用してきた。これは、固体表面に液相分子が吸着されている状態を想定したためである。

もし、吸着が起こっていなければ、例えば拡張係数 S は、次のように書かれる。

$$S = \sigma_s - \gamma_{ls} - \sigma$$

この式と(2.3.9a)式で定義される拡張係数との差は、

$$\pi_s = \sigma_s - \gamma_{vs} \qquad 【2.3.11】$$

であり、これを「表面圧（film pressure）」と呼ぶ。一方、Gibbs の式より固相表面の吸着にともなう過剰量 $\xi$ を用いると、

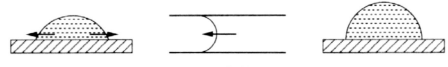

図 2.3.3　各種の濡れ

$$\sigma_s - \gamma_{ls} - \sigma = R_G T \int_0^\infty \xi d(\log_e p)$$

$$\pi_s = R_G T \int_0^{\xi_0} \xi d(\log_e p)$$

の両式が得られる。両式の差は、(2.3.7)式を用いると次式で表される。

$$\sigma(\cos\theta_e - 1) = R_G T \int_{\xi_0}^\infty \xi d(\log_e p) \tag{2.3.12a}$$

さて、吸着膜には固相の影響が及んでおり、吸着膜はバルク液相と異なる状態にある。 いま、この作用が、例えば London の分散力によるポテンシャル $\varepsilon_{ls}[z]$ で表されるとする。さらに、吸着膜の分子が固相と類似の配列状態にあるとすると融点以下ではこの配列は不安定であるから、この効果を $\alpha[z](>0)$ として表すと、吸着膜の蒸気圧 p は

$$p = p_{sat} \exp\left(-\frac{\varepsilon_{ls}[z] - \alpha[z]}{k_B T}\right) \tag{2.3.12b}$$

と表される。ここで z は吸着膜の厚さである。この式より、 z の増大とともに p は $p_{sat}$ に近づき、ある z で $p = p_{sat}$ となり吸着が止まることになる。したがって、上述の両式(2.3.12a, b)より、平衡接触角が定まる。

- 41 -

# 第 3 章　気 泡 核 生 成

　過熱液相と熱力学的平衡状態にある（即ち(2.1.5)および(2.1.7)式を満たす）蒸気相分子集団を「気泡核（bubble nucleus）」、（気泡核に含まれている蒸気相分子数以上の分子を保有する蒸気相分子集団など）気泡核以上の規模を有する蒸気相分子集団を「気泡（bubble）」と呼ぶ。狭義の意味では、気泡核自体が生成されることを「気泡核生成（bubble nucleation）」というが、ここでは気泡が生成されるようになることを気泡核生成と呼び、「気泡核生成」という言葉を広義の意味で使用しておく。

　本章では、気泡核生成について、自発核生成と沸騰核生成の概念（§3.1）、自発核生成頻度に関する解析（§3.2）、液体の（運動論的）過熱限界（§3.3）、および固体表面などで発生する沸騰核生成条件（§3.4）について述べる。

## §3.1 自発核生成と沸騰核生成

　液相中に気泡が生成される過程すなわち気泡核生成過程は、以下の二つに大別される。

　気泡核生成の第1の過程は、予め気泡核を全く保有していない純粋な母液相が自らの密度揺らぎなど統計的過程を介して気泡核自体を生成する過程であり、「自発気泡核生成（spontaneous bubble-nucleation）」と呼ばれる。この過程では、気泡核は母液相と不安定平衡にあるので、気泡核の生成が気泡の生成を意味する。

　一方、第2の過程は、系内に「既存気泡核（pre-existing bubble-nucleus）」として母液相と安定平衡している気泡核が予め存在し、この既存気泡核が活性化条件（安定平衡状態が不安定平衡状態に遷移する条件）を満足する状態において気泡成長を開始する「沸騰核生成（boiling nucleation）」である。

【自発核生成過程】

　ここでは、まず、油の中に捕獲された水滴中に水蒸気泡が生成される場合のように、母液相内部には予め用意された気泡核が存在しない系について考えてみよう。こうした系では、母液相は沸騰するためには自らの密度揺らぎにより気泡核自体を生成する必要がある。

　即ち、統計力学によれば、平衡状態にある巨視的物質の物理量は、事実上その平均値に等しいが、常に平均値の回りで揺らいでいる。例えば、ある液相を構成する分子のエネルギーは、平均値の回りに分布を持っている。したがって、液相分子の中には気相分子程度の高いエネルギーを持ったもの（これを「活性化分子」と呼んでおく）が確率的に存在し得る。無論その存在確率は系の温度の上昇とともに増大する。系の温度が上昇すると、活性化分子同士が集合する確率が増え、次第に活性化分子集団が形成できるようになる。この場合、液相が安定相であれば、活性化分子集団は常に不安定であり時間経過とともに必ず消滅する。

　いま活性化分子集団が含む活性化分子数をXとすると、活性化分子集団には、Xにより、以下のようなものがある。

最も分子数Xの少ないものは、「核萌芽集団(aggregate)」と呼ばれ、少なくとも二つ以上の活性化分子を含む集団ではあるが、その数は再び互いにXコの単一分子同士に分裂できるほど少なく、物性的には未だ液相的である。やや分子数Xが多くなると、分裂する際には直接Xコの単一分子同士に分裂することが不可能なほど多くの活性化分子により構成される「核予備集団（embryo）」となる。この状態となると、分子集団はようやく連続体とみなすことができ、性質は気相的になる。但し、核予備集団は、前章で示した母液相との平衡条件を満たすには至っていない。核予備集団と同様に連続体と見なせ、気相的性質を有する活性化分子集団は、分子数Xの増大とともに、母液相と平衡する気泡核となる。この分子数を越える分子を含む分子集団は、母液相と平衡することができずに、自由エネルギーの勾配にしたがって気泡として成長を開始することになる。

【沸騰核生成】
　以上のように、例えば油に含まれた水滴のような系における核生成＝自発核生成では、水は自らの密度揺らぎにより、核萌芽集団→核予備集団→気泡核といった活性化分子集団の統計的成長過程を介してまず気泡核を生成する必要がある。
　しかし、固体容器に溜められた液相における気泡生成過程では、固体容器表面に存在する様々なキャビティなど幾何学的微細構造が蒸気相を捕獲しており、これが、自発核生成のように気泡核生成過程を経ることなく母液相と安定平衡する既存気泡核を既に形成している。即ち、後述するようにこの系では、母液相と平衡して存在する気泡核が既存気泡核として内在し、この気泡核が安定平衡状態を失う臨界気泡核状態となる状況で気泡が生成される。
　このように、自発核生成では、気泡核の生成が気泡生成を意味し、真の意味で気泡核生成であるが、沸騰核生成では、既存気泡核が臨界気泡核を経て気泡を射出する沸騰核となることが気泡生成を意味し、「沸騰核の生成」であり「気泡核の生成」ではないことに留意する必要がある。

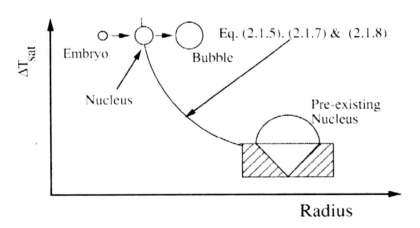

図 3.1.1 自発核生成と沸騰核生成

## §3.2 自発核生成

　密度揺らぎなどの統計的成長過程を経て母相自らが気泡核を生成する自発核生成については、単位時間・単位体積あたりにどの位の頻度で核生成が起きるか、すなわち「自発核生成頻度（spontaneous nucleation rate）」を問題にする場合が多い。自発核生成頻度は、後述するように、気泡核を生成するに要する最小仕事と重要な関係を持っている。

　ここでは、自発核生成の形態（§3.2.1）、古典的自発核生成理論（§3.2.2）とその詳細（§3.2.3）について述べる。自発核生成については、気泡核生成に限らず、凝固核生成および凝縮核生成など相変化を伴う現象の基本的過程であるが、これらに関する参考書としては、以下のものを薦めたい。

　　◇　Frenkel, J. : 1955, "Kinetic Theory of Liquids", (Dover Pub.)
　　◇　Skripov, V.P. : 1974, "Metastable Liquids", (John Wiley & Sons)
　　◇　Abraham, F.F. : 1974, "Homogeneous Nucleation Theory", (Academic Press)

## §3.2.1 均質核生成と不均質な自発核生成

　母液相の自発核生成により生成される気泡核には、例えば図3.2.1のようないくつかの形態が考えられる。　図3.2.1の（a）は、気泡核が母液相に完全に囲まれて球形気泡核として生成される場合である。（b）は、例えば母液相中の固体不純物など母液相が接する固体表面に切り欠き球形気泡核として生成される場合である。（c）は、母液相Aが他の液体Bと接する液々界面に生成される場合である。（a）の場合は、気泡核を生成するに要する最小仕事は、母相物質の物性のみにより定まるが、（b）および（c）の場合には、この最小仕事は、固液界面張力あるいは周囲液体の表面張力などとも関連を持ち、母相物質の物性のみでは定まらない。

　図3.2.1の（a）のように、自発核生成により生成される気泡核表面が完全に母液相に囲まれている場合、これを「均質核生成（homogeneous nucleation）」と呼ぶ。一方、図3.2.1（b）あるいは（c）のように、自発核生成でも気泡核の表面の一部が、他種液体や固体との界面として形成されている場合、これを「不均質な自発核生成（heterogeneous spontaneous-nucleation）」と呼ぶ。

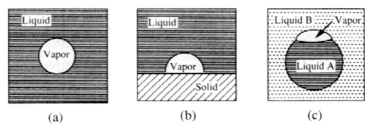

図 3.2.1　様々な自発気泡核生成

## §3.2.2 自発核生成頻度

　いま、圧力 $p_l$ にある均質な液相が、その飽和温度 $T_{sat}$ 以上に過熱されている状態を考える。この過熱液相中には、上述したように、揺らぎにより自発的に形成される活性化分子集団が統計的過程を経て確率的に形成される。液相（母相）が過熱液（準安定相）である限り、活性化分子集団の形成は少なくとも確率的には必ず気泡核の生成に至り得る。この気泡核の生成頻度を、「自発核生成頻度（spontaneous nucleation rate）」 $J$ [コ/cm³s]と呼ぶ。

### 【I】　均質核生成頻度
　後に導出するように、均質核生成頻度 $J$ は次のように与えられる。

$$J = N_l \left( \frac{2\sigma}{\pi m B} \right)^{1/2} \exp\left[ -\frac{16\pi\sigma^3}{3k_B T(p_{ve} - p_l)^2} \right] \quad 【3.2.1】$$

ここで、
- $N_l$ ：単位体積あたりの液相分子数[コ/cm³]
- $\sigma$ ：表面張力[dyne/cm]
- $m$ ：液相分子1コの質量[g]
- $B$ ：～2/3
- $k_B$ ：Boltzmann定数
- $p_{ve}$ ：温度Tにおける平衡蒸気圧（(2.1.5)式）
- $p_l$ ：システム（液相）圧力

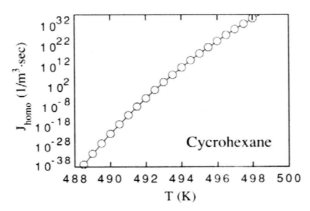

図 3.2.2　均質核生成頻度（大気圧シクロヘキサン）

即ち、系の温度が高くなり自発核生成頻度Jがある程度にまで大きくなると、自発核生成発生までの待ち時間は現実的観測時間オーダーになってくる（例えば、J～1コ/cm³secでは、1cm³の液体中で均質核生成が起きるまでの平均待ち時間は1秒程度となる）。こうした状態では、もはや過熱液相を液相状態として維持するのは困難であり、現実には均質核生成により蒸気相へと転移する。後述するように、(3.2.1)式の導出過程には、
① 気泡核が過熱液相中に一定頻度で現れる定常過程として考える、
② 蒸気相は理想気体として近似できる、
③ （気泡力学のような）分子集団のダイナミックスは無視する、

などを初めとする多くの仮定を用いている。しかし、少なくとも液体の気泡核生成に関しては、次節で述べるように実験とよく一致することから、この古典的自発核生成理論は現象をかなりよく表現していると考えられている。

図3.2.2に、大気圧シクロヘキサンを例として、過熱度$\Delta T_{sat}$と自発核生成頻度との関係を図示した。図に示されているように、狭い温度幅においてJは急速に増大する。

## 【Ⅱ】 不均質な自発核生成頻度

一方、自発核生成でも、母相が固体表面や他種の液相と接する界面において活性化分子集団が形成される場合には、先述したように気泡核を生成するに要する最小仕事は、均質核生成におけるそれと異なる。このため、不均質な自発核生成頻度も均質核生成頻度と異なり、後に導出するように以下のように与えられる。

### 【平面固体表面での自発核生成頻度】

まず、平面固体表面に自発核生成により気泡核が生成される頻度は、固液の平衡接触角を$\theta_e$とすると、次のように表される。

$$J_s = N_1^{2/3} \Psi_0[\theta_e] \left( \frac{2\sigma}{\pi m B \Psi_s[\theta_e]} \right)^{1/2} \exp\left[ -\frac{16\pi\sigma^3 \Psi_s[\theta_e]}{3k_B T(p_{ve} - p_l)^2} \right] \qquad 【3.2.2】$$

ここで、$J_s$の単位は$cm^{-2}sec^{-1}$であり、$\Psi_0[\theta_e]$および$\Psi_s[\theta_e]$はそれぞれ以下の関数である。

$$\left. \begin{array}{l} \Psi_0[\theta_e] = (1+\cos\theta_e)/2 \\ \Psi_s[\theta_e] = (2+3\cos\theta_e - \cos^3\theta_e)/4 \end{array} \right\} \qquad 【3.2.3】$$

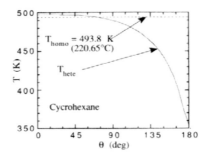

図3.2.3 自発核生成温度と接触角

（3.2.3)式において、$\theta_e = 0$とすると、$\Psi_0 = 1$、$\Psi_s = 1$となり、(3.2.2)式は比例定数項を除いて均質核生成頻度式すなわち(3.2.1)式と一致する。図 3.2.3 は、$J = J_s = 10^3$ となる温度を自発核生成温度として接触角に対して図示したものである。図に示されているように、自発核生成温度は、$\theta < 70$度程度で均質核生成により定まるが、70度$< \theta$では不均質な自発核生成により定まり、接触角の増大とともに急速に低下する。即ち、固液界面における不均質な自発核生成頻度は、接触角 $\theta$ の影響を強く受け、同一温度では $\theta$ が大きいほど（固体表面が濡れ難い程）高くなる。これは、固液界面に気泡核を生成するに要する仕事が、母相液相中に球形気泡核を生成する際のそれに比べて、$\theta$ の増大とともに小さくなり、母相液相としては内部に球形気泡核を作るより、固液界面に切欠き球状気泡核を生成する方が楽になるためである。

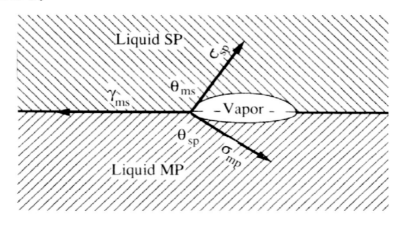

図 3.2.4　液液界面における自発核生成

**【液液界面における自発核生成頻度】**

一方、液液界面における自発核生成の場合は、多少問題が複雑になる。

いま、母相が、これと混じり合わず、（母相より）蒸気圧が十分に低い液体（これを周囲液体と呼んでおく）と接しているとする。また、母相液体、周囲液体の表面張力を $\sigma_{mp}$、$\sigma_{sp}$、両者の間の界面張力を $\gamma_{ms}$ とする。ここで図 3.2.4 のように、両液体の界面に母相液体の活性化分子集団が生成されたとする。この分子集団が、図 3.2.4 の状態で少なくとも力学的平衡を保てるか否かは、§2.3.3 において拡張係数として示したように、表面・界面張力 $\sigma_{mp}$、$\sigma_{sp}$、$\gamma_{ms}$ の間の大小関係により定まる。後で詳しく検討するように、

$$\sigma_{mp} < \sigma_{sp} + \gamma_{ms} \quad かつ \quad \sigma_{sp} < \sigma_{mp} + \gamma_{ms} \qquad 【3.2.4】$$

の場合にのみ、液液界面において力学的平衡が成立し、液液界面で自発核生成が起こり得る。この液液界面における不均質な自発核生成頻度は、以下のように与えられる。

$$J_i = N_l^{2/3} \Psi_0[\theta_{mp}] \left( \frac{2\sigma}{\pi m B \Psi_i[\theta]} \right)^{1/2} \exp\left[ -\frac{16\pi\sigma^3 \Psi_i[\theta]}{3 k_B T (p_{ve} - p_l)^2} \right] \qquad 【3.2.5】$$

ここで、$\Psi_0[\theta]$は(3.2.3)式で与えられ、$\Psi_i[\theta]$は次式で定義される。

$$\Psi_i[\theta] = \Psi_s[\theta_{mp}] + (\sigma_{sp}/\sigma_{mp})^3 \Psi_s[\theta_{sp}] \qquad \text{【3.2.6】}$$

ここで、次のことに留意しておく必要がある。即ち、図3.2.4のような液液界面が存在しても、液液界面で気泡核を生成するより母相液相内部で気泡核を生成した方が必要な最小仕事が少なくてすむ場合がある。例えば、後述するように、

$$\sigma_{sp} > \sigma_{mp} + \sigma_{ms}$$

の場合には、液液界面の存在にも関わらず母相液相内における均質核生成が期待される。

## 【Ⅲ】 自発核生成理論

以上に述べた自発核生成に関する考え方およびその頻度式は、気泡核生成のみならず、凝固核生成や凝縮核生成などにおいても同様の重要性を持っており、その物理的過程を理解しておくことは重要である。

そこで本節では、自発核生成頻度に関する(3.2.1)、(3.2.2)、(3.2.5)式を導出する。

### 【自発核生成に関する基本式の導出】

いま、圧力$p_l$の液相が無限空間を占めているとする。既に述べたように、この系内には、平均状態より活性化された液相分子や、不活性化された液相分子がある分布を持って存在している。例えば、活性化分子はそれ同士が集合して分子集団を形成することも、統計的過程としては可能である。系の温度をTとすると、$T < T_{sat}[p_l]$では活性化分子集団は絶対不安定であり、時間とともに必ず崩壊する。しかし、$T > T_{sat}[p_l]$では、ある大きさの活性化分子集団（＝気泡核）は母相（周囲液相）と平衡することが可能となるようになり、もしこれ以上の大きさの活性化分子集団（＝気泡）が形成されると、この気泡の成長により母相は崩壊失する。ここで、Xコの活性化分子を含む活性化分子集団を$C_x$集団と呼び、その数密度を$I_x$と書き、以上の過程を追ってみる。

一般に、液相の単位体積あたりに単位時間に、$C_{x-1}$集団から$C_x$集団に移行する活性化分子集団の正味の数$J_x$は、次式で与えられる。

$$J_x = [\text{活性化分子１コが}C_{x-1}\text{集団に蒸発し}C_x\text{集団となる数}]$$

$$- [\text{活性化分子１コが}C_x\text{集団から凝縮し}C_{x-1}\text{集団となる数}]$$

$$= I_{x-1}A_{x-1}\alpha_{e,x-1} - I_x A_x \alpha_{c,x}$$

ここで、$A_{x-1}$、$A_x$は分子集団の表面積、$\alpha_{e,x-1}$は$C_{x-1}$集団における蒸発分子数束、$\alpha_{c,x}$は$C_x$集団における凝縮分子数束である。

この系が平衡状態にあるとすると、$J = 0$であるから次式が成立する。

$$N_{x-1}A_{x-1}\alpha_{e,x-1} = N_x A_x \alpha_{c,x}$$

ここで、$N_{x-1}$、$N_x$は平衡状態における異相（蒸気相）分子集団の数密度である。上式を$J_x$に関する式に代入し$\alpha_{e,x-1}$を消去すると、次式を得る。

$$J_x = \alpha_{c,x} A_x N_x \left\{ \left( \frac{I_{x-1}}{N_{x-1}} \right) - \left( \frac{I_x}{N_x} \right) \right\}$$

　次に、この系の定常状態について考える。いま、気泡核内の蒸気相分子数 $X_e$ を越える蒸気相分子を含む異相分子集団は系外に取り除き、取り除いた分子数に相当する母相分子を新たに系に加えることにより、定常状態を維持するとする。この定常状態では、$J_{xe} = J_{xe-1} = \cdots = J_x = \cdots = J_{xo} = J$（但し、$X_o$ は embryo と見なせる最小異相分子集団に含まれる分子数）であるから、上式を連続関数とみなして書き直すと、定常状態における異相分子集団数密度 n に関する次式を得る。

$$J = D_x N_x \left\{ \left( \frac{n_{x-1}}{N_{x-1}} \right) - \left( \frac{n_x}{N_x} \right) \right\} = -D[X]N[X]\frac{d}{dX}\left( \frac{n[X]}{N[X]} \right)$$

但し、$D[X] = \alpha_{c,x} A[X]$ である。上式を $X = X_o$、$X_e$ の間で積分すると次式を得る。

$$\left. \frac{n}{N} \right|_{xe} - \left. \frac{n}{N} \right|_{xo} = -\int_{x_o}^{x_e} \left( \frac{J}{D[x]N[x]} \right) dX$$

ここで、$X = X_o$ で $n = N$、$X = X_e$ で $n = 0$ であることを考えると、上式は次式となる。

$$J = \frac{1}{\int_{x_o}^{x_e} \left( \frac{dX}{D[X]N[X]} \right)} = \frac{D[X_e]N[X_e]}{\int_{x_o}^{x_e} \left( \frac{D[X_e]N[X_e]}{D[X]N[X]} \right) dX}$$

ここで、$D[X] = D[X_e]$ と近似し、上式の最右辺分母を $1/Z$ と置くと、最終的に均質核生成頻度 J に関する次式を得る。

$$J = D_{xe} N_{xe} Z = \alpha_{xe} S_{xe} N_{xe} Z \qquad\qquad 【3.2.7】$$

上式の Z は、「Zeldovich Factor」と呼ばれ、次式で与えられる。

$$Z = \frac{1}{\int_{x_o}^{x_e} \left( \frac{N[X_e]}{N[X]} \right) dX} \qquad\qquad 【3.2.8】$$

## 【均質核生成頻度式の導出】

　さて、(3.2.7)式を均質核生成について具体的に計算する。気液界面における分子数束 $\alpha_{xe}$ は前章の (2.2.3) 式で、気泡核の表面積 $A_{xe} = 2\pi R_{xe}^2$ の $R_{xe}$ は Laplace の式 (2.1.7) で、また気泡核内の蒸気圧力 $p_{ve}$ は (2.1.5) 式で与えられる。したがって、(3.2.7)式を計算するために残されている量は、平衡状態における気泡核の数密度 $N_x$、$N_{xe}$ である。

　$C_x$ 集団を形成するに要する最小仕事を $W_x$ とすると、平衡状態における $C_x$ 集団の数密度 $N_x$ は統計力学よりボルツマン分布により与えられる。即ち、

$$N_x = N_1 \exp\left( -\frac{W_x}{k_B T} \right)$$

　ここで、$C_x$ 集団を形成するに要する最小仕事 $W_x$ は、以下のように与えられる。

まず、蒸気相分子のみを通す半透膜により囲まれた空孔を考える。空孔を取り囲む液相の圧力を$p_l$とし、空孔中に蒸気分子を蒸気圧$p_{ve}$の一定圧力下で蒸発させる。この過程において必要な最小仕事$W_{x,1}$は、$C_x$集団の圧力$p_{ve}$での体積を$V_x{}'$とすると、

$$W_{x,1} = \int_0^{V'x}(p_l - p_v)dV_v = (p_l - p_{ve})V_x{}' \tag{3.2.9a}$$

となる。

次に、圧力$p_{ve}$、体積$V_x{}'$にあるこの分子集団を、圧力$p_v$、体積$V_x$まで状態変化させる。この過程において必要な最小仕事$W_{x,2}$は以下のように計算できる。

$$W_{x,2} = \int_{Vx'}^{Vx}(p_l - p_{ve})dV_v = p_l\left(V_x - V_x{}'\right) - \int_{Vx'}^{Vx}p_v dV_v$$

$$= p_{\backslash l}\left(V_x - V_x{}'\right) - \int_{Vx'}^{Vx}\{d(p_v V_v) - V_v dp_v\}$$

$$= p_l\left(V_x - V_x{}'\right) - p_v V_x + p_{ve}V_x{}' + \{\mu_v[p_v] - \mu_v[p_{ve}]\}X \tag{3.2.9b}$$

圧力$p_v$、体積$V_v$の蒸気分子集団を生成するに要する最小仕事$W_x$は、上述の$W_{x,1}$、$W_{x,2}$と気液界面を生成するに要する仕事の和であるから、以上より、

$$W_x = \sigma A_x + W_{x,1} + W_{x,2}$$

$$= \sigma A_x + (p_l - p_{ve})V_x{}' + p_l\left(V_x - V_x{}'\right) - p_v V_x + p_{ve}V_x{}' + \{\mu_v[p_v] - \mu_v[p_{ve}]\}X$$

$$= \{\mu_v[p_v] - \mu_v[p_{ve}]\}X + \sigma A_x + (p_l - p_v)V_x \tag{3.2.10a}$$

ここで、蒸気相を理想気体近似すると、次式が得られる。

$$\mu_v[p_v] = \mu_v[p_{ve}] + \int_{p_{ve}}^{p_v}Vdp = \mu_v[p_{ve}] + Xk_B\cdot\log_e\left\lfloor\frac{p_v}{p_{ve}}\right\rfloor$$

上式を用いて、$W_x$に関する式を書き直すと次式を得る。

$$W_x = Xk_B\cdot\log_e\left\lfloor\frac{p_v}{p_{ve}}\right\rfloor + \sigma A_x + (p_l - p_v)V_x \tag{3.2.10b}$$

次に Zeldovich factor を計算する。(3.2.10)式より、気泡核を生成するに要する最小仕事$W_{xe}$は、次のように書ける。

$$W_{xe} = \sigma A_{xe} + (p_l - p_v)V_{xe}$$

気泡核については、Laplace の (2.1.7) 式が成立するので、これと$A_{xe}$、$V_{xe}$に関する幾何学的関係を代入すると、以下のようになる。

$$W_{xe} = (4\pi/3)\sigma R_e{}^2 \qquad\qquad\text{【3.2.11】}$$

(3.2.10)式を、平衡点まわりで展開する。すなわち、$W_x$に関する独立変数を分子集団半径$R$と集団内圧力$p_v$ととり、平衡点＝気泡核まわりでテイラー展開すると、(3.2.10)式は以下のようになる。

$$W_x = W_{xe} + \left(\left.\frac{\partial W_x}{\partial R}\right|_e\delta R + \left.\frac{\partial W_x}{\partial p_v}\right|_e\delta p_v\right)$$

$$+\left(\frac{1}{2}\frac{\partial^2 W_x}{\partial R^2}\bigg|_e \delta R^2 + \frac{\partial^2 W_x}{\partial R \partial p_v}\bigg|_e \delta R \delta p_v + \frac{1}{2}\frac{\partial^2 W_x}{\partial p_v^2}\bigg|_e (\delta p_v)^2\right)$$

ここで、$\delta R = R - R_e$、$\delta p_v = p_v - p_{ve}$ である。上式の右辺の 2 つの 1 次微係数は、平衡点すなわち気泡核においてはそれぞれ 0 である。また、2 次の微係数は、それぞれ以下のように計算される。

$$\frac{\partial^2 W_x}{\partial R^2}\bigg|_e = -8\sigma \; , \; \frac{\partial^2 W_x}{\partial R \partial p_v}\bigg|_e = 0 \; , \; \frac{\partial^2 W_x}{\partial p_v^2}\bigg|_e = \frac{4\pi R_e^3}{3 p_{ve}}$$

したがって、上の展開式は、次のようになる。

$$W_x = W_{xe} - 4\sigma(\delta R)^2 + \frac{2\pi R_e^3}{3 p_{ve}}(\delta p_v)^2$$

さて、気泡核以外の分子集団 $C_x$ は以下の 3 つの状態のいずれかにある。即ち、

① 力学的平衡にあるが化学的平衡にない、つまり (2.1.7) 式は満足されているが、分子集団内圧力は (2.1.5) 式を満たさない状態、
② 化学的平衡にあるが力学的平衡にない状態、
③ 力学的にも化学的にも平衡にない状態

のいずれかにある。後述するように、このいずれを対象とするかは核生成理論において重大な差異が生じないので、ここでは①を仮定する。とすると、

$$\delta p_v = p_v - p_{ve} = (p_v - p_l) - (p_{ve} - p_l) = 2\sigma(R_e - R)/(R R_e)$$

となり、したがって、

$$W_x = W_{xe} - 4\sigma(\delta R)^2 + \left\{\frac{8\pi\sigma^2(\delta R)^2}{3}\right\}\left(\frac{R_e}{R^2 p_{ve}}\right)$$

ここで、$R \sim R_e$ とし、Laplace の式を用いると、次式を得る。

$$W_x = W_{xe} - 4\pi\sigma B(\delta R)^2 \qquad 【3.2.12】$$

但し、$B = 1 - \{(p_{ve} - p_l)/3 p_{ve}\}$ である。(3.2.12) 式を図 3.2.5 に図示した。図に示されているように、分子集団を形成するに要する最小仕事は、気泡核で最大値を取る。

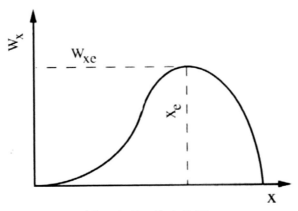

図 3.2.5　最小仕事

したがって、

$$N_x = N_l \cdot \exp\left(-\frac{W_{xe} - 4\pi\sigma B(\delta R)^2}{3 k_B T}\right)$$

$$= N_{xe} \cdot \exp\left(\frac{4\pi\sigma B(\Delta R)^2}{3k_B T}\right) \qquad \text{【3.2.13】}$$

(3.2.8)および(3.2.13)式より、Zeldovich factor Z は以下のように表される。

$$Z = \frac{p_{ve} A_{xe} B^{1/2}}{2(\sigma k_B T)^{1/2}} \qquad \text{【3.2.14】}$$

但し、上式の導出において、蒸気相を理想気体近似して、

$$dX = d\{4\pi R^3 p_v / (3k_B T)\}$$

なる関係を用いた。

以上の計算結果と基本式(3.2.7)より、均質核生成頻度 J に関する表示式として、(3.2.1)式が得られる。

**【不均質な自発核生成頻度の導出】**

まず、固体表面における不均質な自発核生成（図 3.2.1 の(b)の場合）頻度 $J_s$ を表す(3.2.2)式を導出する。 (3.2.7)および(3.2.8)式は、核生成が発生する場所を特定せずに導出されているので、この場合も成立する。即ち、

$$J_s = \alpha_{xe} A_{xe,s} N_{xe,s} Z_s \qquad \text{【3.2.15】}$$

ここで、自発核生成が発生する固体表面を平面とすると、図 3.2.1(b)の気泡核について次の幾何学的関係が得られる。

$$A_{xe,s} = 2\pi R_e^2 (1 + \cos\theta) \qquad \text{【3.2.16】}$$

一方、図 3.2.1 のような分子集団を形成するに要する最小仕事は、均質核生成の場合の(3.2.10)式と同様に、次のように表される。

$$W_{x,s} = \{\mu_v[p_v] - \mu_1[p_{ve}]\}X + \{\sigma A_{x,lv} + (\gamma_{vs} - \gamma_{sl})A_{x,vs}\} + (p_1 - p_v)V_{x,s}$$

ここで、$\gamma_{vs}$、$\gamma_{sl}$ はそれぞれ、固体－蒸気間、固体－液体間の界面張力であり、$A_{x,1v}$ は分子集団の気液界面面積＝$A_x$、$A_{x,vs}$ は固気界面面積である。上式に、Young の式すなわち(2.3.7)式

$$\sigma \cos\theta_e = \gamma_{vs} - \gamma_{ls}$$

と、幾何学的関係式

$$A_{x,lv} = A_x = 2\pi R^2 (1 + \cos\theta_e)$$
$$A_{x,vs} = \pi(R\sin\theta_e)^2$$

を、$W_x$ に関する上式の右辺第 2 項に関して用い、Laplace の式と幾何学的関係式

$$V_{x,s} = \left(\frac{4\pi R^3}{3}\right)\left(\frac{2 + 3\cos\theta_e - \cos^3\theta_e}{4}\right) = \frac{4\pi R^3}{3}\Psi[\theta_e]$$

を右辺第 3 項に用いると、次式を得る。

$$W_{x,s} = \{\mu_v[p_v] - \mu_1[p_{ve}]\}X + 4\pi\sigma R^2 \Psi_s[\theta_e] - \frac{8\pi\sigma R^2}{3}\Psi_s[\theta_e]$$

となり、気泡核に関する次式を得る。

$$W_{xe,s} = \frac{4\pi\sigma R^2}{3}\Psi_s[\theta_e] \qquad\qquad 【3.2.17】$$

ここで、$\Psi_s[\theta_e]$は(3.2.3)式で定義される。以下、(3.2.12)式を得たと同様にして次式が得られる。

$$W_{x,s} = W_{xe,s} - 4\pi\sigma B\Psi_s[\theta_e](\delta R)^2 \qquad\qquad 【3.2.18】$$

これより、Zeldovich factor を計算することにより、固体表面における自発核生成頻度に関する(3.2.2)式が得られる。

**【液液界面における自発核生成】**

次に、図 3.2.1（c）あるいは図 3.2.4 の系を考える。(3.2.7)および(3.2.8)式の基本式は、核生成が起きる場所に関する情報を特定せずに導かれているので、こうした液液界面における自発核生成に関しても次式が成立する。

$$J_i = \alpha_{xe}A_{xe,i}N_{xe,i}Z_i \qquad\qquad 【3.2.19】$$

ここで、液液界面は一般には平面ではないが、簡単のために平面とする。そこで、液液界面方向および法線方向の力の釣合から、次の関係が得られる。

$$\cos\phi_{mp} = \frac{\sigma_{mp}^2 + \gamma_{ms}^2 - \sigma_{sp}^2}{2\sigma_{mp}\gamma_{ms}} \quad , \quad \cos\phi_{sp} = \frac{\sigma_{sp}^2 + \gamma_{ms}^2 - \sigma_{mp}^2}{2\sigma_{sp}\gamma_{ms}}$$

ところが、

$$\cos\phi_{mp} = \frac{\sigma_{mp}^2 + \gamma_{ms}^2 - \sigma_{sp}^2}{2\sigma_{mp}\gamma_{ms}} = \frac{\left(\sigma_{mp} + \gamma_{ms}\right)^2 - \sigma_{sp}^2}{2\sigma_{mp}\gamma_{ms}} - 1$$

$$= \frac{\left(\sigma_{mp} + \gamma_{ms} - \sigma_{sp}\right)\left(\sigma_{mp} + \gamma_{ms} + \sigma_{sp}\right)}{2\sigma_{mp}\gamma_{ms}} - 1$$

であるから、$\sigma_{mp} + \gamma_{ms} < \sigma_{sp}$となると、$\cos\phi_{mp} < -1$となり$\phi_{mp}$が定義できなくなる。即ち、$\sigma_{mp} + \gamma_{ms} < \sigma_{sp}$あるいは $\sigma_{sp} + \gamma_{ms} < \sigma_{mp}$、では、図 3.2.4 の力学的平衡が保てなくなることが分かる。したがって、図 3.2.4 の分子集団が力学的平衡を保つためには、式(3.2.4)が成立することが必要である。

さて、(3.2.19)式の各項を計算する。$A_{xe,i}$については、$\theta = \pi - \phi$であるから、(3.2.16)式より、

$$A_{xe,i} = 2\pi R_e^2\left(1 + \cos\theta_{mp}\right) \qquad\qquad 【3.2.20】$$

また、$N_{xe,i}$を決定する$W_{xe,i}$については、(3.2.17)式と同様に、

$$W_{xe,i} = \frac{4\pi\sigma R_e^2}{3}\Psi_i[\theta_{mp},\theta_{sp}] \qquad\qquad 【3.2.21】$$

$$\Psi_i[\theta_{mp},\theta_{sp}] = \Psi_s[\theta_{mp}] + \left(\frac{\sigma_{sp}}{\sigma_{mp}}\right)^3\Psi_s[\theta_{sp}]$$

さらに、$W_{x,i}$は、(3.1.18)式と同様に、

$$W_{x,i} = \{\mu_v[p_v] - \mu_l[p_l]\}X + \left(\sigma_{mp}A_{x,mp} + \sigma_{sp}A_{x,sp} - \gamma_{ms}A_{x,ms}\right) + (p_l - p_v)V_{x,l}$$

$$= W_{xe,i} - 4\pi B \sigma_{mp}{}^3 \Psi_i \left[\theta_{mp}, \theta_{sp}\right](\delta R)^2 \qquad \text{【3.2.22】}$$

ここで、$A_{x,mp}$、$A_{x,sp}$および$A_{x,ms}$は、それぞれXコの蒸気相分子を含む分子集団が母相液体、周囲液体と接する表面積および分子集団が形成されたことにより減少した母相液体と周囲液体との界面面積である。

　(3.2.22)式より Zeldovich factor を、また(3.2.21)式より$N_{xe,i}$をそれぞれ計算し、これらを (3.2.19)式に代入すると(3.2.5)式が得られる。

---

## §3.2.3　自発核生成理論に関する研究小史

　本項では、前項で述べた自発核生成理論自体に関する研究小史を述べ、その実験的検討については次節の過熱限界温度の項において述べる。

### 【Ⅰ】　均質核生成理論に関する研究小史

　前節で述べた古典的均質核生成理論は、Volmer and Weber(1926)、Becker and Doering(1935)、 Doering(1937, 1938)、Zeldovich(1943)、Takagi(1953)により展開され、Katz and Blander(1975)が集大成したものである。これらの古典的理論については Frenkel(1955)の"Kinetic Theory of Liquids"にまとめられている。

　しかし、この古典的均質核生成理論は、既に述べたように、以下のような仮定に基づいて構築されたものである。すなわち、

① 均質核生成に関する基本式である (3.2.1)式は、核生成頻度が一定である定常な核生成過程を仮定して導出されている。しかし、液相が突然ある過熱度に置かれた場合には、均質核生成過程は図 3.2.6 に示したようにある incubation time が経過した後に、核生成頻度が一定となる定常状態となる。一般に、図 3.2.6 に示したように、この incubation time における核生成頻度は定常状態に比べてかなり小さいと言われている。したがって、問題とする時間スケールに対して incubation time が有意な値を持つ場合には、この仮定が問題となる。

② 基本式における拡散係数として、分子の蒸発および凝縮過程が支配的と考えた。しかし、キャビテーションなど比較的低温における核生成過程では、分子集団の成長は空孔の拡散によると考えられている。

③ (3.2.1)式を導出する際に用いた(2.1.5)、(3.2.10)および(3.2.14)式は蒸気相を理想気体近似して得られたものである。しかし、飽和状態近傍にある蒸気相に対しては一般に理想気体近似の精度は高くない。

④ 基本式の導出においては、分子集団界面を含めて系の温度は一様である

- 54 -

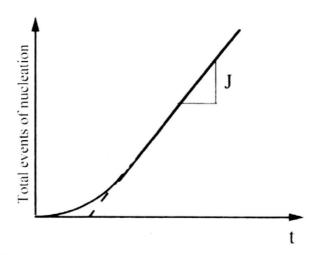

図 3.2.6 単位体積あたりの自発核生成の累積頻度

とみなした。次章で述べるように、気泡の成長過程では気泡周囲に温度分布をもつ境界層が形成され、これが蒸気分子集団の生成頻度を支配する場合もある。また、(3.2.12)式の導出にあたり核予備集団についても力学的平衡を仮定した。したがって、厳密には核予備集団についても次章で述べる「気泡」の運動方程式を考慮する必要がある。

【Incubation time の評価】
(3.2.1)式を導く基本式、

$$J_x = \alpha_{c,x} A_x N_x \left( \frac{I_{x-1}}{N_{x-1}} - \frac{I_x}{N_x} \right) = D_x N_x \left( \frac{I_{x-1}}{N_{x-1}} - \frac{I_x}{N_x} \right) \tag{3.2.23a}$$

に基づいて、Incubation time内における均質核生成を考える。
まず、$J_x$ の定義より次式を得る。

$$\frac{\partial J_x}{\partial t} = J_x - J_{x+1} \tag{3.2.23b}$$

$J_x$ を x の連続関数と見なすと、上の両式は以下のようになる。

$$J[X] = -D[X]N[X]\frac{\partial}{\partial X}\left(\frac{I[X]}{N[X]}\right) \tag{3.2.24a}$$

$$= -D[X]\frac{\partial I[X]}{\partial X} + D[X]I[X]\frac{\partial \log_e N[X]}{\partial X} \tag{3.2.24b}$$

$$\frac{\partial J[X]}{\partial t} = -\frac{\partial J[X]}{\partial X} \tag{3.2.24c}$$

したがって、

$$\frac{\partial J[X]}{\partial t} = \frac{\partial}{\partial X}\left(D[X]\frac{\partial I[X]}{\partial X}\right) - \frac{\partial}{\partial X}\left(D[X]I[X]\frac{\partial \log_e N[X]}{\partial X}\right), \tag{3.2.25}$$

(3.2.25)式の解は、Zeldovich(1943)により次の形で与えられた。

$$J[X,t] = J \exp\left[ -\frac{\tau_r}{t} \right] \qquad (3.2.26a)$$

ここで、$\tau_r$ は緩和時間であり、Zeldovich(1943)によれば、

$$\tau_r = \frac{X_e^2}{4D[X_e]} \qquad (3.2.26b)$$

であり、さらに詳細な解析を行った Frisch(1957)によれば、

$$\tau_r = \frac{k_B T}{D[X_e]\left(d^2 W[X]/dX^2\right)_e} \qquad (3.2.26c)$$

である。 いずれにしても気泡核生成の場合、$\tau_r$ はナノ秒程度のオーダーであり、incubation time は短く、均質核生成頻度が極端に高い場合を除いてこの遷移段階を扱わなければならない場合は少ない。

【蒸気相の理想気体近似の影響】

均質核生成理論における蒸気相の理想気体近似については、Moore(1959)および Katz and Blander(1973)により検討されている。

いま、圧縮係数を $z_c$ とすると、(2.2.3b)式は、

$$\alpha_- = -\frac{p_{ve}}{z_c\left(2\pi m k_B T\right)^{1/2}}$$

となる。したがって、Zeldovich factor Z は、

$$\frac{1}{Z} = \left(\frac{3x_e}{2R_e}\right)\left\{ B + (1-B)\frac{\partial \log_e z_c}{\partial \log_e p_v}\bigg|_T \right\}\left(\frac{k_B T}{\sigma B}\right)^{1/2}$$

となる。一方、(3.2.12)式には圧縮係数の影響が現れないので、最終的に蒸気相の圧縮係数を考慮した均質核生成頻度式は次のようになる。

$$J = \left(\frac{N_1}{1+\varepsilon_c}\right)\left(\frac{2\sigma}{\pi m B}\right)^{1/2}\exp\left[ -\frac{16\pi\sigma^3}{3k_B T\left(p_{ve} - p_1\right)^2} \right] \qquad 【3.2.27】$$

ここで、

$$\varepsilon_c = \left(\frac{1}{B}-1\right)\frac{\partial \log_e z_c}{\partial \log_e p_v}\bigg|_T$$

$$p_{ve} = p_{sat}\cdot\exp\left[ -\frac{v_1^*\left(p_{sat}-p_1\right)}{z_c k_B T} \right]$$

であり、B は(3.2.12)式と同じである。(3.2.27)式は、$p_{ve}$ を除いて(3.2.1)式と指数関数の比例定数が $\{1/(1+\varepsilon_c)\}$ 倍異なるのみであり、理想気体近似も均質核生成頻度に大きな影響は及ぼさない。

【等温系および力学的平衡近似の影響】

これについては、Kagan(1960)および Blander and Katz(1973)により検討されている。

Kagan は、

— 56 —

$$u[X] = D[X]\frac{\partial \log N[X]}{\partial X}$$

を用いて(3.2.24)式を定常状態について、次のように書き直した。

$$J = u[X]n[X] - D[X]\frac{\partial n[X]}{\partial X} \qquad 【3.2.28】$$

ここで、u[x]は単位時間にC$_x$集団が獲得する蒸気相分子数、(3.2.28)式の右辺第1項は蒸発および凝縮による変化項、第2項は分子集団の拡散項をそれぞれ意味する。

いま、分子集団の界面温度をT$_i$とすると、u[X]は次のように書ける。

$$u[X] = \frac{4\pi\sigma_{ec}R^2}{(2\pi mk_BT_i)^{1/2}}(p_{ve} - p_v) \qquad 【3.2.29】$$

一方、D[X$_e$]は

$$D[X_e] = \frac{u[X_e]}{\left(\dfrac{d\log_e N[X]}{dX}\right)}$$

であり、この式は、図3.2.5より分母・分子ともに0であるから次のように書き換えられる。

$$D[X_e] = \frac{\dfrac{du[X]}{dR}\dfrac{dR}{dx}\bigg|_e}{\dfrac{d^2\log_e N[X]}{dX^2}\bigg|_e} \qquad 【3.2.30】$$

上式の各項は、次のように表される。まず、(3.4.7)より、

$$\frac{du[X]}{dR}\bigg|_e = \frac{d}{dR}\left\{4\pi R^2\sigma_{ec}\frac{p_{ve}[T_i] - p_{vR}}{(2\pi mk_BT_i)^{1/2}}\right\}\bigg|_e$$

$$= \frac{d}{dR}\left\{4\pi R^2\sigma_{ec}\frac{p_{ve}[T] - p_{vR}}{(2\pi mk_BT_i)^{1/2}}\left(\frac{p_{ve}[T_i] - p_{vR}}{p_{ve}[T] - p_{vR}}\right)\right\}\bigg|_e$$

$$= \frac{d}{dR}\left\{\frac{4\pi R^2\sigma_{ec}(p_{ve}[T] - p_{vR})}{(1 + \gamma)(2\pi mk_BT_i)^{1/2}}\right\}\bigg|_e$$

となる。但し、

$$\gamma = \frac{p_{ve}[T] - p_{ve}[T_i]}{p_{ve}[T_i] - p_{vR}}$$

である。この式のp$_{vR}$に次章で述べる気泡の運動方程式(4.1.1)式を代入すると、次式を得る。但し、気泡の運動方程式における慣性項は無視した。

$$\frac{du[X]}{dR}\bigg|_e \sim \frac{4\pi R^2\sigma_{ec}}{(1 + \gamma)(2\pi mk_BT_i)^{1/2}}\left\{\frac{2\sigma}{R_e^2} - \frac{4\mu_1}{R_e}\frac{dR}{dt}\bigg|_e - \rho_1 R_e\left(\frac{dR}{dt}\right)^2\bigg|_e\right\} \qquad (3.2.31a)$$

また、

$$\left.\frac{dR}{dX}\right|_e = \frac{4\pi R_e{}^2}{v_{ve}} \tag{3.2.31b}$$

$$\frac{d^2 \log_e N[X]}{dX^2} = \frac{8\pi\sigma B}{k_B T} \tag{3.2.31c}$$

である。したがって(3.2.31a)式がわかれば、(3.2.31a)～(3.2.31c)を(3.2.30)式に代入すると
$D[X_e]$が定まり、これを(3.2.7)式に代入すると均質核生成頻度Jが定まる。

さて、(3.2.31a)式は、以下のように定まる。即ち、

$$u[X] = \frac{d}{dt}\left(\frac{4\pi R^3 p_{vR}}{k_B T}\right)$$

であるから、この式の$p_{vR}$に気泡の運動方程式を代入し、これをRで微分した式と
(3.4.9a)式を等置すると、次式が得られる。

$$\omega_1 X^3 + \frac{8}{9}\omega_2\left(1 + \frac{27\omega_1}{32\omega_2}\right)X^2 + \frac{2}{3}\left(\omega_2 + \frac{3-b}{b}\right)X - \frac{1}{2} = 0$$

ここで、

$$X = \left(\frac{1+\gamma}{\sigma_{ec}}\right)\left(\frac{\pi m}{8k_B T}\right)^{1/2} R_e \frac{d}{dR}\left.\left(\frac{dR}{dt}\right)\right|_e$$

$$\omega_1 = \frac{8}{3}\sigma_{ec}{}^2\left(\frac{k_B T}{\pi m}\right)\left\{\frac{\rho_1 R_e}{\sigma(1+\gamma)^2}\right\}$$

$$\omega_2 = \frac{3\mu_1 \sigma_{ec}}{\sigma(1+\gamma)}\left(\frac{k_B T}{8\pi m}\right)^{1/2}$$

$$b = \frac{2\sigma}{R_e p_{ve}}$$

この式を慣性項を無視して解くと、均質核生成頻度式として次式を得る。

$$J = \Omega N_1\left(\frac{2\sigma}{\pi m B}\right)^{1/2} \exp\left[-\frac{16\pi\sigma^3}{3k_B T(p_{ve}-p_1)^2}\right] \tag{3.2.32}$$

ここで、

$$\Omega = \frac{6\sigma_{ec}}{(1+\gamma)b\left\{\omega_2 + \frac{3+b}{b} + \left\{\left(\omega_2 + \frac{3-b}{b}\right)^2 + 4\omega_2\right\}^{1/2}\right\}}$$

したがって、この場合も、(3.2.1)式と指数関数の比例定数が$\Omega$倍異なるのみである。
また、(3.2.7)式の拡散係数$D_{xe}$については、Hirth and Pound(1963)が分子集団の
拡散を考慮して検討している。

**【溶存ガスの影響】**

溶存ガスが自発核生成に及ぼす影響については、Wardら(1970)、Moriら(1977)、
Forest and Ward(1977,1978)により、古典的自発核生成理論が溶存ガスを含む液相
に拡張されている。

## 【Ⅲ】 不均質自発核生成に関する研究小史

固体平面における不均質自発核生成理論は、Fisher(1948)、Turnbull(1950)および Bankoff(1957)により報告されている。また、固体表面クボミにおける自発核生成についても、Bankoff(1957)により報告されている。

さらに液液界面における不均質自発核生成理論は、Apfel(1971b)および Jarvis ら(1975)により報告されている。かれらの報告によれば、母相液体、周囲液体の表面張力 $\sigma_{mp}$、$\sigma_{sp}$ および両液体の界面張力 $\gamma_{ms}$ の間の関係により、液液界面に発生した核予備集団は以下のような挙動をとる。

① $\sigma_{mp} + \gamma_{ms} < \sigma_{sp}$ の場合： この場合、液液界面で核予備集団が形成されても、その集団は液液界面で力学的平衡を維持できず母液相内に移動する傾向にある。したがって、この条件下では液液界面が存在しても均質核生成が発生する傾向にある。

② $\sigma_{mp} < \sigma_{sp} < \sigma_{mp} + \gamma_{ms}$ の場合： この場合、液液界面で核予備集団が形成されると、その集団は液液界面で力学的平衡状態を取り得る。したがって、この条件下では液液界面における自発核生成が発生し得る。

③ $\sigma_{sp} + \gamma_{ms} < \sigma_{mp}$ の場合： この場合、液液界面で核予備集団が形成されても、その集団は液液界面で力学的平衡を維持できず周囲液体内に移動する傾向にある。

④ $\sigma_{sp} < \sigma_{mp} < \sigma_{sp} + \gamma_{ms}$ の場合： この場合、液液界面で核予備集団が形成されると、その集団は液液界面で力学的平衡状態を取り得る。したがって、この条件下では液液界面における自発核生成が発生し得る。

以上のことから、(3.2.4)式においてのみ液液界面における自発核生成が発生し得ることになる。

## §3.3 液相の過熱限界

　液体が液相を保ったままで、一定圧力下で過熱され得る最高温度を液体の「過熱限界(limit of superheat)」と呼ぶ。過熱限界については、既に§2.1.2で、相の熱力学的安定性条件と状態式より導かれる「熱力学的過熱限界(thermodynamic limit of superheat)」について述べた。ここでは、過熱限界を、本章で述べてきた自発核生成理論より動力学的に考察（§3.3.1）し、実験値との比較（§3.3.2）について述べる。こうした観点から記述された過熱限界を、熱力学的過熱限界から区別する意味で「運動論的過熱限界(kinetic limits of superheat)」と呼ぶ。本章で述べるように、熱力学的過熱限界は運動論的過熱限界の極限状態を意味する。

## §3.3.1 運動論的過熱限界

　いま、例えば、以下のような試験液体（液滴）と支持液体とからなる系を考える。試験液体（添え字mp）は、

① 固体不純物などを含まない純粋液体であり、
② 体積$V_d$の液滴となって$N_{d0}$コが支持液体中に支持されており、
支持液体（添え字はsp）は、
③ 試験液体と混合せず、
④ 試験液体の蒸気圧より十分に低い蒸気圧を有し、
⑤ $\sigma_{sp} > \sigma_{mp} + \gamma_{ms}$の条件を満足し、
⑥ 試験液体と類似した密度を有する

液体であるとする。この系の温度を上げてゆくと、ある温度で試験液体の気泡核生成が起きる。まず、②より（この系では後述する容器壁表面の既存気泡核が存在しないので）気泡核生成は自発核生成により起きると考えられる。③および④より、この自発核生成は純粋な試験液体の気泡核生成と考えてよく、①および⑤より、自発核生成は液滴内部で発生する均質核生成として発生し、⑥より液滴の巨視的運動は無視できる。

　さて、この系の初期温度（$> T_{sat}$）を試験液体の飽和温度以下にしておき、時間$t = 0$に系の温度をステップ的にTにまで上昇させたとする。この気泡核生成過程において、ある時刻tにおいて核生成せずに残存している液滴数を$N_d$とすると、以下の関係が得られる。

$$\frac{dN_d}{dt} = -N_d[t]V_d J$$

これを積分すると、$t = \tau$において未だに自発核生成していない液滴の割合Pは次のように表される。

$$P[T, \tau] = \frac{N_d}{N_{d0}} = \exp[-V_d J \tau]$$

即ち、待ち時間$\tau$内に液滴が均質核生成により崩壊する確率が（1 － P）となる温度

$T_{kls}$ は、次式で表される。

$$J[T_{kls}] = -\frac{\log_e P}{V_d \tau} \qquad \text{【3.3.1】}$$

この式で定義される温度 $T_{kls}$ を、「運動論的過熱限界温度」と呼ぶが、この温度は $\tau$ の設定により変化する。我々の日常的経験より、例えば $V_d = 1\,\text{cm}^3$、$\tau = 1\,\mu\text{sec} \sim 1\,\text{sec}$ として、$P = 0.01$ 程度とすると、$J = 1 \sim 10^6 / (\text{cm}^3\text{sec})$ のオーダーとなる。そこで、通常、$J = 1 \sim 10^6 / (\text{cm}^3\text{sec})$ 程度として運動論的過熱限界温度を定める。こうして定められた運動論的過熱限界温度は、例えば図 3.2.2 に示されているように $J = 1 \sim 10^6 / (\text{cm}^3\text{sec})$ 程度の変化に対して高々 2 K 程度変化する程度である。ちなみに、(3.2.1) 式を単位系を変換すると次式のようになる。

$$J = 3.73 \times 10^{35} \left( \frac{\sigma \rho_l^2}{BM^3} \right)^{1/2} \exp\left[ -\frac{1.182 \times 10^5 \sigma^3}{T(p_{ve} - p_l)^2} \right] \qquad \text{【3.3.2】}$$

ここで、$\sigma = [\text{dyne/cm}]$, $\rho = [\text{g/cm3}]$, $M = [\text{g/mole}]$, $p = [\text{atm}]$ である。

---

## §3.3.2 過熱限界に関する研究小史

ここでは、主に過熱限界温度の測定に関する事項をまとめて述べる。

### 【Ⅰ】 過熱限界温度の測定

運動論的過熱限界温度 $T_{kls}$ の測定は、試験液体から既存気泡核を完全に排除して液相内で気泡核生成が起こる温度にまで加熱することにより可能となる。

### 【測定方法】

前節で述べたように、既存気泡核は固体表面のキャビティなどに捕獲されていることが多い。したがって、試験液体から既存気泡核を排除するには、以下の方法がとられる。

① 試験液体をキャビティの無い完全に滑らかな固体容器に納める。この方法としては、例えば、濡れやすいガラス容器などに試験液体を封入し、さらにこれを高サブクール状態で処理して既存気泡核を消滅させる方法がある。

② 試験液体を前項で述べた条件を満たす支持液体中に液滴として浮遊させる。

①の方法は、Wismer(1922)、Kenrick ら (1924)、Briggs(1955) による過熱限界温度に関する先駆的実験において採用された。また、極低温液体は一般に固体面をよく濡らすと同時に、極低温液体では既存気泡核を形成する不凝縮性ガスが限られているため、Skripov ら (1979) あるいは Nishigaki and Saji(1983) などにより低温液体の実験で採用されている。

②の方法は、Trefethen(1957) により提案され Wakeshima and Takata(1958) がこの方法により精度の高い過熱限界温度の測定を行って以来、多くの実験で採用されている（但し、低温液体では周囲液体の選定が困難である）。この液滴突沸法には、試験液体より密度が小さい液体を下層に、密度の大きい液体を上層にした液体成層界面に試験液体を保持する方法（成合(1967)）、試験液体より密度の小さい液体コラムに温度分布を設け、試験液体を液滴としてこのコラム中を上昇させる方法（Trefethen(1957)）、あるいはこのコラム中に定在音波を形成しこの圧力により試

験液滴を支持する方法（Apfel(1971a)）などが考案されている。

　第3の方法としては、固体面を急速に加熱する方法がある。固体面を急速加熱する場合、固体表面に形成される温度境界層は極めて薄くなり、第5章で述べるように活性化され得る既存気泡核は極めて寸法の小さいものに限定される。こうして活性化された既存気泡核からの気泡成長による熱流束より表面積基準での加熱熱流束が十分に大きければ、固体表面温度は既存気泡核からの沸騰開始にかかわらず上昇し続け、自発核生成頻度が十分に高くなる表面温度において温度上昇曲線に大きな変化が現れる。この方法については、Pavlov and Skripov(1970)により加熱速度条件などが報告されており、Brodieら(1977)およびSinhaら(1982)が低温液体の過熱限界温度の測定において、Derewnicki(1983,1985)が水の過熱限界温度の測定において採用している。また、キャビティなどが少ない単結晶面を用いた実験がFlintら(1982)により行われている。

【自発核生成温度の測定精度】

　いま、§3.3.1で考えた系が、初期温度$T_{sat}$から温度上昇率$\xi$ K/sで過熱されるとする。この系において、$t=\tau$までに気泡核生成を起こさない液滴数$N_d$は、次式で与えられる。

$$\frac{N_d[\tau]}{N_{d0}} = \exp\left[-\int_0^\tau J[T]V_d dt\right] = \exp\left[-\int_0^T J[T]V_d dT\right] = \exp[-\Psi_{pdf}]$$

したがって、温度Tに至るまでに気泡核生成が発生する確率密度関数$P_{pdf}$は次式で与えられる。

$$P_{pdf} = \frac{d}{dT}\left(1-\frac{N_d}{N_{d0}}\right) = \frac{\Psi_{pdf}}{\exp[-\Psi_{pdf}]} = \left(\frac{J[T]V_d}{\xi}\right) \qquad 【3.3.3】$$

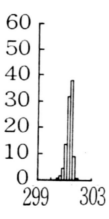

図3.3.1　大気圧水の液滴の突沸温度の確率密度（横軸は摂氏温度、縦軸は％）

図3.3.1に(3.3.2)式を示したが、$P_{pdf}$はほぼ1Kの間に集中しており、液滴の気泡核生成を観察することにより均質核生成温度がかなり再現性・精度よく測定できることが分かる。

【Ⅱ】　運動論的過熱限界による均質核生成理論の検証

　均質核生成理論は、運動論的過熱限界温度や均質核生成頻度の測定により実験的

に検証されている。

## 【運動論的過熱限界温度の測定】

前項で述べた方法により、これまで多くの有機液体や低温液体の突沸温度が広い圧力範囲に亘って測定され、いずれもこの突沸温度は均質核生成温度の予測値に極めて近い（平均誤差は±１K以内）。これらの測定値については、大気圧有機液体に関して Blander and Katz(1975)が、高圧下の有機液体に関して Skripov(1974)がまとめており、液体ヘリウムを含む低沸点液体については、比較的最近、Brodie ら(1977)、Skripov(1979)ら、Sinha ら(1982)、および Nishigaki ら(1981, 1982, 1983)により測定されている。また、溶存ガスを含む液体の過熱限界温度については Mori ら(1977)および Forest and Ward(1978)により測定され、古典的均質核生成理論の妥当性が検証されている。

一方、有機液体や低沸点液体の場合と異なり、水については液滴突沸温度は、

①　図 3.3.1 に示した運動論的過熱限界温度の分散の予測値に比べて±数 10K程度の広い分散を有し、

②　その平均値も古典的自発核生成理論が予測する値より 100K 程度も低い

ことが、Moore(1959)、成合(1967)、Apfel(1971b)、Blander ら(1971)、森ら(1974, 1975a, b)、鈴木ら(1980, 1983)により報告されている。しかし、Skripov and Pavlov(1970)あるいは Derewnicki(1983, 1985)の急速加熱法による測定値は古典的核生成理論の予測値とよく一致していることから、この主因については、水の表面張力が大きいため(3.2.4)式を満足する周囲液体が選ばれており、液滴突沸が均質核生成でなく液液界面における不均質核生成により発生していることと思われる。こうした状況は Avedisian and Glassman(1981)の観察にも示されている。

## 【均質核生成頻度の測定】

均質核生成頻度は、前項で述べた方法により核生成が発生するまでの平均待ち時間 $\tau_{wm}$ を測定することにより測定できる。例えば、前項の①、②で試験液体体積を $V_d$ とすると、均質核生成頻度の測定値は

$$J = \left(V_d \tau_{wm}\right)^{-1}$$

で与えられる。この場合、熱容量の影響の大きい実験系では当然精度が期待できないので、熱的要素の影響の小さい急減圧法（系の急速加熱の代わりに系圧力を急速する方法）が適していよう。

均質核生成頻度の測定は Skripov らにより行われ、その結果は Skripov(1974)の本にまとめられている。表 3.3.1 は急速加熱法による代表的結果を示したものであるが、均質核生成理論は均質核生成頻度に関する実験結果をも極めてよく表している。

| | p, bar | | 1.0 | 4.8 | 8.8 | 12.8 | 16.6 | 24.5 | 28.5 |
|---|---|---|---|---|---|---|---|---|---|
| | $T_s$, °C | | 34.5 | 87.0 | 113.0 | 132.2 | 146.3 | 169.2 | 178.9 |
| $\tau^* = 35$ μsec | $\log J_1$ | | 19.5 | 18 | 18.5 | 19 | 19.5 | 21 | 22 |
| | $T^*$, °C | Experiment | 152.5 | 154.5 | 159.5 | 163.5 | 167.5 | 177.5 | 182.5 |
| | | Theory | 152 | 254.5 | 159.5 | 163 | 167.5 | — | — |
| $\tau^* = 100$ μsec | $\log J_1$ | | 17.5 | 16.5 | 17 | 17.5 | 18 | 20 | 20.5 |
| | $T^*$, °C | Experiment | 150 | 153.5 | 159 | 162.5 | 167.5 | 177.5 | 182.5 |
| | | Theory | 150.5 | 154 | 158.5 | 162.5 | 167 | — | — |
| | $-G_r$ | Experiment | 3.5 | 3.7 | 5.0 | 3.0 | 7.5 | 14 | — |
| | | Theory | 3.9 | 4.8 | 5.0 | 5.3 | 6.0 | 10 | — |
| $\tau^* = 850$ μsec | $\log J_1$ | | 13.5 | 14 | 14.5 | 15 | 15.5 | 17.5 | 18 |
| | $T^*$, °C | Experiment | 147.5 | 151 | 156 | 160.5 | 166.5 | 177 | 182.5 |
| | | Theory | 148.5 | 152.5 | 157.5 | 161.5 | 166 | — | — |

表 3.3.1 diethyl ether の均質核生成頻度の予測値と実験値（τ*は過熱パルス時間で、観測時間に相当する。T*は待ち時間 τ*に相当する運動論的過熱限界温度。＜Skripov(1974)より＞）

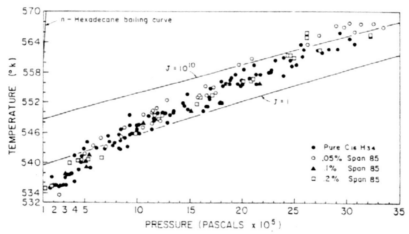

図 3.3.2 不均質な自発核生成による液滴突沸温度
(Avedisian and Glassman(1981)より)

## 【Ⅲ】 運動論的過熱限界温度による不均質な自発核生成理論の検証

固体表面における不均質核生成による過熱限界については鈴木ら(1985,1986b)により、液液界面における不均質核生成による過熱限界については Apfel(1971b)、Avedisian and Glassman(1981)により、それぞれ測定値が報告されている。液液界面における液滴突沸温度の測定値を図 3.3.2 に示したが、古典的核生成理論の予測する傾向に近い傾向が得られている。また、Alamgir and Lienhard(1981)は、圧力急減時の自発核生成について、固体壁における自発核生成の影響を考慮した整理式を報告している。

## 【Ⅳ】 運動論的過熱限界温度と熱力学的過熱限界温度

熱力学的過熱限界温度は§2.1.2 で述べたように相の熱力学的安定性条件と状態式により定められ、運動論的過熱限界温度は自発核生成理論により定められる。こ

こでは、この両者の関係について述べる。

　まず、熱力学的過熱限界温度を求めるために、状態式の検討が行われた。こうした検討の歴史も古く、Temperley ら (1946ab, 1947) に始まり、(2.1.14)式による比較が Eberhart and Schnyders (1973) により図 2.1.2 に示したように行われ、過熱限界温度の圧力依存性を定量的によく説明する状態式は、(2.1.14a) の van der Waals 式で n = 0.5 と置く場合と (2.1.14c) の一般 van der Waals 式である。また van der Waals の状態式と状態図に関する Maxwell の規約

$$\int_{v_{ls}}^{v_{vs}} pdv = 0$$

を用いて、Lienhard (1976, 1981) は過熱限界に関する次式を得た（上式で、$v_{vs}$ および $v_{ls}$ は、それぞれ飽和蒸気、飽和液の比容積である）。

$$\Theta_{tls} = 0.84375 + 0.15625\Theta_{sat}^{5.16}$$

ここで、$\Theta_{tls}$ は $T_{tls}/T_{cr}$、$\Theta_{sat}$ は $T_{sat}/T_{cr}$ である。彼は、この式を測定値と合うよう

$$\Theta_{tls} = 0.905 + 0.095\Theta_{sat}^{8} \tag{3.3.4a}$$

$$\Theta_{tls} = 0.923 + 0.077\Theta_{sat}^{9} \tag{3.3.4b}$$

と修正した。

　さて、(2.1.16)式の状態式による熱力学的過熱限界の検討が、Eberhart (1976) や Lienhard and Karimi (1981)、Biney ら (1986) により報告されている。Eberhart は、(2.1.16a)式の m, n として、m = 2/3、n = 5/3 を推奨している。彼はさらに、この式と運動論的過熱限界温度とを比較し、熱力学的過熱限界状況は、均質核生成頻度が $J = 10^{30}/cm^3 sec$ の状況に対応していることを示した。　この値は、Skripov and Pavlov (1970) による試算値と一致しているが、Lienhard and Karimi は、この値として $J = 10^{28}/(cm^3 sec)$ を推奨している。これは、ギブス数 $Gb = 11.5$ に相当している。但し、

$$Gb = \frac{16\pi\sigma^3}{3k_B T_{cr}\{1 - (V_v/V_l)\}^2 (p_{ve} - p_l)^2}$$

であり、この定義では分母が、通常の攪乱エネルギー $k_B T$ の代わりに分子を引き離すエネルギー $k_B T_{cr}$ に置き替わっている。

## §3.4 沸騰核生成

ここでは、沸騰面表面に捕獲されて液相と安定平衡している既存気泡核が、活性化される即ち気泡として成長を始める条件＝沸騰核生成について、キャビティなど沸騰面表面の幾何学的微細構造と既存気泡核との関係（§3.4.1）、既存気泡核の活性化条件（§3.4.2,3）およびこれらの研究小史（§3.4.4）について述べる。

## §3.4.1 気相捕獲条件

気泡生成における沸騰面表面の幾何学的微細構造の役割を、図 3.4.1 に示したような二次元キャビティを参考にして考える。

図 3.4.1(a)は、蒸気相と接している二次元キャビティに沸騰面表面に沿って液相が接近し、これを通過する場合の様子を示したものである。キャビティの半頂角を$\phi$、接触角$\theta$としては、（三相界線は気相部に向かって運動するので§2.3で述べたように）動的前進接触角$\theta_{da}$をとる。クボミ寸法が十分に小さく三相界線がクボミ表面を移動する場合にも、図示したように気液界面は接触角$\theta_{da}$の平面として挙動するとすると、三相界線がキャビティを通過した後にキャビティ内に蒸気相が残存するか否かは、以下のように$\theta_{da}$と$\phi$との関係として幾何学的に定まる。

① $\theta_{da} > 2\phi$：三相界線の通過後に気相がキャビティ内に残存する。
② $\theta_{da} \leq 2\phi$：三相界線の通過によりキャビティ内の気相は完全に排除され、気相は残存しない。

ここで、①の条件を満たすキャビティを、「気相捕獲可能なキャビティ」と呼んでおく。

一方、図 3.4.1(b)は、逆に、液相により完全に濡らされているキャビティを三相界線が通過する場合の様子を示したものである。この場合は、三相界線は液相部に

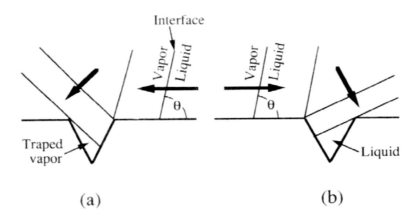

図 3.4.1 キャビティの気泡捕獲機構

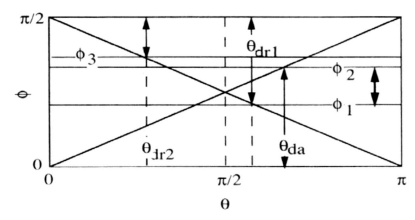

図 3.4.2 キャビティの気相捕獲能力

向かって運動するので、接触角としては動的後退接触角 $\theta_{dr}$ を取るのが妥当であろう。この場合も図 3.4.1(a) と同様に、次の場合が有り得る。

③ $\theta_{dr} \geqq \pi - 2\phi$：三相界線の通過により液相はキャビティから排除される。
④ $\theta_{dr} < \pi - 2\phi$：三相界線通過後もキャビティ内に液相が残存する。

ここで、③の条件を満たすキャビティを、「液相排除可能なキャビティ」と呼んでおく。無論、気相捕獲に関して理想的なキャビティは、液相排除可能でかつ気相捕獲可能なキャビティである。

さて、(2.3.8)式に示したように、一般に、

$$\theta_{da} > \theta_{dr}$$

であることに注意して以上の結果をまとめると、図 3.4.2 のようになる。即ち、$\theta = \theta_{dr1}$（$>\pi/2$）の場合、液相排除可能なキャビティは上述の条件③より、$\phi_1 = (\pi - \theta_{dr})/2 < \phi < \pi/2$ の範囲にあるキャビティである。一方、気相捕獲可能なキャビティは上述の条件①より、$0 < \phi < \phi_2 = \theta_{da}/2$ の範囲にあるキャビティである。したがって、この場合（即ち $\theta_{dr} > \pi/2$ の場合）、液相排除可能でかつ気相捕獲可能であるキャビティが、$\phi_1 < \phi < \phi_2$ の領域に存在する。しかし、$\theta = \theta_{dr2}$（$<\pi/2$）の場合には、液相排除可能なキャビティ条件は $\phi_3 < \phi < \pi/2$ となり、気相捕獲可能なキャビティ条件と重なる $\phi$ 領域は存在しなくなる。即ち、この場合（$\theta_{dr} < \pi/2$ の場合）、液相排除可能で気相捕獲可能なキャビティは存在せず、液相排除可能ではないが気相捕獲可能なキャビティが気相捕獲の場所の候補となる。

以上のことから、

① キャビティなど沸騰面表面の幾何学的微細構造の中には、気相捕獲能力と液相排除能力のいずれか、あるいは双方を有するものがあることが分かる。即ち、沸騰面表面の幾何学的微細構造の中には、少なくとも「流体力学的」には気相を安定に捕獲するものがある。

② 逆に、沸騰面表面の幾何学的微細構造すべてが気相を捕獲できるわけではなく、少なくとも気相捕獲可能である幾何学的微細構造の範囲は濡れ性の増大により減少する。

以上、要するに、液体の注入過程など沸騰面表面を三相界線が移動する際に気相を捕捉するキャビティなどが沸騰面表面に存在し、これが自発核生成の場合と異なり、液相と平衡して既存する気泡核を形成する可能性がある。こうした気泡核を「既存気泡核（pre-existing nucleous）」と呼ぶ。

### §3.4.2　既存気泡核の熱力学的安定性と活性化条件

　ここで次のような状況を考える。前項で述べたような過程で蒸気相を捕獲しているキャビティ＝既存気泡核を有する沸騰面系があり、この系の温度を飽和温度から徐々に上げてゆくとする。いま、この既存気泡核が、§2.1.2で示した過熱液相中の球形気泡核と同様に不安定平衡状態にあるとすると、気泡核は現実には気泡核状態を維持できず、擾乱によりいかなる過熱度においても成長を開始するかあるいは凝縮を開始する。したがって、幾何学的微細構造が気相を捕獲してある過熱度において気泡成長を開始するには、前項で述べた流体力学的条件＝気相捕獲条件の他に、その過熱度以下では過熱液相と安定平衡状態にある必要がある。

　さて、図3.4.3(a)に示したような円錐キャビティを想定し、図3.4.3(b)のようにこのキャビティに捕獲された気相について、気液界面の曲率と気相体積$V_b$との関係を接触角$\theta = \pi/2$として図示すると図3.4.3(c)のようになる。ところで、(2.1.12)式として述べたように、過熱液－気泡核系では、

$$\frac{\partial}{\partial V_v}\left(\frac{1}{R_e}\right) > 0 \tag{3.4.1}$$

である場合に、安定平衡が実現される。したがって、図3.4.3(c)よりわかるように、気液界面がキャビティ内ある状態1～3およびキャビティ外にある状態4、5では、例え気泡核として蒸気相がキャビティに捕獲されていても、これは周囲の過熱液相と安定平衡できない。しかし、3と4の間の状態、即ちキャビティ出口で気液界面曲率を変化させる状態では過熱液相と安定平衡することができる。

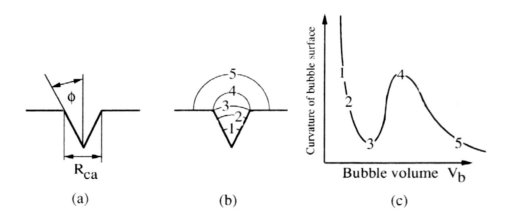

図3.4.3　既存気泡核の安定性

さて、ここで、図3.4.3(c)の縦軸を過熱度で書き直すことを試みる。

まず、Claisius-Clapeyron の式(2.1.8)は、$\rho_v / \rho_l \ll 1$ とし、蒸気相を理想気体近似すると、次式となる。

$$\left.\frac{dp}{dT}\right|_{sat} = \frac{h_{lv}}{T_{sat}(v_v - v_l)} = \frac{\rho_v \rho_l h_{lv}}{T_{sat}(\rho_l - \rho_v)} = \frac{\rho_l h_{lv} \rho_{sat}}{(\rho_l - \rho_v)R_E T_{sat}^2}$$

ここで、$R_E$はガス定数である。これを、($p_l$, $p_{sat}$)、($T_{sat}$, $T$)との間で積分すると次式を得る。

$$p_{sat}[T] = p_l \exp\left[\frac{\rho_l h_{lv}(T - T_{sat})}{(\rho_l - \rho_v)R_E T T_{sat}}\right] \qquad 【3.4.2】$$

いま、過熱度が余り高くなく $p_{ve} \sim p_{sat}$ とすると、(2.1.7)、(3.4.2)式より次式を得る。

$$\xi_e = \frac{1}{R_e} = \frac{p_l \exp\left[\dfrac{\rho_l h_{lv}(T - T_{sat})}{(\rho_l - \rho_v)R_E T T_{sat}}\right] - p_l}{2\sigma}$$

さらに、$\Delta T_{sat} = T - T_{sat}$と置き、$\Delta T_{sat} / T_{sat} \ll 1$とすると、$x \ll 1$では、$\exp[x] \sim 1 + x$であることに注意すると、上式は理想気体の状態式を用いて次のように書ける。

$$\xi_e = \frac{1}{R_e} = \frac{\rho_l h_{lv} \Delta T_{sat}}{2\sigma(\rho_l - \rho_v)T_{sat}}\left(\frac{p_l}{R_E^+ T}\right) = \frac{\rho_v \rho_l h_{lv} \Delta T_{sat}}{2\sigma(\rho_l - \rho_v)T_{sat}} \quad \sim \frac{\rho_l h_{lv} \Delta T_{sat}}{2\sigma T_{sat}}$$

$$【3.4.3】$$

即ち、気泡核の曲率$\zeta_e$と系の過熱度$\Delta T_{sat}$は比例する。したがって、図3.4.3(c)の縦軸は過熱度と考えてよい。したがって、図3.4.3(a)のような既存気泡核を含む系は、図3.4.3(b)の3で安定平衡状態を保てる最小過熱度に、4で最大過熱度に到達する。そこで、ここでは、3、4に相当する状態、すなわち安定平衡気泡核と不安定平衡気泡核との境界状態における既存気泡核を「臨界既存気泡核（critical pre-existing nucleus）」と呼ぶ。

図3.4.3(c)の4に相当する過熱度を越えると、もはや気泡核は過熱液相と安定平衡を保つことができず、気泡として成長を開始することになる。したがって、4は既存気泡核の「活性化条件」を意味し、この状態を「既存気泡核成長限界」と呼ぶ。一方、3に相当する過熱度を下回ると、既存気泡核は凝縮を開始することになる。したがって、この状態を「既存気泡核衰退限界」と呼ぶ。繰り返し述べるが、沸騰核生成では気泡核は系内に予め用意されており、沸騰核生成は真の意味の気泡核生成ではない。沸騰核生成とは、臨界既存気泡核の生成である。

---

### §3.4.3 既存気泡核の衰退限界と成長限界

---

図3.4.3は$\theta = \pi/2$の場合の円錐キャビティについて図示したものであるが、既存気泡核の衰退限界および成長限界はキャビティの形状や接触角により変化する。

【円錐キャビティ】

円錐キャビティの場合について、接触角の関数として図3.4.3(c)を図示すると図

3.4.4のようになる。即ち、円錐キャビティの衰退限界と成長限界は接触角により以下のようになる。

① (A)すなわち $\theta \leq \phi (\leq \pi/2)$ の場合： この場合は、既存気泡核に安定平衡が存在せず、円錐キャビティは既存気泡核とならない。
② (B)すなわち $\phi \leq \theta \leq \pi/2$ の場合： この場合は、既存気泡核の衰退限界、成長限界ともに存在し、円錐キャビティに捕獲された蒸気相は既存気泡核となり、成長限界は $\zeta_e = R_{ca}^{-1}$ に相当する過熱度となる。
③ (C)すなわち $\pi/2 \leq \theta \leq \phi + \pi/2$ の場合： この場合は、(B)と同様に衰退・成長限界ともに存在するが、成長限界は $\zeta_e = \sin\theta/R_{ca}$ となり、接触角の増大とともに減少する。
④ (D)すなわち $\phi + \pi/2 \leq \theta$ かつ $\pi/2 \leq \theta$ の場合： この場合は、成長限界は(C)と同じであるが、$\zeta_e$ は負の値もとることができ、サブクール状態でも既存気泡核が存在する。

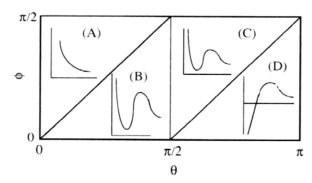

図 3.4.4　円錐キャビティに捕獲された既存気泡核の安定性と接触角

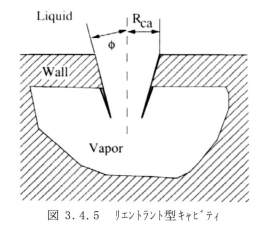

図 3.4.5　リエントラント型キャビティ

要するに、図3.4.4の(B)～(D)すなわち $\phi \leq \theta$ の円錐キャビティに捕獲された蒸気相は既存気泡核となり得るが、飽和温度以下の温度において既存気泡核となり得る、あるいは既存気泡核であり得る条件は、(D)すなわち $\phi + \pi/2 \leq \theta$ の場合のみである。

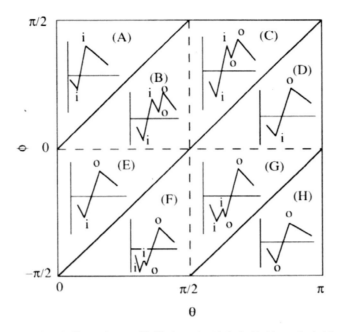

図 3.4.6　リエントラント型キャビティに捕獲された既存気泡核の安定性と接触角

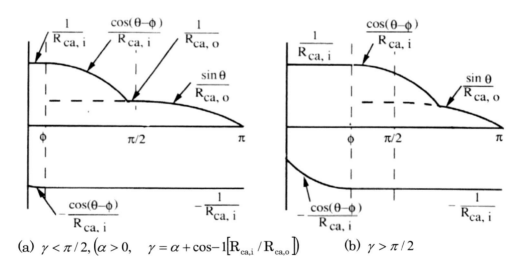

(a) $\gamma < \pi/2, (\alpha > 0, \quad \gamma = \alpha + \cos^{-1}[R_{ca,i}/R_{ca,o}])$ 　　(b) $\gamma > \pi/2$

図 3.4.7　リエントラント型キャビティの成長限界と衰退限界（図中のo、iは、それぞれリエントラント型キャビティの外部口、内部口を意味する）

## 【リエントラント型キャビティ】

　前項で述べたことは、少なくとも $\theta \leq \pi/2$ では、純粋蒸気相の既存気泡核は飽和温度以下の温度では存在しないことを意味する。

　一方、図 3.4.5 は内部室を有するキャビティであり、リエントラント型キャビティと呼ばれている。このリエントラント型キャビティについて図 3.4.3(c) を図式的に書くと、図 3.4.6 のようになり、サブクール状態においても存在できる条件が多く存在することがわかる。図 3.4.7 は、一例として $0 < \alpha$ の場合のリエントラント型キャビティの成長限界と衰退限界とを

示したものである。この種のキャビティに捕獲された既存気泡核は、サブクール状態では気液界面が内部口にまで後退するため、接触角θが小さい場合には内部口における成長限界がこの既存気泡核の活性化に対する高い障壁を形成することになる。

## §3.4.5 沸騰核生成に関する研究小史

　本項では、均一温度場における沸騰核生成に関する研究を紹介するが、不均一温度場における沸騰核生成については、第5、6章で述べられている。

【気相捕獲機構】

　キャビティの気相捕獲機構および捕獲された既存気泡核の活性化条件については、Bankoff(1956,1958)が初めて考察した。Griffith and Wallis(1960)は、これを(3.4.3)式として示した。また、Lorenzら(1974)は、Bankoffの気相捕獲機構を用いて、(3.4.3)式においてキャビティ半径$R_{ca}$の代わりに気相捕獲時の気液界面曲率半径を使用することを提案した（しかし、この気泡核は先述した臨界既存気泡核ではないことに注意する必要がある）。

【既存気泡核の熱力学的安定性】

　既存気泡核の安定性については、Mizukami(1975,1977)が力学的考察により蒸気泡、不凝縮性ガスを含む蒸気泡に関して導出し、その後、西尾(1981,1988)、Forest(1981)により熱力学的安定性として拡張された。既存気泡核の熱力学的安定性については、Forest(1984)により実験的に検証されている。

【均一温度場における沸騰核生成】

　さて、既存気泡核による沸騰核生成の問題は、過熱液相中に混入した不凝縮性ガス泡の問題として検討され始めた。Harveyら(1945,1947)は、血液中での気泡生成（ケイソン病）の研究において、液相中に溶解した不凝縮性ガスの濃度を保ったままでガス泡を除去する方法として遠心分離法と加圧法とを提案し、水の過熱限界実験を行い加圧法が既存気泡核を除去する方法として有効であることを示した（加圧法に関する詳細な解析はMoriら(1977)により報告されている）。同様の実験が、Knapp(1957)によっても報告されている。さらに、Sabersky and Gates(1955)は、加熱細線による水の沸騰実験を行い、加圧処理の影響を調べ、沸騰核生成における既存気泡核の重要性を指摘した。

　こうした研究を背景として、均一温度場における人工キャビティからの沸騰核生成の実験が、Griffith and Wallis(1960)により行われ、脱気処理、温度履歴、加圧処理の影響が検討され、沸騰面表面のキャビティに捕獲された既存気泡核が沸騰核生成で重要な役割を果たすこと、(3.4.3)式が有効であることを示した。人工キャビティを用いた同様の実験はSchultzら(1975)によっても行われている。

　一方、既存気泡核を含む系の温度を降下させるかあるいは圧力を上昇させると、既存気泡核は収縮する。§2.3で述べたように、この時の接触角は後退接触角をとることになろう。この状態が保たれれば、再び系の温度を上昇させるかあるいは圧力を減じると、気泡体積が増え接触角が前進接触角の値となるまで三相界線は（図2.3.2に示したような）接触角のヒステリシスにより動かない。この場合、図3.4.3(c)の曲線は、接触角が後退接触角と前進接触角との間にある状態で正勾配を有することになる。即ち、接触角にヒステリシスが存在し、接触角が前進接触角と後退接触角との間にある場合も、既存気泡核は安定平衡状態にある。

　こうした接触角のヒステリシスと沸騰核生成との関連については、Apfel(1970)、

- 72 -

Holtz ら (1969)、Holland and Winterton(1973)、Winterton(1977),Gallagher and Winterton(1983)、Eddington and Kenning(1979)、Cornwell(1982)および Faw ら (1986)により報告されている。

# 第4章　気泡成長と界面安定性

　本章では、核沸騰熱伝達や遷移沸騰熱伝達において重要な気泡の成長の基礎として、均一温度場における「気泡成長（bubble growth）理論」（§4.1）および遷移沸騰熱伝達や膜沸騰熱伝達などで重要な「界面安定性（interface stability）」（§4.2）について述べる。

## §4.1 気泡成長理論

　ここでは、均一温度場における気泡成長理論について、球対称場における気泡成長・凝縮に関する基本方程式を導出（§4.1.1）し、その典型的解としての気泡成長理論（§4.1.2）について述べ、次いで気泡成長に関する研究を紹介（§4.1.3）する。

　過熱された固体表面からの沸騰熱伝達では、気泡は、温度分布を有する液相中で固体境界の影響を受けて成長するが、ここで述べる気泡成長はその基礎として、また過熱液のフラッシングなどの工学現象において重要である。

　気泡成長理論は、気泡の運動を一般的に扱う「気泡力学（bubble dynamics）」の一領域であるが、気泡力学に関する参考書あるいは解説としては以下のものを薦めたい。

　　◇　Plesset M.S. and Prosperetti, A. : 1977, "Bubble Dynamics and
　　　　Cavitation", Ann. Rev. Fluid Mech., 9, pp.145-185.
　　◇　Prosperetti, A. : 1981, "Mechanics of Bubbles in Liquid",
　　　　(Nij¦hoff Pub.)

### §4.1.1 気泡成長・凝縮に関する基本方程式

　いま、十分に広い空間に均一温度$T_{1b}$の静止液相があり、その中に球形の蒸気泡を置いた系について考える。
　　（a）　系には重力などの体積力は働いておらず、
　　（b）　液相は非圧縮性流体であり、
　　（c）　液相および蒸気相におけるバルク粘性に関する粘性係数は0
とする。また、この気泡は、液相温度により成長あるいは凝縮を開始するが、この過程においては、
　　（d）　気液界面では局所熱平衡が成立し、
　　（e）　気液界面は安定であり、気泡は球形を保ったままで成長あるいは凝縮する
とする。さらに、
　　（f）　気泡内の蒸気相の物性および温度は一様である
とする。

こうした条件下での気泡力学に関する基本方程式は、後に導出するように以下の式となる。ただし、球対称場における気泡中心から測った距離をrとし、気泡半径をRとする。まず、気泡表面の運動方程式は、

$$\rho_1\left\{R\frac{d^2R}{dt^2}+\left(\frac{3}{2}+\frac{\varepsilon_{vl}}{2}\right)\left(\frac{dR}{dt}\right)^2\right\}=\frac{p_{vR}-p_{lb}-2\sigma\Big/R}{1-\varepsilon_{vl}}-\frac{4\mu_1}{R}\left(\frac{dR}{dt}\right)$$

【4.1.1】

で与えられる。また、液相のエネルギー式は、

$$\frac{\partial}{\partial t}\left(\rho_1 c_{pl}T_1\right)+\left\{(1-\varepsilon_{vl})\rho_1\left(\frac{R}{r}\right)^2\frac{dR}{dt}\right\}\frac{\partial}{\partial r}\left(\rho_1 c_{pl}T_1\right)$$

$$=\left(\frac{1}{r^2}\right)\left\{\frac{\partial}{\partial r}\left(k_1 r^2\frac{\partial T_1}{\partial r}\right)\right\}$$

【4.1.2】

で与えられる。さらに、気泡表面におけるエネルギーの釣合式は、

$$\frac{dR}{dt}=\left(\frac{k_1}{\langle\rho_v\rangle h_{lv}}\right)\frac{\partial T_1}{\partial r}\bigg|_R$$

【4.1.3】

で与えられる。ここで、添え字Rは気泡表面での値を意味し、$p_{lb}$は無限遠における液相圧力、$\varepsilon_{vl}=\langle\rho_v\rangle/\rho_1$、$\langle\rho_v\rangle$は気泡の成長あるいは凝縮過程における平均蒸気相密度である。
　境界条件は、気泡表面について、

$$T_1[r=R]=(T_v=)T_{sat}[p_v]$$

【4.1.4】

無限遠の液相について、

$$T_1[r=\infty]=T_{lb}\quad,\quad\frac{\partial T_1}{\partial r}\bigg|_\infty=0$$

【4.1.5】

として与えられる。
　例えば、過熱液相と平衡している気泡核が系の擾乱により成長してゆく過程は、(4.1.1)〜(4.1.3)式を、気泡半径R、蒸気相圧力$p_v$および液温分布$T_1$について上の境界条件および以下の初期条件の下で解くことになる。

$$T_1[r,t=0]=T_{lb}$$

【4.1.6】

$$R[t=0]=R_e=\frac{2\sigma}{p_{ve}-p_1}$$

【4.1.7】

$$\frac{dR}{dt}\bigg|_{t=0}=0$$

【4.1.8】

ここで、$p_{ve}$は(2.1.5)式で与えられる。
　以下では、まず、上述の基本方程式を導出する。

## 【Ⅰ】　基礎方程式
　いま、空間中の閉曲面
　　　A[x, y, z ; t]＝0

を考える。空間はこの閉曲面により二つの空間に区分され、Ａ曲面の内側をＶ空間、Ａ曲面の外側をＬ空間と呼ぶ。ここで、Ｖ空間が蒸気に満たされており、Ｌ空間が液相に満たされているとすると、閉曲面Ａは気液界面となる。この系における連続の式、運動量式およびエネルギー式は、以下のように書ける。ただし、空間における発熱はないとする。

［連続の式］

$$\frac{\partial \rho_j}{\partial t} + \mathrm{div}\left(\rho_j \Omega_j\right) = 0 \qquad (4.1.9a)$$

［運動量式］

$$\rho_j \left\{ \frac{\partial \Omega_j}{\partial t} + \left[\Omega_j, \mathrm{grad}\right] \Omega_j \right\} = \rho_j \Gamma + \mathrm{div}\left(\Lambda_j\right)$$

$$= \rho_j \Gamma - \mathrm{grad}\left(p_j\right) + \mathrm{div}\left(\Lambda'_j\right)$$

$$= \rho_j \Gamma - \mathrm{grad}\left(p_j\right) + \mu_j \Omega_j + \left\lfloor \gamma_j + \mu_j\middle/3 \right\rfloor \cdot \mathrm{grad}\left[\mathrm{div}\left(\Omega_j\right)\right]$$

$$(4.1.9b)$$

［エネルギー式］

$$\rho_j \left\{ \frac{\partial e_j}{\partial t} + \left[\Omega_j, \mathrm{grad}(e_j)\right] \right\} = -\mathrm{div}\left(Y_j\right) - p_j \cdot \mathrm{div}\left(\Omega_j\right) + \mu_j \cdot \Phi_j$$

$$= \mathrm{div}\left[k_j \mathrm{grad}\left(T_j\right)\right] - p_j \mathrm{div}\left(\Omega_j\right) + \mu_j \cdot \Phi_j \qquad (4.1.9c)$$

ここで、添え字 j は、ｖ；蒸気相（Ｖ空間）、ｌ；液相（Ｌ空間）であり、

- $\Omega$ ：速度ベクトル
- $\Gamma$ ：単位体積当りの体積力ベクトル
- $\Lambda$ ：ストレステンソル
- $\Lambda'$：粘性ストレステンソル
- $\gamma$ ：バルク粘性に関する粘性係数
- $\Upsilon$ ：熱流束ベクトル
- e ：内部エネルギー
- $\Phi$ ：粘性散逸関数

である。
　さらに、Ａ曲面上での条件式は、以下のように書ける。
　［速度条件式］

$$\rho_l \left\{ \frac{\partial A}{\partial t} + \left[\Omega_l, \mathrm{grad}\right]A \right\} = \rho_v \left\{ \frac{\partial A}{\partial t} + \left[\Omega_v, \mathrm{grad}\right]A \right\} \qquad (4.1.10a)$$

　［力の釣合式（ｍ＝ 1 、 2 、 3 ）］

$$\rho_l u_{l,m} \left\{ \frac{\partial A}{\partial t} + \left[\Omega_l, \mathrm{grad}\right]A \right\} - \lambda_{l,mn} n_m \left| \mathrm{grad}(A)\right|$$

$$= \rho_v u_{v,m} \left\{ \frac{\partial A}{\partial t} + [\Omega_v, grad] A \right\} - \lambda_{v,mn} n_m |grad(A)| - \sigma n_m |grad(S)| div(n)$$

(4.1.10b)

［エネルギーの釣合式（m＝1、2、3）］

$$\rho_l \left( e_l + \frac{u_l^2}{2} \right) \left( \frac{\partial A}{\partial t} + [\Omega_l, grad] A \right) - \lambda_{l,mn} u_{l,m} n_m |grad(A)| + [Y_l, grad(A)]$$

$$= \rho_v \left( e_v + \frac{u_v^2}{2} \right) \left( \frac{\partial A}{\partial t} + [\Omega_v, grad] A \right) - \lambda_{v,mn} u_{v,m} n_m |grad(A)| + [Y_v, grad(A)]$$

$$- [Y_v, grad(A)] + \sigma \frac{A}{t} div(n)$$

(4.1.10c)

ここで、［P，Q］はP、Qの内積を意味し、

$\lambda mn$：応力テンソル

$n$：S曲線の法線方向単位ベクトル

である。また、気液界面において局所熱平衡を想定すると、

$$T_l = T_v = T_{sat}$$

(4.1.10d)

となる。ただし、局所熱平衡が仮定できない場合は、§2.2.4で述べた温度跳躍を考慮する必要がある。

## 【Ⅱ】 球対称場における気泡力学の基本方程式

いま、以下の系における気泡の成長あるいは凝縮を考え、上述の基礎方程式を単純化する。即ち、

① 十分に広い空間にある静止液相中で気泡は成長あるいは凝縮を開始する。

② 系の初期温度分布は、気泡中心を原点とする半径 r のみの関数である。

③ 気液界面では局所熱平衡が成立し、また気液界面は安定である。

④ 系には体積力は働かない。

この系では、物性、速度、温度および気液界面位置Rは、 r および時間 t のみの関数となり、球対称場における気泡力学を扱うことになる。上述の①、②項は基本系として設定されたものである。③項は、次章で述べるように、気液界面における蒸発速度が極めて高い場合を除いて成立する。④項は、気泡がかなり大きく成長する以前では十分に成立する。こうした球対称場では、気泡表面に表面張力分布は発生しないので表面張力駆動流を考慮する必要は無い。

さて、まず、球対称場での気泡表面を意味するA曲面は次のように表される。

$$A[x,y,z;t] = R - r = 0$$

気泡中心を原点とする球対称場での極座標系では、

$$div = \frac{\partial}{\partial r} + \frac{2}{r}, \quad grad[div] = \frac{\partial}{\partial r} \left( \frac{\partial}{\partial r} + \frac{2}{r} \right), \quad [\Omega, grad] = u \frac{\partial}{\partial r},$$

$$\frac{\partial A}{\partial t} = \frac{dR}{dt}, \quad [\Omega, grad] A = 0$$

－ 77 －

であることに注意して、前節における基礎方程式 (4.1.9) を球対称場について書き直すと、以下の連続の式、運動量式およびエネルギー式が得られる。

$$\frac{\partial \rho_j}{\partial t} + \frac{\partial \rho_j u_j}{\partial r} + \frac{2\rho_j u_j}{r} = 0$$

$$\rho_j \left( \frac{\partial u_j}{\partial t} + u_j \frac{\partial u_j}{\partial r} \right) = -\frac{\partial p_j}{\partial r} + \left( \frac{4\mu_j}{3} + \gamma_j \right) \left\{ \frac{\partial}{\partial r} \left( \frac{\partial u_j}{\partial r} + \frac{2u_j}{r} \right) \right\}$$

$$\rho_j \left( \frac{\partial e_j}{\partial t} + u_j \frac{\partial e_j}{\partial r} \right) = -p_j \left( \frac{\partial u_j}{\partial r} + \frac{2u_j}{r} \right) + \left\{ \frac{\partial}{\partial r} \left( k_j \frac{\partial T_j}{\partial r} \right) + \frac{2 k_j}{r} \left( \frac{\partial T_j}{\partial r} \right) \right\}$$

$$+ \frac{4\mu_j}{3} \left( \frac{\partial u_j}{\partial r} - \frac{u_j}{r} \right)^2 + \gamma_j \left( \frac{\partial u_j}{\partial r} + \frac{2u_j}{r} \right)^2$$

$$(4.1.11a, b, c)$$

ここで、 $j = 1$ 、 $v$ である。

さらに、気液界面における条件式 (4.1.10) は、球対称場では以下のように書き直される。

$$\rho_1 \left( u_{1R} - \frac{dR}{dt} \right) = \rho_v \left( u_{vR} - \frac{dR}{dt} \right) \tag{4.1.12a}$$

$$p_{1R} + \frac{2\sigma}{R} = p_{vR} + \rho_v \left( u_{vR} - \frac{dR}{dt} \right) \left( u_{vR} - u_{1R} \right)$$

$$+ \frac{4\mu_1}{3} \left( \frac{\partial u_1}{\partial r} - \frac{u_1}{r} \right)_R + \gamma_1 \left( \frac{\partial u_1}{\partial r} + \frac{2u_1}{r} \right)_R$$

$$- \frac{4\mu_v}{3} \left( \frac{\partial u_v}{\partial r} - \frac{u_v}{r} \right)_R - \gamma_v \left( \frac{\partial u_v}{\partial r} + \frac{2u_v}{r} \right)_R \tag{4.1.12b}$$

$$k_1 \left( \frac{\partial Tl}{\partial r} \right)_R - k_v \left( \frac{\partial T_v}{\partial r} \right)_R = \rho_v \left( \frac{dR}{dt} - u_{vR} \right)$$

$$\times \left\{ h_{1v} + \frac{4\mu_1}{3\rho_1} \left( \frac{\partial u_1}{\partial r} - \frac{u_1}{r} \right)_R + \frac{\gamma_1}{\rho_1} \left( \frac{\partial u_1}{\partial r} + \frac{2u_1}{r} \right)_R \right.$$

$$\left. - \frac{4\mu_v}{3\rho_v} \left( \frac{\partial u_v}{\partial r} - \frac{u_v}{r} \right)_R - \frac{\gamma_v}{\rho_v} \left( \frac{\partial u_v}{\partial r} + \frac{2u_v}{r} \right)_R \right\} \tag{4.1.12c}$$

$$T_1 = T_v = T_{sat} \tag{4.1.12d}$$

ここで、添え字Rは気泡表面における値を意味する。

- 78 -

## 【Ⅲ】　気泡成長方程式

　さて、ここで前項で考えた条件①～④に以下の条件を加えた系を考え、基礎方程式をさらに単純化する。すなわち、

　⑤　気泡は、一様に過熱された液相中の気泡核から成長を開始する。
　⑥　液体の圧縮性を無視し、両相のバルク粘性に関する粘性係数は０とする。
　⑦　気泡内の蒸気相の物性、温度は一様である。

この中で、特に問題となるのは、⑥項である。しかし、例えば、110°Cにある大気圧水の中で水蒸気泡が成長する場合を考えると、この水蒸気泡が気泡核から１mm程度の直径にまで成長する間の平均成長速度は10cm/s程度である。このように、通常の蒸気泡成長過程では、成長速度は音速より十分に小さい。したがって、図2.2.3(a)からわかるように⑥項は現実とかけ離れたものではない。また、流体の圧縮性が無視できる場合には、連続の式より $\mathrm{div}(\rho\,\Omega)=0$ （$\Omega$ は速度ベクトル）となり、密度 $\rho$ が一定かつ一様であれば $\mathrm{div}\,\Omega=0$ となり、バルク粘性に関する粘性係数を考慮する必要はない。

　こうした系では、気泡成長に関する基本方程式（4.1.11）は、以下のようにさらに単純化される。まず、蒸気相の物性値および温度は一様としたので、連続の式（4.1.11a）は、"蒸気速度 $u_v$ が $r$ に関する一次式"、すなわち

$$u_v = a[t]r$$

なる形に書けることを意味する。したがって、次式の関係が存在する。

$$\frac{\partial \rho_v u_v}{\partial r} = \frac{\rho_v u_v}{r}$$

この関係式より、気泡内の蒸気相に関する連続の式（4.1.11a）は次式となる。

$$u_v = -\frac{r}{3\rho_v}\left(\frac{d\rho_v}{dt}\right) \tag{4.1.13}$$

また、蒸気相のエネルギー方程式は、$e_v$ および $T_v$ が $r$ に依存しないことを考えると、次式となる。

$$\frac{de_v}{dt} = p_v\frac{d\rho_v}{dt}$$

　一方、液相の連続の式（4.1.11a）は、非圧縮性を仮定したことにより次式となる。

$$\frac{\partial u_1}{\partial r} + \frac{2u_1}{r} = 0 \tag{4.1.14}$$

これを $r = [R,\ r]$ で積分すると、次式を得る。

$$u_1 = \left(\frac{R}{r}\right)^2 u_{1R} \tag{4.1.15}$$

気液界面における速度条件式（4.1.12a）に（4.1.13）式を代入すると、次式が得られる。

$$\rho_1\left(u_{1R} - \frac{dR}{dt}\right) = -\frac{R}{3}\left(\frac{d\rho_v}{dt}\right) - \rho_v\frac{dR}{dt} = -\frac{1}{4\pi R^2}\left\{\frac{d}{dt}\left(\frac{4\pi R^3 \rho_v}{3}\right)\right\} \tag{4.1.16}$$

ここで、$\rho_v$ が気泡成長中の平均密度 $\langle\rho_v\rangle$ で代表できるとすると、上式の最初の等号より次式が得られる。

$$u_{1R} = \left(1 - \varepsilon_{v1}\right)\frac{dR}{dt}$$

ここで、$\varepsilon_{v1}=\langle\rho_v\rangle/\rho_1$ である。この式を（4.1.15）式に代入すると液相速度に関する次式が得られる。

$$u_1 = \left(1-\varepsilon_{v1}\right)\left(\frac{R}{r}\right)^2\frac{dR}{dt} \qquad\qquad \text{【4.1.17】}$$

　また、非圧縮性液体においては、球対称場における運動量式は、その最終項が連続の式（4.1.14）より0となるため、次式の形となる。

$$\rho_1\left(\frac{\partial u_1}{\partial t}+u_1\frac{\partial u_1}{\partial r}\right)=-\frac{\partial p_1}{\partial r}$$

上式に（4.1.17）式を代入し、$r=[r,\infty]$ で積分すると次式を得る。

$$p_1 = p_{1b}+\left(1-\varepsilon_{v1}\right)\rho_1\left\{\left[R^2\frac{d^2R}{dt^2}+2R\left(\frac{dR}{dt}\right)^2\right]\left(\frac{1}{r}\right)-\frac{\left(1-\varepsilon_{v1}\right)}{2r^4}R^4\left(\frac{dR}{dt}\right)^2\right\}$$

$$\text{【4.1.18】}$$

また、液相を非圧縮性、蒸気相のバルク粘性に関する粘性係数を0とすると、球対称場における気液界面での力の釣合式（4.1.12b）は、連続の式（4.1.14）より次の形となる。

$$p_{1R}+\frac{2\sigma}{R}=p_{vR}+\rho_v\left(u_{vR}-\frac{dR}{dt}\right)\left(u_{vR}-u_{1R}\right)$$

$$+\frac{4\mu_1}{3}\left\{\left(\frac{\partial u_1}{\partial r}\right)_R-\frac{u_{1R}}{r}\right\}-\frac{4\mu_v}{3}\left\{\left(\frac{\partial u_v}{\partial r}\right)_R-\frac{u_{vR}}{r}\right\} \qquad \text{【4.1.19】}$$

また、（4.1.12a）、（4.1.16）式より、

$$\rho_v\left(u_{vR}-\frac{dR}{dt}\right)=\rho_1\left(u_{1R}-\frac{dR}{dt}\right)=-\frac{1}{4\pi R^2}\left\{\frac{d}{dt}\left(\frac{4\pi R^3\rho_v}{3}\right)\right\}$$

であるから、これと（4.1.13）式を用いると、（4.1.19）式は次式のようになる。

$$p_{1R}+\frac{2\sigma}{R}=p_{vR}+\left\{u_{1R}+\frac{r}{3\rho_v}\left(\frac{d\rho_v}{dt}\right)\right\}\left\{\frac{1}{4\pi R^2}\right\}\left\{\frac{d}{dt}\left(\frac{4\pi R^3\rho_v}{3}\right)\right\}$$

$$+\frac{4\mu_1}{3}\left\{\left(\frac{\partial u_1}{\partial r}\right)_R-\frac{u_{1R}}{r}\right\}-\frac{4\mu_v}{3}\left\{\left(\frac{\partial u_v}{\partial r}\right)_R-\frac{u_{vR}}{r}\right\} \qquad \text{【4.1.20】}$$

ここで、気泡内の蒸気相の物性および温度は一様であると仮定することは、上式の圧力項 $p_{vR}$ に比べて、蒸気の運動に関する項すなわち上式の右辺第2、4項が小さいことを意味することを考慮すると、（4.1.20）式は次式となる。

$$p_{1R}+\frac{2\sigma}{R}=p_{vR}+\frac{4\mu_1}{3}\left\{\left(\frac{\partial u_1}{\partial r}\right)_R-\frac{u_{1R}}{r}\right\}$$

さらに、（4.1.14）、（4.1.17）式を用いると、次式を得る。

$$p_{1R}+\frac{2\sigma}{R}=p_{vR}-\frac{4\mu_1\left(1-\varepsilon_{v1}\right)}{R}\left(\frac{dR}{dt}\right) \qquad\qquad \text{【4.1.21】}$$

　（4.1.18）式で $r=R$ と置き、これと（4.1.21）式より気泡表面の運動方程式として最

終的に次式すなわち(4.1.1)式が得られる。

$$\rho_l\left\{R\frac{d^2R}{dt^2}+\left(\frac{3}{2}+\frac{\varepsilon_{vl}}{2}\right)\left(\frac{dR}{dt}\right)^2\right\}=\frac{p_{vR}-p_{lb}-2\sigma/R}{1-\varepsilon_{vl}}-\frac{4\mu_l}{R}\left(\frac{dR}{dt}\right) \qquad (4.1.22a)$$

(4.1.22)式は、$\varepsilon_{vl}\ll1$ すなわち $\rho_v\ll\rho_l$ の場合、次式となる。

$$\frac{\rho_l}{\left(2R^2\dfrac{dR}{dt}\right)}\left\{\frac{d}{dt}\left(R^3\frac{dR}{dt}\right)\right\}=p_{vR}-p_{lb}-\frac{2\sigma}{R}-\frac{4\mu_l}{R}\left(\frac{dR}{dt}\right) \qquad (4.1.22b)$$

一方、球対称場における液相のエネルギー式(4.1.11c)は、非圧縮性および気泡内部一様の条件下では、粘性散逸が小さいとすると、連続の式(4.1.14)、液相流速の式(4.1.17)より次式すなわち(4.1.2)式となる。

$$\frac{\partial}{\partial t}(\rho_l c_{pl}T_l)+\left\{(1-\varepsilon_{vl})\rho_l\left(\frac{R}{r}\right)^2\frac{dR}{dt}\right\}\frac{\partial}{\partial r}(\rho_l c_{pl}T_l)=\left(\frac{1}{r^2}\right)\left\{\frac{\partial}{\partial r}\left(k_l r^2\frac{\partial T_l}{\partial r}\right)\right\}$$

【4.1.23】

また、球対称場における気泡表面におけるエネルギーの釣合式(4.1.12d)は、

$$k_l\left(\frac{\partial T_l}{\partial r}\right)_R=\rho_v\left(\frac{dR}{dt}-u_{vR}\right)h_{lv}=\left\{\frac{R}{3}\left(\frac{d\rho_v}{dt}\right)+\rho_v\frac{dR}{dt}\right\}h_{lv}$$

となり、$\rho_v$ は気泡成長期間中の平均値 $\langle\rho_v\rangle$ で評価できるとすると、最終的に次式すなわち(4.1.3)式となる。

$$\frac{dR}{dt}=\frac{k_l}{\langle\rho_v\rangle h_{lv}}\left(\frac{\partial T_l}{\partial r}\right)_R$$

【4.1.24】

## §4.1.2 均一温度場における気泡成長理論

気泡成長・凝縮に関する基本方程式(4.1.1)～(4.1.3)は、ある条件を加えるとさらに単純化され、解析解を得ることができる。

### 【Ⅰ】 拡散支配の気泡成長

まず、気泡の成長過程において、(4.1.1)式左辺の慣性項、右辺の表面張力項および粘性項を無視する。したがって、この場合(4.1.1)式は $p_{vR}=p_{lb}$ となり、気液界面温度は $p_{lb}$ における飽和温度 $T_{sat}$ であることになる。次に、液相温度分布 $T_l$ を決定するエネルギー式(4.1.2)については、図4.1.1に示したように、半無限空間に広がった一様過熱度 $\Delta T_{sat}$ の液相表面(z＝0)温度が、t＝0において $T_l=T_{sat}$ となる場合の非定常熱伝導により記述できるとする。この解は、次式で与えられる。

$$T_l=\Delta T_{sat}\left\{1-\mathrm{erf}\left[\frac{z}{2(\kappa_l t)^{1/2}}\right]\right\}+T_{lb}$$

- 81 -

$$\left.\frac{\partial T_l}{\partial z}\right|_0 = \left.\frac{\partial T_l}{\partial r}\right|_R = \frac{\Delta T_{sat}}{(\pi \kappa_l t)^{1/2}}$$

ただし、$\Delta T_{sat} = T_{lb} - T_{sat}$である。したがって、上式と基本方程式(4.1.3)より、気泡成長に関する次式を得る。

$$\frac{dR}{dt} = \frac{k_l \Delta T_{sat}}{\langle \rho_v \rangle h_{lv} (\pi \kappa_l t)^{1/2}} = \left(\frac{1}{\pi}\right)^{1/2} \left(\frac{\rho_l c_{pl} \Delta T_{sat}}{\rho_v h_{lv}}\right)\left(\frac{\kappa_l}{t}\right)^{1/2}$$

これを解くと、(4.1.1)および(4.1.2)式を解くことなく、気泡成長に関する次の解が得られる。

$$R = \left(\frac{2}{\pi^{1/2}}\right) Ja(\kappa_l t)^{1/2} \qquad 【4.1.25】$$

ここで、$Ja = \rho_l c_{pl} \Delta T_{sat}/(\rho_v h_{lv})$で、ヤコブ(Jakob)数と呼ばれている。この解は、気泡の成長に関する液相慣性力、表面張力および粘性力の効果を無視し、気泡表面に形成される過熱液温度境界層より供給される熱量により気泡成長が定まる場合の近似解である。すなわち、温度境界層における拡散抵抗が気泡成長を支配する場合の近似解であり、これを「拡散支配(diffusion controlled)」における解と呼ぶ。

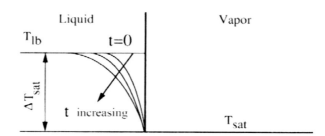

図4.1.1　気泡成長過程における気液界面近傍での温度分布

　上述の拡散支配段階における解は、気泡成長に関する(4.1.1)および(4.1.2)を解くことなく得られる近似解であるが、これらを考慮した厳密解は、後に導出するように次式のPlesset-Zwick(1954)の解で表される。

$$R = 2\left(\frac{3}{\pi}\right)^{1/2} Ja(\kappa_l t)^{1/2} \qquad 【4.1.26】$$

(4.1.25)、(4.1.26)式は係数が$\sqrt{3}$異なるのみである。

【Ⅱ】　慣性支配における気泡成長
　さて、次に(4.1.1)式において表面張力項と粘性項が省略でき、気液界面からの蒸発が無視できる場合を考えてみる
　この場合、(4.1.1)式は、「レイレイ(Rayleigh)の式」と呼ばれる次式となる。

$$\rho_l \left\{ R\frac{d^2R}{dt^2} + \left(\frac{3}{2} + \frac{\varepsilon_{vl}}{2}\right)\left(\frac{dR}{dt}\right)^2 \right\} = \frac{p_{vR} - p_{lb}}{1 - \varepsilon_{vl}} \qquad 【4.1.27】$$

　この式は、エネルギーの釣合式、

$$\int_{R_0}^{R} 4\pi r^2 \Delta p \, dr = \int_{R}^{\infty} 4\pi r^2 \left( \frac{\rho_1 u_1^{\,2}}{2} \right) dr \qquad \text{【4.1.28】}$$

で $\Delta p = p_{vR} - p_{1b} = \text{const.}$ とし、(4.1.17)式を代入して積分を実行すると、簡単に解ける。すなわち、

$$\frac{dR}{dt} = \left\{ \left( \frac{2\Delta p}{3\rho_1} \right) \left[ 1 - \left( \frac{R_o}{R} \right)^3 \right] \right\}^{1/2}$$

$R_o / R \to 0$ では、上式より、

$$R = \left( \frac{2\Delta p}{3\rho_1} \right)^{1/2} t \qquad \text{【4.1.29】}$$

となる。この解は、液相の慣性力が気泡成長を支配する場合の解であり、「慣性力支配（inertia controlled）」における気泡成長に関する解である。

## 【Ⅲ】 気泡成長過程における諸段階

さて、(4.1.1)～(4.1.3)式を、(4.1.4)～(4.1.8)式の下で数値的に解くことが可能である。図 4.1.2 はこうした数値解の概略を示したものである。

図に示されているように、気泡成長には一般に、

① 気泡の成長に遅れの生じる初期停滞段階
② 気泡成長が加速され慣性支配における気泡成長に漸近する初期成長段階
③ 気泡成長が減速され拡散支配における気泡成長に漸近する遷移成長段階
④ 気泡成長が拡散支配における気泡成長に近くなる後期成長段階

がある。

初期停滞段階は、気泡径が小さく表面張力の効果が大きいため、成長が鈍く遅れが生じる「表面張力支配段階」である。

さて、表面張力による気泡成長の押え込み効果に打ち勝って気泡が成長を開始する段階では、気泡内の蒸気相圧力は十分に高いので、気泡成長の駆動力 $\Delta p = p_{vR} - p_{1b}$ は未だ十分に大きい。したがって、この段階では気泡成長は $\Delta p$ により与えられる液相の慣性力により支配されることになる。$\Delta p$ は気泡周囲の温度境界層の発達とともに減少するので、Rayleigh の解には等しくならないが、上述の初期成長段階は慣性支配段階に相当する。

以後、気泡成長は、$\Delta p$ の減少とともに、遷移成長段階を経て拡散支配の成長に漸近してゆくことになる。

## 【Ⅳ】 慣性支配段階から拡散支配段階に至る気泡成長

前項で述べたように、気泡成長過程には、初期停滞段階から拡散支配段階に至る過程が存在する。前述したように、拡散支配段階および慣性支配段階における解は、それぞれ(4.1.26)および(4.1.29)式で与えられるが、これらを考慮することにより、慣性支配段階から拡散支配段階に至る気泡成長を表現することができる。

(4.1.28)式をもう一度考えてみる。この式の右辺は、(4.1.17)式を代入して積分を実行すると、以下のようになる。但し、簡単のために $\varepsilon_{v1} = 0$ とする。

$$\int_{R}^{\infty} 4\pi r^2 \left( \frac{\rho_1 u_1^{\,2}}{2} \right) dr = 2\pi \rho_1 R^3 \left( \frac{dR}{dt} \right)^2$$

一方、(4.1.28)式の左辺は、部分積分することにより以下のようになる。

$$\int_0^R 4\pi r^2 \Delta p dr = \left(\frac{4\pi R^3}{3}\right)\left\{(p_{vR} - p_{lb}) - \frac{1}{4}\left(\frac{dp_{vr}}{dR}\right) + \cdots\right\}$$

$$= \left(\frac{4\pi R^3}{3}\right)(p_{vR} - p_{lb})$$

したがって、(4.1.28)式は、次式となる。

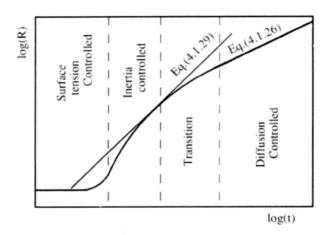

図 4.1.2 気泡成長過程における諸段階

$$\left(\frac{dR}{dt}\right)^2 = \left(\frac{2}{3}\right)\frac{p_{vR} - p_{lb}}{\rho_l} \tag{4.1.30}$$

ここで、気液界面において熱力学的局所平衡を仮定すると、(2.1.5)式より過熱度が小さい場合に成立する次式を得る。

$$p_{vR} = p_{ve} = p_{sat}\exp\left[-\frac{v_v{}^*(p_{sat} - p_{lb})}{R_G T_{lR}}\right] \sim p_{sat}[T]$$

さらに、上式は(2.1.8)式より次式となる。

$$p_{sat}[T] = p_{lb} + \left.\frac{dp}{dT}\right|_{sat}(T_{lR} - T_{sat}[p_{lb}]) = p_{lb} + \frac{h_{lv}\rho_v}{T_{sat}[p_{lb}]}\Delta T_{sat,lR}$$

以上より、(4.1.30)式は次のように書き換えられる。

$$\left(\frac{dR}{dt}\right)^2 = \left(\frac{2}{3}\right)\left(\frac{h_{lv}\rho_v}{\rho_l T_{sat}[p_{lb}]}\right)\Delta T_{sat,lR} = \left(\frac{2}{3}\right)\left(\frac{\rho_v h_{lv}\Delta T_{sat}}{\rho_l T_{sat}[p_{lb}]}\right)\left(\frac{\Delta T_{sat,lR}}{\Delta T_{sat}}\right) \tag{4.1.31}$$

ここで、$\Delta T_{sat} = T_{lb} - T_{sat}[p_{lb}]$

ところで、(4.1.26)式より近似的に次式が成立する。

$$\frac{dR}{dt} = \left(\frac{3\kappa_l}{\pi}\right)^{1/2}\left(\frac{T_{lb} - T_{lR}}{\Delta T_{sat}}\right)\left(\frac{J_a}{t^{1/2}}\right) = \left(\frac{3\kappa_l}{\pi}\right)^{1/2}\left(1 - \frac{T_{sat,lR}}{\Delta T_{sat}}\right)\left(\frac{J_a}{t^{1/2}}\right)$$

この式と(4.1.31)式より、$\Delta T_{sat,lR}$を消去すると次式を得る。

$$\frac{dR^+}{dt} = \left(t^+ + 1\right)^{1/2} - \left(t^+\right)^{1/2}$$ 【4.1.32】

ここで、

$$R^+ = \left(\frac{2\rho_v h_{lv} \Delta T_{sat}}{\rho_l T_{sat}}\right)^{1/2} \left(\frac{\pi}{12\alpha_l Ja^2}\right) R$$

$$t^+ = \left(\frac{\pi \rho_v h_{lv} \Delta T_{sat}}{\rho_l \alpha_l Ja^2 h_{lv}}\right) t$$

(4.1.32)式を、初期条件

$$t^+ = 0 \ ; \qquad R^+ = 0$$

の下で解くと、次のMikic-Rohsenowの解を得る。

$$R^+ = \frac{2}{3}\left\{\left(t^+ + 1\right)^{3/2} - \left(t^+\right)^{3/2} - 1\right\}$$ 【4.1.33】

$t^+ \ll 1$ では、

$$\left(t^+ + 1\right)^{3/2} \sim 1 + (3/2) t^+ + \cdots$$
$$t^+ \gg \left(t^+\right)^{3/2}$$

であるから、(4.1.33)式は次式となる。

$$R^+ = t^+$$

この式は、慣性力支配における気泡成長の解(4.1.29)式に等しい。

また、$t^+ \gg 1$ では、

$$\left(t^+ + 1\right)^{3/2} = \left(t^+\right)^{3/2}\left[1 + \left(t^+\right)^{-1}\right]^{3/2}$$
$$\sim \left(t^+\right)^{3/2}\left[1 + (3/2)\left(t^+\right)^{-1}\right]$$
$$= \left(t^+\right)^{3/2} + (3/2)\left(t^+\right)^{1/2}$$

であるから、(4.1.33)式は次式となる。

$$R^+ = \left(t^+\right)^{1/2}$$

この式は、拡散支配における気泡成長の解(4.1.26)式に等しい。

以上より、(4.1.33)式は慣性支配から拡散支配に至る気泡成長過程を一般的に表現する式と考えられる。


## 【V】 均一温度場での拡散支配における気泡成長の摂動解

ここでは、均一温度場における気泡成長過程を記述する運動量式(4.1.22)とエネルギー式(4.1.23)を解く。まず、運動量式における蒸気相圧力$p_{vR}$を消去する。即ち、(2.1.5)、(2.1.8)式より、

$$p_{vR} = p_{ve} = p_{sat}\left[T_{lR}\right]\exp\left[-\frac{v_l^*}{R_G T_{lR}}\left(p_{sat}\left[T_{lR}\right] - p_{lb}\right)\right]$$

$$\sim p_{lb} + \left.\frac{\partial p}{\partial T}\right|_{sat}\left(T_{lR} - T_{sat}\right) = p_{lb} + \frac{\rho_l \rho_v h_{lv} \Delta T_{lR}}{\left(\rho_l - \rho_v\right) T_{sat}}$$

を(4.1.22)式に代入すると、液体の粘性を無視し$\varepsilon_{vl} \ll 1$として次の運動量式が得られる。

$$\frac{\dfrac{d}{dt}\left(R^3\dfrac{dR}{dt}\right)}{2R^2\dfrac{dR}{dt}} = \frac{\rho_v h_{lv}\Delta T_{Rs}}{(\rho_l - \rho_v)T_{sat}} - \frac{2\sigma}{\rho_l R} = C_{pz}\Delta T_{Rs} - \frac{2\sigma}{\rho_l R} \qquad \text{【4.1.34】}$$

ここで、

$$\Delta T_{Rb} = T_l[r=R] - T_{lb} = (T_l[r=R] - T_{sat}) - (T_{lb} - T_{sat}) = \Delta T_{Rs} - \Delta T_{sat}$$

$$= \Delta T_{Rs} - \frac{2\sigma T_{sat}}{\rho_v h_{lv} R_e} = \Delta T_{Rs} - \frac{2\sigma}{(\rho_l - \rho_v)R_e C_{PZ}}$$

である。 初期条件として$R[t=0]=R_0=R_e$を用いると、運動量式(4.1.34)は次のように書き換えられる。

$$\frac{\dfrac{d}{dt}\left(R^3\dfrac{dR}{dt}\right)}{2R^2\dfrac{dR}{dt}} = C_{PZ}\left\{\Delta T_{Rb} + \frac{2\sigma}{(\rho_l - \rho_v)R_e C_{PZ}}\right\} - \frac{2\sigma}{\rho_l R} = C_{PZ}\Delta T_{Rb} + -\frac{2\sigma}{\rho_l R_e}\left(1 - \frac{R_e}{R}\right)$$

$$\text{【4.1.35】}$$

さて、(4.1.35)式を解くためには$\Delta T_{Rb}$すなわち気液界面温度が必要であり、したがって液相側温度分布を解く必要がある。いま、液相内温度境界層が気泡半径に比べて十分に薄いとすると、ラプラス変換により気液界面における温度勾配の任意性を残した次の解が得られる。

$$\Delta T_{Rb} = T_l[r=R] - T_{lb} = -\left(\frac{\kappa_l}{\pi}\right)^{1/2}\int_0^t R[y]^2 \frac{(\partial T_l/\partial y)_R}{\left\{\int_0^t R[y]^4 dz\right\}^{1/2}} dy$$

$$\text{【4.1.36】}$$

(4.1.35)、(4.1.36)式を、

$$R* = \left(\frac{R}{R_0}\right)^3, \qquad \xi* = \frac{C_{PZ}*}{R_0^4}\int_0^t R[y]^4 dy, \qquad C_{PZ}* = \left(\frac{2\sigma}{\rho_l R_0^3}\right)^{1/2}$$

を用いて、拡散支配段階($R* \gg 1$)について解くと、次の解が得られる。

$$R[t] = \left(\frac{12}{\pi}\right)^{1/2} Ja(\kappa_l t)^{1/2}\left\{1 + O[t^{-1/2}]\right\} \qquad \text{【4.1.37】}$$

この式は、(4.1.26)式と同じである。

---

## §4.1.3 気泡成長に関する研究小史

---

**【気泡成長に関する古典理論の展開】**

　静止した均一温度場における球形気泡の成長は Rayleigh(1917)により初めて扱われた。彼は、粘性および表面張力の効果を無視した運動方程式(4.1.27)式を導き、慣性力支配下における(4.1.29)式の解を示した。Rayleigh の運動方程式は、その後、Forster and Zuber(1954)、 Plesset and Zwick(1952,1954)、Scriven(1959)、および Hsieh(1965)により、§4.1.1 に示した一般形にまとめられた。

## 【拡散支配段階における古典理論】

拡散支配段階における球形気泡の成長については、 Forster and Zuber(1954)、Plesset and Zwick(1952,1954)により解析された。 Forster and Zuber は、気泡表面を球面状の heat sink として扱い、

$$R[t] = \pi^{1/2} Ja (\kappa_1 t)^{1/2}$$

を得た。 一方、Plesset and Zwick は、液相内温度境界層が気泡径に比べて十分に小さい状況下における摂動解(4.1.37)式を示した。その後、液相の慣性、粘性および表面張力の効果を無視した場合の均一温度場における球形気泡成長の厳密解が、Birkoff ら(1958)により得られ、気泡成長に関する比例係数

$$C_{bg} = \frac{R[t]}{(\kappa_1 t)^{1/2}}$$

は、 Ja が大きい場合には定数となるが、 Ja が小さい場合には Ja の関数となることが示された。 彼らの報告によれば、Plesset and Zwick(1954)の解は、

$$Ja > 2.5 \tag{4.1.38}$$

で成立する。Birkoff らの厳密解は Scriven(1959)により2成分系に拡張され、さらに Scriven らの解は Labountzov ら(1964)により次式の形にまとめられた。

$$Ja = \left(\frac{12}{\pi}\right)^{1/2} \left\{ 1 + \frac{1}{2}\left(\frac{\pi}{6Ja}\right)^{2/3} + \left(\frac{\pi}{6Ja}\right) \right\}^{1/2} (\kappa_1 t)^{1/2} \tag{4.1.39}$$

慣性支配段階から拡散支配段階までの遷移段階を含む気泡成長理論は、 Mikic ら(1970)により展開され、(4.1.33)式の解が得られている。

## 【古典理論の仮定の検討】

以上に示した(4.1.26)あるいは(4.1.37)式は、拡散支配段階における基本解であるが、これは以下の仮定に基づいて導出されたものである。

① 気液界面では、熱力学的平衡が成立している（すなわち§2.2.3で示したような気液界面における温度ジャンプを考慮する必要がない）。
② 液相の粘性効果は無視できる。
③ 液相内温度境界層の厚さは気泡径に比べて十分に薄い。
④ 気泡内の蒸気物性は時間とともに変化しない。
⑤ Clausius-Clapeyron の式を線形近似する。

ここでは、こうした仮定に基づく気泡成長理論を古典理論と呼ぶが、古典理論が基礎とする仮定に関する検討も多く報告されている。

まず、気液界面における非平衡効果については、 Bornhorst and Hatsopoulos(1967a, b)により先駆的に検討された。彼らは、非平衡を以下のように考慮して気泡成長に関する運動量式を導いた。まず、(4.1.3)および(2.2.14)式より、

$$\frac{dR}{dt} = \frac{\Delta G_e}{\rho_v} \tag{4.1.40a}$$

と表現できる。この式の右辺は、Clausius-Clapeyron の式により(4.1.35)式を導出したと同様に、気液界面温度 $T_{1R}$ について例えば $\Delta T_{Rs} = T_{1R} - T_{sat}$ の関数として表現できる。一方、液相温度境界相内温度分布を $\Delta r$ （$= r - R$）の二次関数で

表し、これを液相エネルギー式(4.1.2)に代入すると$\Delta T_{Rs}$に関する表示式を得ることができる。 これを$\Delta T_{Rs}$で表示された(4.1.40a)式に代入すると、次式が得られる。

$$\frac{dR^*}{dt} = \left\{ \frac{\left(3+12^{1/2}\right)R^{*2}}{R^{*3}-1} \right\}$$
$$\left\{ 1 - \frac{1}{R^*} - C_{BH1}\frac{dR^*}{dt} - \frac{C_{BH2}}{R^*}\left(\frac{dR^*}{dt}\right) - \frac{C_{BH3}}{\left(3+12^{1/2}\right)^2}\left[ R^*\frac{dR^*}{dt} + \frac{3}{2}\left(\frac{dR^*}{dt}\right) \right] \right\}$$

【4.1.41】

ここで、

$$C_{BH1} = \frac{\left(2-\sigma_{ec}\right)}{2\sigma_{ec}} \left\{ \frac{k_1\left(2\pi R_G T_{sat}\right)^{1/2}\Delta T_{sat}^{\;2}}{\left(3+12^{1/2}\right)\sigma h_{lv}\kappa_1^{1/2}} \right\}$$

$$C_{BH2} = \frac{2\mu_1 k_1^{\;2}\Delta T_{sat}^{\;3}}{\left(3+12^{1/2}\right)\rho_v h_{lv}\kappa_1\sigma^2 T_{sat}}$$

$$C_{BH3} = \frac{\rho_1 k_1^{\;4}\Delta T_{sat}^{\;5}}{\rho_v^{\;3} h_{lv}^{\;3}\kappa_1^{\;2}\sigma^2 T_{sat}}$$

$$R^* = \frac{\rho_v h_{lv}\Delta T_{sat}}{2\sigma T_{sat}} R$$

こうした式を用いて、気泡成長に対する気液界面における熱的非平衡の影響が、Theofanousら(1969)、 長坂(1977)、宮武・田中(1982a)により検討されている。これらの検討によると、 蒸発・凝縮係数$\sigma_{ec}$が$\sigma_{ec}>0.5$程度では非平衡の影響は小さい。

　Board and Duffey(1971)は、①のみを仮定した数値解析結果を報告しており、彼らによると液相境界層内温度分布に関する仮定(③)、飽和条件に関する仮定(⑤)、気相の物性値変化 (④) などの影響は小さい。気相の物性値変化の影響についてはTheofanous and Patel(1976)は、 Mikicら(1970)の統一整理式を物性値変化を考慮した形に変形した。 Prosperetti and Plesset(1978)は、③、⑤の仮定の下で数値解析を行い、$Ja>2.5$程度で③の仮定が十分に成立することを示すとともに、Mikicらの統一整理式の理論的根拠を与えた。

　斉藤・島(1974)は、①および⑤の仮定の下に、水について数値解析し、数値解析はMikicらの解に一致するが、低圧および高過熱度ではPlesset and Zwickの解と一致しなくなることを報告した。Dalle Donne and Ferranti(1975)は、①および②を仮定して液体ナトリウムについて数値計算し、 図4.1.3のように$Ja>2.5$ではMikicら(1970)の統一整理式を代表とする古典理論解とはよく一致している。

　一方、静止した液相中での球形気泡の成長実験は、放射加熱、レーザー加熱、細線加熱、急減圧などの気泡初生法を用いて行われ、Dergarabedian(1953,1960) 、Hooper and Abdelmessih(1966)、 Hewitt and Paker(1968)、 Kosky(1968)、Florschuetzら(1969)、 Board and Duffey(1971)、 新野ら(1973)、 宮武・田中(1982b)により行われている。実験の多くは$Ja>2$程度で行われており、慣性支配段階における解とよく一致する実験結果が得られている。

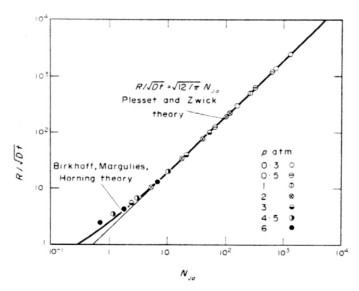

図 4.1.3 気泡成長に関する古典理論の検討
（Dalle Donne and Ferranti(1975)より）

　以上、要するに、気泡成長に関する古典理論の統一表示式(4.1.33)は、蒸発・凝縮係数が小さくない限り、表面張力の効果の強い気泡成長初期（ほぼ $R < 50R_0$）を除いて、$Ja > 2.5$ での慣性支配段階から拡散支配段階にわたる気泡成長をよく表現する。

## §4.2 気液界面安定性

本節では、「気液界面の安定性（interfacial stability）」について述べる。ここでは、静止流体層が体積力場中で形成する平面界面の安定性＝「Rayleigh-Taylor不安定」（§4.2.1）、互いに平行して異なる速度で流れる二流体が形成する平面界面の安定性＝「Kelvin-Helmholtz不安定」（§4.2.2）、および燃焼界面や蒸発界面などのように平面界面に直交する流れにおいて界面で流速が急増する場合の界面安定性＝「Landau不安定」などの研究状況（§4.2.3）について述べる。

界面安定性に関する参考書としては、次のものを薦めたい。

◇ Chandrasekhal, S. : 1961, "Hydrodynamic and Hydromagnetic Stability", (Dover Pub. Inc.)

### §4.2.1 Rayleigh-Taylor不安定

いま、図4.2.1のように、-z方向に重力加速度gが加わっている場に、xy平面を界面として一様な物性で非圧縮性の静止流体A、Bがあるとする。この系に擾乱が加わった場合の平面界面の安定性を考える。この問題は、一流体系において密度分布がある場合についてRayleigh(1900)が、二流体系で表面張力が介在する場合についてTaylor(1950)がそれぞれ扱ったので、Rayleigh-Taylor不安定と呼ばれている。

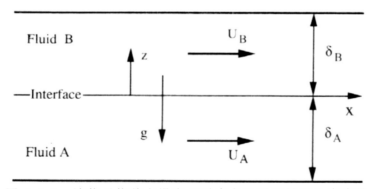

図 4.2.1　流体が体積力場中で形成する平面界面の安定性

この系における界面は、後に導出するように、$\rho_A < \rho_B$の場合に以下の擾乱波長に対して不安定となる。即ち、粘性が無視できる場合には、

$$\lambda > \lambda_{cr,2} = 2\pi\left\{\frac{\sigma}{g(\rho_B - \rho_A)}\right\}^{1/2} \tag{4.2.1a}$$

を満たす波長$\lambda$の二次元擾乱波、あるいは

$$\lambda > \lambda_{cr,3} = 2\pi\left\{\frac{2\sigma}{g(\rho_B - \rho_A)}\right\}^{1/2} \tag{4.2.1b}$$

を満たす三次元擾乱波に対して界面が不安定となる。上述の$\lambda_{cr}$を「臨界波長（critical wavelength）」と呼ぶ。 臨界波長以上の波長を有する擾乱波の中で最も成長速度の高い擾乱の波長を 「危険波長（most dagerous wavelength）」$\lambda_d$と呼ぶが、これは二次元、三次元擾乱ともに次式で表される。

$$\lambda_d = 3^{1/2}\lambda_{cr} \tag{4.2.1c}$$

## 【Ⅰ】 擾乱方程式の導出

（u，v，w）をx、y、z方向の速度変動、pを圧力変動とすると、各流体に関する連続の式、運動量の式は、二次の微小項を省略すると次のように書ける。

$$\frac{\partial u}{\partial x} + \frac{\partial v}{\partial y} + \frac{\partial w}{\partial z} = 0 \tag{4.2.2a}$$

$$\rho\frac{\partial u}{\partial t} = -\frac{\partial p}{\partial x} + \mu\nabla u \tag{4.2.2b}$$

$$\rho\frac{\partial v}{\partial t} = -\frac{\partial p}{\partial y} + \mu\nabla v \tag{4.2.2c}$$

$$\rho\frac{\partial w}{\partial t} = -\frac{\partial p}{\partial z} + \mu\nabla w \tag{4.2.2d}$$

これらの式は、変動分に関する線形方程式であるから、各変動分のx、y、t依存性は変動分を一般的にsと書くと、虚数単位を"i"として、

$$s = s_0 \exp\{\omega t + i(m_x x + m_y y)\}$$

とする基準モードについて考えれば十分である。これを、（4.2.2）式に代入すると以下の式が得られる。

$$i(m_x u + m_y v) = -\frac{dw}{dz} \tag{4.2.3a}$$

$$im_x p = -\omega\rho u + \mu\left(\frac{d^2 u}{dz^2} - m^2 u\right) \tag{4.2.3b}$$

$$im_y p = -\omega\rho v + \mu\left(\frac{d^2 v}{dz^2} - m^2 v\right) \tag{4.2.3c}$$

$$\frac{dp}{dz} = -\omega\rho w + \mu\left(\frac{d^2 w}{dz^2} - m^2 w\right) \tag{4.2.3d}$$

ここで、$m^2 = m_x{}^2 + m_y{}^2$である。
$\{(4.2.3b)$式$\times(-im_x) + (4.2.3c)$式$\times(-im_y)\}$を行い(4.2.3a)式を用いると、次式が得られる。

$$m^2 p = \mu\frac{d^3 v}{dz^3} - (\omega\rho + \mu m^2)\frac{dw}{dz} \tag{4.2.3e}$$

この式と(4.2.3d)式よりpを消去すると、両流体に関する次式が得られる。

$$\mu \frac{d^4 w}{dz^4} - \left(\rho\omega + 2\mu m^2\right)\frac{d^2 w}{dz^2} + \omega m^2 \rho w + \mu m^4 w = 0$$

この式は、$D = d/dz$ として次のように書き換えられる。

$$\left\{1 - \frac{\nu}{\omega}\left(D^2 - m^2\right)\right\}\left(D^2 - m^2\right)w = 0 \qquad\qquad 【4.2.4】$$

いま、$w_z$ を $z$ のみの関数とし、$j = A$，$B$ として

$$w_j = w_{zj}\exp\left[\omega t + i\left(m_x x + m_y y\right)\right]$$

と表すと、（4.2.4)式の一般解は、$\exp[\pm m z]$ と $\exp[\pm f z]$ との線形和として与えられる。ここで、

$$f^2 = m^2 + \omega/\nu$$

である。すなわち、

$$w_{zj} = a_j \exp[mz] + b_j \exp[-mz] + c_j \exp[f_j z] + d_j \exp[-f_j z]$$

いま、流体層 A，B の厚さを $\delta_A$、$\delta_B$ とすると、境界条件は

$$z = -\delta_A : u_A = 0,\ v_A = 0,\ w_A = 0 \qquad\qquad (4.2.5a, b, c)$$

$$z = \delta_B : u_B = 0,\ v_B = 0,\ w_B = 0 \qquad\qquad (4.2.6a, b, c)$$

（4.2.3a)式を用いて境界条件(4.2.5a, b)式および(4.2.6a, b)式を書き直すと、最終的に境界条件式は以下の式となる。

$$z = -\delta_A : w_{zA} = 0,\ \frac{dw_{zA}}{dz} = 0 \qquad\qquad (4.2.7a, b)$$

$$z = \delta_B : w_{zB} = 0,\ \frac{dw_{zB}}{dz} = 0 \qquad\qquad (4.2.8a, b)$$

一方、気液界面では、$u$、$v$、$w$ の連続条件、界面接線方向せん断力の釣合条件、および界面法線方向の力の釣合条件が成立する。まず、$w$ の連続条件より、下の(4.2.9a)式が成立する。次いで、$u$，$v$ の連続条件を(4.2.3a)式を用いて書き直すと(4.2.9b)式が得られる。さらに、界面接線方向のせん断力の釣合条件より、(4.2.9c)式が成立する。最後に、界面法線方向の力の釣合条件より、（4.2.9d'）式が成立する。

$$w_{zA} = w_{zB} \qquad\qquad (4.2.9a)$$

$$\frac{dw_{zA}}{dz} = \frac{dw_{zB}}{dz} \qquad\qquad (4.2.9b)$$

$$\mu_A\left(\frac{d^2 w_{zA}}{dz^2} + m^2 wz_A\right) = \mu_B\left(\frac{d^2 w_{zB}}{dz^2} + m^2 wz_B\right) \qquad\qquad (4.2.9c)$$

$$\Delta p_i = (p_B - p_A)_i$$

$$= 2\left(\mu_B \frac{\partial w_{zB}}{\partial z}\bigg|_i - \mu_A \frac{\partial w_{zA}}{\partial z}\bigg|_i\right) + g\eta(\rho_B - \rho_A) - \sigma\left(\frac{\partial^2 \eta}{\partial x^2} + \frac{\partial^2 \eta}{\partial y^2}\right) \qquad (4.2.9d')$$

ここで、$\eta$ は界面位置であり、(4.2.9d') 式で、$\Delta p_i$ は界面における圧力差、右辺第1項は粘性による応力、第2項は浮力、第3項は表面張力による力を表す。

(4.2.9d') 式を界面における連続の条件 (4.2.9b) 式を用いて書き直すと次式となる。

$$\Delta p_I = 2(\mu_B - \mu_A)\frac{\partial w_z}{\partial z}\bigg|_i + g\eta(\rho_B - \rho_A) - \sigma\left(\frac{\partial^2 \eta}{\partial x^2} + \frac{\partial^2 \eta}{\partial y^2}\right)$$

一方、(4.2.3e) 式より、

$$\Delta p_I = \left(\frac{\mu_B}{m^2}\right)\frac{d^3 w_{zB}}{dz^3} - \left(\frac{\mu_A}{m^2}\right)\frac{d^3 w_{zA}}{dz^3} - \left(\frac{\omega\rho_B}{m^2} + \mu_B\right)\frac{dw_{zB}}{dz} + \left(\frac{\omega\rho_A}{m^2} + \mu_A\right)\frac{dw_{zA}}{dz}$$

上の両式より $\Delta p_I$ を消去すると、次式を得る。

$$\left\{\left(\rho_B + \frac{m^2 \mu_B}{\omega}\right)\frac{dw_{z\,B}}{dz} - \left(\frac{\mu_B}{\omega}\right)\frac{d^3 w_{z\,B}}{dz^3}\right\}\left\{\left(\rho_A + \frac{m^2 \mu_A}{\omega}\right)\frac{dw_{z\,A}}{dz} - \left(\frac{\mu_A}{\omega}\right)\frac{d^3 w_{z\,A}}{dz^3}\right\}$$

$$= -\frac{2m^2}{\omega}(\mu_B - \mu_A)\frac{dw_z}{dz}\bigg|_i - \frac{gm^2}{\omega^2}(\rho_B - \rho_A)w_{zi} + \frac{\sigma m^4}{\omega^2}w_{zi}$$

$$(4.2.9d)$$

ここで、静止流体では $\eta = w_i/\omega$ であることを用いた。

以上、要するに、速度擾乱 $w_{zA}$、$w_{zB}$ を、(4.2.7)～(4.2.9) 式に代入し、$w$ に含まれている未知数 $a_A \sim d_A$、$a_B \sim d_B$ について解くと、擾乱角速度 $\omega$ に関する擾乱方程式が得られる。例えば、$\delta_A = \delta_B = \infty$ の場合は、境界条件 (4.2.7a) 式および (4.2.8a) 式より、$w$ は以下のように書ける。

$$w_{zA} = a_A \exp[mz] + c_A \exp[fz]$$
$$w_{zB} = b_B \exp[-mz] + d_B \exp[-fz]$$

これらの各式は、境界条件 (4.2.7b)、(4.2.8b) 式をそれぞれ満足している。これらの両式を界面における条件 (4.2.9) 式に代入すると、$a_A$、$c_A$、$b_B$、$d_B$ に関する4つの式が得られる。これを解いて、最終的に $\omega$ に関する次の擾乱方程式を得る。

$$\left\{\frac{gm}{\omega^2}\left[(K_A - K_B) + \frac{\sigma m^2}{g(\rho_A + \rho_B)}\right] + 1\right\}(K_B f_A + K_A f_B - m)$$

$$-4mK_A K_B + \frac{4m^2}{\omega}(K_A \nu_A - K_B \nu_B)\{K_B f_A - K_A f_B + m(K_A - K_B)\}$$

$$+ \frac{4m^3}{\omega^2}(K_A \nu_A - K_B \nu_B)^2(f_A - m)(f_B - m) = 0 \qquad \text{【4.2.10】}$$

ここで、

$$K_A = \frac{\rho_A}{\rho_A + \rho_B} \quad , \quad K_B = \frac{\rho_B}{\rho_A + \rho_B}$$

である。

さて、いま、(4.2.10)式の解を

$$\omega = \omega_R + i\omega_I$$

とすると、

① $\omega_R > 0$ の場合は、$\eta \sim \exp(|\omega_R|t)$ となり、$\eta$ は時間とともに成長し、界面は擾乱に対して不安定、

② $\omega_R = 0$ の場合は、$\eta \sim \exp(i\omega_I t)$ となり、界面は擾乱に対して中立安定、

③ $\omega_R < 0$ の場合は、$\eta \sim \exp(-|\omega_R|t)$ となり $\eta$ は時間とともに減衰し、界面は擾乱に対して安定

である。

## 【Ⅱ】 非粘性静止流体における界面安定性

図 4.2.1 において、両流体とも非粘性流体とすると、(4.2.4)式は次式となる。

$$\frac{d^2 w_z}{dz^2} - m^2 w_z = 0 \tag{4.2.11}$$

一方、(4.2.9d)式は

$$\rho_B \frac{dw_{zB}}{dz} - \rho_A \frac{dw_{zA}}{dz} = -\frac{gm^2}{\omega^2}(\rho_B - \rho_A)w_{zI} + \frac{\sigma m^4}{\omega^2} w_{zI} \tag{4.2.12}$$

となる。

いま、$\delta_A = \delta_B = \infty$ とし、境界条件 (4.2.7a)、(4.2.8a) 式、および界面における w の連続条件 (4.2.9a) 式を用いると、(4.2.11) 式の解は次のようになる。

$$w_{zA} = a \cdot \exp[mz], \quad w_{zB} = a \cdot \exp[-mz]$$

この式は、境界条件式 (4.2.7b)、(4.2.8b) および界面における条件式 (4.2.9b, c) をそれぞれ満足している。この解を界面における条件式 (4.2.12) 式に代入すると、次式を得る。

$$-m(\rho_B + \rho_A) = -\frac{gm^2}{\omega^2}(\rho_B - \rho_A) + \frac{\sigma m^4}{\omega^2}$$

したがって、

$$\omega^2 = \frac{m}{\rho_A + \rho_B}\{g(\rho_B - \rho_A) - \sigma m^2\} \tag{4.2.13}$$

(4.2.13)式は、以下のことを意味する。

① $\rho_B < \rho_A$ の場合：$\omega$ は $\pm i\omega_I$ となり、界面は如何なる波数 m の擾乱に対しても（中立）安定である。

② $\rho_B > \rho_A$ の場合：

- 94 -

$$m > \left\{\frac{g(\rho_B - \rho_A)}{\sigma}\right\}^{1/2}$$ の擾乱に対して（中立）安定であり、

$$m < \left\{\frac{g(\rho_B - \rho_A)}{\sigma}\right\}^{1/2}$$ の擾乱に対して不安定である。

したがって、$\rho_B > \rho_A$の場合は、図4.2.1の平面界面は、$m_y = 0$の二次元擾乱に対しては、

$$\lambda > \lambda_{cr,2} = 2\pi \left\{\frac{\sigma}{g(\rho_B - \rho_A)}\right\}^{1/2} \tag{4.2.14a}$$

の波長$\lambda$を有する擾乱に対して不安定となる。また、$m_x = m_y$の三次元擾乱に対しては、

$$\lambda > \lambda_{cr,3} = 2\pi \left\{\frac{2\sigma}{g(\rho_B - \rho_A)}\right\}^{1/2} \tag{4.2.14b}$$

の波長を有する擾乱に対して不安定となる。上式で定義される$\lambda_{cr}$を、臨界波長（critical wavelength）と呼ぶ。また、この臨界波長に関する特性長さ

$$\lambda_{LL} = \left\{\frac{\sigma}{g(\rho_B - \rho_A)}\right\}^{1/2} \tag{4.2.15}$$

は、ラプラス長さ（Laplace length）と呼ばれる長さである。

③ (4.2.11)式を$m$で微分すると、次式が得られる。

$$\frac{d\omega^2}{dm} = \frac{1}{\rho_A + \rho_B}\left\{g(\rho_B - \rho_A) - 3\sigma m^2\right\}$$

$\omega^2$は擾乱成長速度を表すので、上式$=0$で定義される$m$は擾乱成長速度が最も速い擾乱波数を意味する。この条件を満足する擾乱波長は、二次元擾乱の場合、

$$\lambda > \lambda_{d,2} = 2\pi \left\{\frac{3\sigma}{g(\rho_B - \rho_A)}\right\}^{1/2} \tag{4.2.16a}$$

$m_x = m_y$の三次元擾乱の場合、

$$\lambda > \lambda_{d,3} = 2\pi \left\{\frac{6\sigma}{g(\rho_B - \rho_A)}\right\}^{1/2} \tag{4.2.16b}$$

で与えられる。擾乱成長速度が最も速いこの波長$\lambda_d$を危険波長（most dangerous wavelength）と呼ぶ。

④ 以上のことから分かるように、表面張力は擾乱を減衰させる効果を有し、浮力は擾乱を成長させる効果を有する。したがって、(4.2.13)式より明らかなように、表面張力を無視すると臨界波長は0となり、界面はあらゆる擾乱波長に対して不安定となる。

## 【Ⅲ】 粘性の影響

　粘性の影響を考慮して Rayleigh-Taylor 不安定を厳密に解くには、【Ⅰ】で述べた8元連立方程式を解けばよい。ここでは、結果のみを定性的に述べておく。
　図4.2.2は、擾乱角速度に対する表面張力、粘性の影響を定性的に示したものである。図示されている内容をまとめると、以下のようになろう。

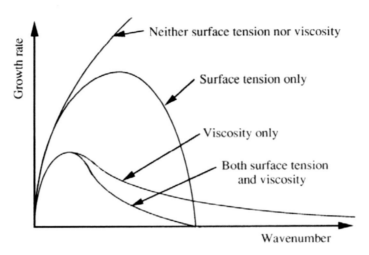

図4.2.2　擾乱成長速度

① 上述したように、表面張力は界面を安定化する役割を果たしている。したがって、表面張力を無視すると、界面はあらゆる波長の擾乱に対して不安定となる。
② 粘性力は、擾乱角速度を減衰させる役割を果たしている。したがって、粘性効果は、粘性力を無視した場合に比べて危険波長を高波長側へ移動させる。しかし、粘性力は臨界波長に対しては影響を持たない。

### §4.2.2 Kelvin-Helmholtz不安定

　ここでは、図4.2.1に示したように、平面界面を介して、界面に沿う方向に互いに異なる平均流速$U_A$、$U_B$で流れる流体が接している場合の平面界面の安定性について述べる。この問題は、表面張力を無視した場合について Helmholtz が論じ、表面張力を考慮した場合について Kelvin が論じたので、Kelvin-Helmholtz 不安定と呼ばれている。
　この場合、図4.2.1のように重力場が存在し、また（Rayleigh-Taylor 不安定の観点からは安定である）$\rho_A > \rho_B$であっても、相対速度が次式を満足すると界面は不安定となる。

$$|U_A - U_B| > \left\{\frac{2(\rho_A + \rho_B)}{\rho_A \rho_B}\right\}^{1/2} \left\{g\sigma(\rho_A - \rho_B)\right\}^{1/4} \quad (4.2.17a)$$

この式は、例えば界面波の発生条件を定める。また、重力加速度の影響が無視できる場合は、如何なる相対速度においても界面は次の波長の擾乱波に対して不安定と

なる。

$$\lambda > \frac{2\pi\sigma(\rho_A + \rho_B)}{\rho_A\rho_B}(U_A - U_B)^{-2} \qquad (4.2.17b)$$

## 【 I 】 擾乱方程式の導出

本節では、流体は非粘性流体であるとし、前章で述べた Rayleigh-Taylor 不安定も含めて、ポテンシャル理論より一般的記述を行う。

いま、流体は x 方向に流れており、その時間平均速度を U、また x，y，z 方向の速度変動を u、v、w、さらに速度ポテンシャルを $\Psi$、その変動分を $\phi$ とすると、速度ポテンシャル $\Psi$ は以下のように表せる。

$$\Psi_A = -U_A x + \psi_A \qquad (4.2.18a)$$

$$\Psi_B = -U_B x + \psi_B \qquad (4.2.18b)$$

さて、連続の式は速度ポテンシャルを用いて次のように書ける。ただし，j＝A，B である。

$$\frac{\partial^2 \Psi_j}{\partial x^2} + \frac{\partial^2 \Psi_j}{\partial y^2} + \frac{\partial^2 \Psi_j}{\partial z^2} = 0$$

上の二つの式より次式が得られる。

$$\frac{\partial^2 \varphi_j}{\partial x^2} + \frac{\partial^2 \varphi_j}{\partial y^2} + \frac{\partial^2 \varphi_j}{\partial z^2} = 0 \qquad 【4.2.19】$$

一方、非圧縮性流体に関するベルヌーイの式は次のように書ける。

$$\frac{p_j}{\rho_j} + \frac{1}{2}\left\{\left(\frac{\partial \Psi_j}{\partial x}\right)^2 + \left(\frac{\partial \Psi_j}{\partial y}\right)^2 + \left(\frac{\partial \Psi_j}{\partial z}\right)^2\right\} + gz + C_j = \frac{\partial \Psi_j}{\partial t}$$

ここで、p は圧力の変動分でなく圧力そのものであり、$C_j$ は定数である。 この式に (4.2.18) 式を代入し、二次の微小項を省略すると、

$$\frac{p_j}{\rho_j} + \frac{1}{2}\left(U_j^2 + 2U_j u_j\right) + gz + C_j = \frac{\partial \Psi_j}{\partial t}$$

$C_j$ は任意定数であるから、$C_j = -U_j^2/2$ ととると上式は次式となる。

$$p_j = \rho_j \frac{\partial \Psi_j}{\partial t} - \rho_j U_j u_j - \rho_j gz \qquad 【4.2.20】$$

壁における境界条件は、前節の (4.2.7) および (4.2.8) 式で与えられる。また、図 4.2.1 の系では、界面の速度は以下のように与えられる。まず、

$$F[x, y, z ; t] = z - \eta[x, y ; t]$$

と置くと、F＝0 が界面位置を表す。時刻 t＋d t における界面位置は、F をテイラー展開すると、

$$F\left[x + \frac{dx}{dt}dt, y + \frac{dy}{dt}dy, z + \frac{dz}{dt}dt ; t + dt\right]$$

- 97 -

$$= F[x, y, z\,;t] + \left( \frac{\partial F}{\partial x}\frac{dx}{dt} + \frac{\partial F}{\partial y}\frac{dy}{dt} + \frac{\partial F}{\partial z}\frac{dz}{dt} + \frac{\partial F}{\partial t}\right)dt \quad \cdots$$

であるから、

$$\frac{\partial \eta}{\partial x}\frac{\partial \Psi_j}{\partial x} + \frac{\partial \eta}{\partial y}\frac{\partial \Psi_j}{\partial y} - \frac{\partial \Psi_j}{\partial z} - \frac{\partial \eta}{\partial t} = 0$$

この式に (4.2.18) 式を代入し、二次の微小項を省略すると界面速度に関する次式が得られる。

$$-\frac{\partial \psi_j}{\partial z} = \frac{\partial \eta}{\partial t} + U_j\frac{\partial \eta}{\partial t} \tag{4.2.21}$$

さらに、界面における Laplace の式 (2.1.7) より、

$$p_B - p_A = \sigma\left( \frac{\partial^2 \eta}{\partial x^2} + \frac{\partial^2 \eta}{\partial y^2}\right) \tag{4.2.22}$$

さて、界面の位置 $\eta$ および速度ポテンシャルの変動分 $\phi$ を前節と同様に、次のように置く。

$$\eta = \eta_0\exp\left[\omega t + i\left(m_x x + m_y y\right)\right]$$

$$\psi_j = a_j\exp\left[\omega t + i\left(m_x x + m_y y\right)\right]\psi_{zj}[z]$$

この $\phi$ を連続の式 (4.2.19) に代入すると、

$$-m_x{}^2\psi_{zj} - m_y{}^2\psi_{zj} + \frac{d^2\psi_{zj}}{dz^2} = -m^2\psi_{zj} + \frac{d^2\psi_{zj}}{dz^2} = 0$$

ただし、 $m^2 = m_x{}^2 + m_y{}^2$ である。この式の解は、次式で与えられる。

$$\psi_{zj} = b_j\exp[mz] + c_j\exp[-mz]$$

壁での境界条件を用いると、次式を得る。

$$\psi_{zA} = b_A\{\exp[mz] + \exp[-mz - 2m\delta_A]\}$$

$$\psi_{zB} = b_B\{\exp[mz] + \exp[-mz + 2m\delta_B]\}$$

したがって、

$$\psi_A = d_A\exp\left[\omega t + i\left(m_x x + m_y y\right)\right]\{\exp[mz] + \exp[-mz - 2m\delta_A]\}$$

この式を (4.2.21) 式に代入すると、

$$d_A = -\left(\omega + im_x U_A\right)\left(\frac{\eta_0}{m}\right)\frac{1}{1 - \exp[-2m\delta_A]}$$

よって、

$$\psi_A = -\left(\omega + im_x U_A\right)\left(\frac{\eta}{m}\right)\left\{\frac{\exp[mz + m\delta_A] + \exp[-mz - m\delta_A]}{\exp[m\delta_A] - \exp[-m\delta_A]}\right\}$$

$$= -\frac{(\omega + im_x U_A)\cosh(mz + m\delta_A)}{m \cdot \sinh(m\delta_A)} \eta_0 \exp[\omega t + i(m_x x + m_y y)]$$

(4.2.23a)

同様にして、

$$\psi_B = \frac{(\omega + im_x U_B)\cosh(mz - m\delta_B)}{m \cdot \sinh(m\delta_B)} \eta_0 \exp[\omega t + i(m_x x + m_y y)]$$

(4.2.23b)

(4.2.20)、(4.2.22)式より圧力 p を消去して、それに(4.2.23)式を代入すると、最終的に $\Omega = i\omega$ に関する次の擾乱方程式が得られる。

$$\rho_A(\Omega + m_x U_A)^2 \coth(m\delta_A) + \rho_B(\Omega + m_x U_B)^2 \coth(m\delta_B) = \sigma m^3 - g(\rho_B - \rho_A)m$$

【4.2.24】

この式は、$U_A = U_B = 0$、$\delta_A = \delta_B = \infty$ では(4.2.13)式に一致する。

## 【Ⅱ】　Kelvin-Helmholtz 不安定

(4.2.24)式において、$m\delta_A = m\delta_B = \infty$ の場合を考える。この場合、(4.2.24)式を $\Omega$ について解くと次式を得る。

$$\Omega = -m_x\left(\frac{\rho_A U_A + \rho_B U_B}{\rho_A + \rho_B}\right)$$
$$\pm\left\{\frac{gm(\rho_A - \rho_B)}{(\rho_A + \rho_B)} + \frac{\sigma m^3}{\rho_A + \rho_B} - m_x^2 \frac{\rho_A \rho_B}{(\rho_A + \rho_B)^2}(U_A - U_B)^2\right\}^{1/2}$$

【4.2.25】

$\Omega = i\omega$ であることに注意すると、(4.2.25)式の $\Omega$ が虚数となる場合に、界面は不安定となる。この条件は、$m = m_x$（すなわち $m_y = 0$ の二次元擾乱）の場合、

$$\frac{g(\rho_A - \rho_B)}{m(\rho_A + \rho_B)} + \frac{\sigma m}{\rho_A + \rho_B} < \frac{\rho_A \rho_B}{(\rho_A + \rho_B)^2}(U_A - U_B)^2$$

【4.2.26】

であり、この式の左辺は、

$$m = \left\{\frac{g(\rho_A - \rho_B)}{\sigma}\right\}^{1/2} = \lambda_{LL}$$

のときに最小となる。この値を上式に代入すると、

$$(U_A - U_B)^2 > \frac{2(\rho_A + \rho_B)}{\rho_A \rho_B}\{g\sigma(\rho_A - \rho_B)\}^{1/2}$$

【4.2.27】

の条件下で界面は不安定となる。こうした不安定は、界面の小波として知られている。

　一方、図4.2.1において重力の影響が無視できる場合には、(4.2.26)式は次式となる。

$$\frac{\sigma m}{\rho_A + \rho_B} < \frac{\rho_A \rho_B}{(\rho_A + \rho_B)^2}(U_A - U_B)^2$$

この場合には、

$$\lambda = \frac{2\pi}{m} > \frac{2\pi\sigma(\rho_A + \rho_B)}{\rho_A \rho_B}(U_A - U_B)^{-2} \qquad \text{【4.2.28】}$$

の波長の攪乱に対して界面は不安定である。すなわち、重力の効果が無い場合には界面は如何なる相対速度においても不安定である。

---

## §4.2.3 気液界面安定性に関する研究小史

---

ここでは、Rayleigh-Taylor 不安定および Kelvin-Helmholtz 不安定に関する研究を簡単に紹介するとともに、気液界面に関する第三の不安定である「Landau 不安定」について簡単に述べる。

**【Rayleigh-Taylor および Kelvin-Helmholtz 不安定】**

既に述べたように、体積力場中にある静止密度成層の安定性については、密度分布を有する単一流体密度成層について Lord Rayleigh(1886)が初めて扱い、彼の論文集(1900)にまとめられている。本書で扱ったような表面張力が介在する二流体密度成層は Taylor(1950)により扱われた。Bellman and Pennington(1954)は、この二流体密度成層の安定性を粘性を考慮して解析している。

また、この不安定に対する実験的検討は、Lewis(1950)により行われている。彼は、重力加速度を g = 3 〜 140 g₀ まで、液深を 9.5〜508mm まで変化させ、水－空気、水－ベンゼンなどいくつかの密度成層について実験を行い、以下の結果を報告している。

① 攪乱波の挙動は、振幅が波長の 40% に達するまでは線形安定理論により記述できる。

② 攪乱波の振幅が波長の 40〜75% 程度の間の遷移過程では、気液界面の形状は半球キャップを有するコラム状となる。

③ 攪乱波の成長末期では、成長速度は $g^{1/2}$ に比例する。

一方、後述するように膜沸騰領域では、蒸気膜が Rayleigh-Taylor 不安定に従って波状となる。Hosler and Westwater(1962)は、水平上向き平面系の膜沸騰を観察し、測定値の分散は多いものの、膜沸騰気泡の平均離脱ピッチは Rayleigh－Taylor 不安定における危険波長の値に近いことを報告している。Lienhard and Wong(1964)は、水平円柱系の膜沸騰蒸気膜を対象に、曲率を持つ気液界面における界面安定性を解析している。彼らの結果によれば、水平円柱まわりの円筒状気液界面における臨界波長および危険波長は以下のように表される。

$$\lambda_{cr,cy1} = \frac{\lambda_{cr,2}}{\left\{1 + 2(\lambda_{LL}/D)^2\right\}^{1/2}} \qquad (4.2.29a)$$

$$\lambda_{d,cy1} = \frac{\lambda_{d,2}}{\left\{1 + 2(\lambda_{LL}/D)^2\right\}^{1/2}} \qquad (4.2.29b)$$

ここで、$\lambda_{cr,2}$、$\lambda_{d,2}$は(4.2.1a,c)式、$\lambda_{LL}$はラプラス長さで(4.2.15)式で与えられる。この式は線径、圧力を変えて Lienhard and Wong(1964)、Pomerantz ら(1964)、Sakurai ら(1983)、庄司・岡元(1985)などにより実験的に検討され、$D/\lambda_{LL} < 6$ 程度において上式が成立することを示している。

相対速度を有する界面の安定性については、表面張力の効果が無視できる場合について Helmholtz(1868)が論じ、また、Kelvin はこの問題を表面張力を考慮して論じており、その結果は彼の論文集(1910)にまとめられている。

## 【Landau 不安定】

以上では、体積力場中における密度成層界面、相対速度を有する界面の安定性を扱ったが、もう一つの形として、界面に直交する流れによる安定性の問題がある。この問題は、例えば平面火炎面の安定性としてランダウ・リフシッツの「流体力学」(1971)にも記述されている。例えば、z 方向に向かって流れる流体が、$z = 0$ の x y 平面で速度が $w_1$ から $w_2$ に急変するとする。彼らの記述によれば、擾乱を二次元擾乱とし、$\exp[i\omega t + mx]$ とすると、$\Omega = i\omega$ に関する方程式は次の形を取る。

$$\left(w_1 + w_2\right)\Omega^2 + 2w_1 w_2 m\Omega +$$
$$w_1 w_2 \left\{ \left(w_1 - w_2\right)m^2 + \frac{g\left(\rho_1 - \rho_2\right)m + \sigma m^3}{\Delta G_e} \right\} = 0$$

ただし、$\Delta G_e$ は界面での質量流束である。したがって、安定条件として次式を得る。

$$\Delta G_e < \left\{ \frac{4g\sigma\left(\rho_1\rho_2\right)^2}{\rho_1 - \rho_2} \right\}^{1/4} \tag{4.2.30a}$$

この界面安定性は、燃焼界面の安定性として Landau により論じられたので「ランダウ不安定」と呼ばれている。しかし、この問題は蒸発を伴う気液界面の安定性の問題とも考えられる。この場合、上式は次のように書き直される。

$$\Delta G_e < \left\{ \frac{4g\sigma\left(\rho_1\rho_v\right)^2}{\rho_1 - \rho_v} \right\}^{1/4} \sim \left(4g\sigma\rho_1\rho_v^2\right)^{1/4} \tag{4.2.30b}$$

こうした蒸発界面の安定性については、Miller ら(1973a,b)、Palmer(1976)、Prosperetti and Plesset(1984)らが解析している。この中で最も整理された解析は Prosperetti and Plesset の解析と思われる。彼らの解析では、

$$\frac{3\Delta G_e w_v}{2\sigma} - \left\{ \left(\frac{3\Delta G_e w_v}{2\sigma}\right)^2 - \frac{g\rho_1}{\sigma} \right\}^{1/2} \leq m \leq \frac{3\Delta G_e w_v}{2\sigma} + \left\{ \left(\frac{3\Delta G_e w_v}{2\sigma}\right)^2 - \frac{g\rho_1}{\sigma} \right\}^{1/2} \tag{4.2.31a}$$

の波数の擾乱に対して蒸発界面は不安定となり、危険波長の波数は、

$$m_d = \frac{\Delta G_e w_v}{\sigma} + \left\{ \left(\frac{\Delta G_e w_v}{\sigma}\right)^2 - \frac{g\rho_1}{\sigma} \right\}^{1/2} \tag{4.2.31b}$$

で与えられる。すなわち、蒸発による質量流束が、

- 101 -

$$\Delta G_e > \left\{\frac{4g\sigma\rho_l\rho_v}{9}\right\}^{1/4} \qquad (4.2.31c)$$

の領域に入るほど高くなると、蒸発界面は不安定となる。図 4.2.3 に彼らの不安定領域に関する計算結果を示した。この例では、蒸気相速度が 5.3m/s を越えると蒸発界面が不安定となる。

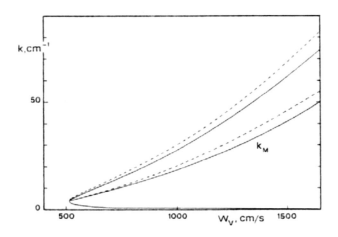

図 4.2.3 ランダウ不安定における不安定波数
(図中の上下の線は臨界波数、中央の線は危険波数、点線は(4.2.31)式の値、実線はより厳密な解析値。＜Prosperetti and Plesset(1984)より＞)

# 沸騰熱伝達概論

# 第 5 章　　沸騰開始

　第1章で既に述べたように、沸騰面温度を液体の飽和温度から徐々に上げてゆくと、ある沸騰面過熱度において沸騰面表面から気泡の生成が開始される。例えば、沸騰面に大きなステップ熱入力を与える場合や、単結晶面など極めて平滑な沸騰面の過熱度を準定常的に増大させてゆく場合には、沸騰面表面や表面近傍での自発核生成による沸騰開始も想定でき、こうした状況下では沸騰開始は「核沸騰開始」を意味せず、短時間の過渡状態の後に膜沸騰への遷移が発生し得る。しかし、通常の沸騰面では、第3章で述べた既存気泡核が活性化する「沸騰核生成」により核沸騰が開始する。本章では、沸騰核生成による核沸騰開始を中心に、理想沸騰面での気泡初生（§6.1）および現実沸騰面での核沸騰開始（§6.2）について述べる。

## §5.1 理想沸騰面における気泡初生

　未沸騰状態から熱流束あるいは過熱度を増大してゆく過程において、沸騰面表面に気泡が成長し始めることを、「気泡初生（bubble initiation）」という。上述したように、§3.4で述べた既存気泡核が広い寸法範囲にわたり存在する場合には、一般に気泡初生は核沸騰開始を意味する。そこで、ここでは、既存気泡核が十分に広い寸法範囲にわたり存在する沸騰面における気泡初生について述べる。

　(3.4.3)式で示したように、過熱度 $\Delta T_{sat}$ における気泡核半径を $R_e$、周囲過熱液と安定平衡を維持できる限界の臨界既存気泡核半径を $R_{cr}$、キャビティ出口半径を $R_{ca}$ とすると、均一温度場における既存気泡核は次の $\Delta T_{BI}{}^*$ 以上の過熱度となると気泡として成長を開始する。

$$\Delta T_{BI}{}^* = \frac{2\sigma(\rho_1 - \rho_v)T_{sat}}{\rho_1\rho_v h_{lv}R_e} = \frac{2\sigma(\rho_1 - \rho_v)T_{sat}}{\rho_1\rho_v h_{lv}R_{ca}} = \frac{2\sigma(\rho_1 - \rho_v)T_{sat}}{a\rho_1\rho_v h_{lv}R_{ca}}$$

【5.1.1】

ここで、$a = R_{cr}/R_{ca}$ であり、$a$ は接触角とキャビティ形状特性角の関数である。

　ところで、現実に熱伝達を行っている未沸騰状態の液相中には、沸騰面近傍に温度分布を有する温度境界層が存在する。いま、未沸騰状態における熱伝達が定常熱伝達であるとすると、温度境界層中の液相温度分布は、次式により近似できる。

$$\frac{\Delta T_{sat}[z]}{\Delta T_{ws}} = \frac{T[z] - T_{sat}}{\Delta T_{ws}} = 1 - \frac{z}{\delta}$$

【5.1.2】

ここで、$\delta$ は温度境界層厚さである。

　いま、不均一温度場では、$z = bR_{ca}$ の位置における液相過熱度 $\Delta T_{sat}[bR_{ca}]$ が(5.1.1)式の $\Delta T_{BI}$ となった場合に、均一温度場と同様に既存気泡核は周囲過熱液相と平衡できず気泡として成長を開始すると仮定する。したがって、

$$\frac{\Delta T_{BI}{}^{*}}{\Delta T_{ws}} = 1 - \frac{b}{\delta}R_{ca} \qquad \text{【5.1.3】}$$

(5.1.1)式と(5.1.3)式より、次式が得られる。

$$\frac{2\sigma(\rho_l - \rho_v)T_{sat}}{a\rho_l\rho_v h_{lv} R_{ca} \Delta T_{ws}} = 1 - \frac{bR_{ca}}{\delta}$$

この式を、$\Delta T_{ws}$について解くと、

$$\Delta T_{ws} = \frac{2\sigma(\rho_l - \rho_v)T_{sat}}{a\rho_l\rho_v h_{lv} R_{ca}\{1-(bR_{ca}/\delta)\}} \qquad \text{【5.1.4】}$$

となり、これは、厚さ$\delta$の温度境界層内にある曲率半径a$R_{ca}$の既存気泡核が活性化するに要する沸騰面表面過熱度を意味する。$\delta$が大きいほど、即ち熱伝達率が低いほど(5.1.4)式の過熱度は減少し、(5.1.1)式の過熱度に漸近することがわかる。一方、上式を$R_{ca}$について整理すると、$R_{ca}$に関する次の二次方程式が得られる。

$$R_{ca}{}^2 - \frac{\delta}{b}R_{ca} + \frac{2\sigma(\rho_l-\rho_v)T_{sat}\delta}{ab\rho_l\rho_v h_{lv}\Delta T_{ws}} = 0$$

この式を、$R_{ca}$について解くと、次の解が得られる。

$$R_{ca} = \frac{\delta}{2b} \pm \left\{\left(\frac{\delta}{2b}\right)^2 - \frac{2\sigma(\rho_l-\rho_v)T_{sat}\delta}{ab\rho_l\rho_v h_{lv}\Delta T_{ws}}\right\}^{1/2}$$

$$= \frac{\delta}{2b}\left\{1 \pm \left[1 - \frac{8b\sigma(\rho_l-\rho_v)T_{sat}}{a\rho_l\rho_v h_{lv}\delta\Delta T_{ws}}\right]^{1/2}\right\} \qquad (5.1.5\text{a})$$

$$= \frac{\delta}{2b}\left\{1 \pm \left[1 - \frac{4bR_{ca}{}^*}{\delta}\right]^{1/2}\right\} \qquad (5.1.5\text{b})$$

ここで、$R_{ca}{}^*$は$\Delta T_{ws}$の均一温度場において活性化するキャビティ口径である。

図5.1.1は、(5.1.1)および(5.1.3)式を$\delta$を一定として$R_{ca}$に対して図示したものである。この図より分かるように、(5.1.5)式の重根条件は、沸騰面表面にあらゆる$R_{ca}$の既存気泡核が存在する場合に、不均一温度場において既存気泡核が活性化される最小過熱度に相当する。

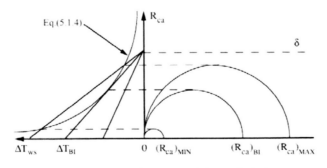

図5.1.1　気泡初生と液相温度分布

すなわち、沸騰面表面にあらゆる口径$R_{ca}$のキャビティが存在し、これらすべてが気相を捕獲して既存気泡核を形成しているとすると、この沸騰面は、(5.1.2)式で示される温度境界層内では、

$$\Delta T_{BI} = \frac{8b\sigma(\rho_l - \rho_v)T_{sat}}{a\rho_l\rho_v h_{lv}\delta} \tag{5.1.6a}$$

の沸騰面過熱度で、

$$(R_{ca})_{BI} = \frac{\delta}{2b} \tag{5.1.6b}$$

のキャビティに捕獲された既存気泡核から気泡初生が起きる。(5.1.6a)式の過熱度は、$a=1$とすると、口径$R_{ca}$のキャビティに捕獲された既存気泡核が均一温度場において活性化するに要する過熱度の2倍である。また、未沸騰状態では、

$$q_w = \alpha\Delta T_{ws} = \frac{k_l}{\delta}\Delta T_{ws}$$

であるから、(5.1.6a)式は次のようにも書ける。

$$\Delta T_{BI} = \frac{8b\sigma(\rho_l - \rho_v)T_{sat}}{a\rho_l\rho_v h_{lv}k_l}\alpha$$

$$= \left\{\frac{8b\sigma(\rho_l - \rho_v)T_{sat}q_w}{a\rho_l\rho_v h_{lv}k_l}\right\}^{1/2} \tag{5.1.6c}$$

以上の(5.1.6)式は、以下のことを意味している。

① 沸騰面表面にあらゆる寸法の既存気泡核が存在する場合、均一温度場では系の過熱度が正となると既存気泡核が活性化され気泡成長が開始されるが、不均一温度場では沸騰面過熱度が$\Delta T_{BI}$に到達した時点で初めて気泡初生が開始される。

② 沸騰面表面にあらゆる寸法の既存気泡核が存在する場合、$\Delta T_{BI}$は未沸騰状態の熱伝達率$\alpha$が小さいほど小さくなり、気泡初生過熱度が小さくなる。

## §5.2 現実沸騰面における核沸騰開始

　さて、§3.4でも述べたように、沸騰面表面に存在する幾何学的キャビティがすべて気相を捕獲した既存気泡核となるわけではない。すなわち、幾何学的キャビティは、気相捕獲能力と熱力学的安定平衡条件とを満足する場合にのみ既存気泡核となるからである。したがって、前節における気泡初生条件は、核沸騰開始条件の必要条件ではあっても十分条件ではない。

### 【Ⅰ】 現実沸騰面における沸騰開始
　ここで、(5.1.5)式をもう一度考えてみる。(5.1.5)式は、沸騰面過熱度 $\Delta T_{ws}$ では、

$$(R_{ca})_{MIN} \leq R_{ca} \leq (R_{ca})_{MAX} \qquad 【5.2.1】$$

$$(R_{ca})_{MAX} = \frac{\delta}{2b}\left\{1+\left[1-\frac{8b\sigma(\rho_l-\rho_v)T_{sat}}{a\rho_l\rho_v h_{lv}\Delta T_{ws}\delta}\right]^{1/2}\right\}$$

$$(R_{ca})_{MIN} = \frac{\delta}{2b}\left\{1-\left[1-\frac{8b\sigma(\rho_l-\rho_v)T_{sat}}{a\rho_l\rho_v h_{lv}\Delta T_{ws}\delta}\right]^{1/2}\right\}$$

の範囲にある既存気泡核が気泡初生の対象となり得ることを示している。

　図5.2.1は、(5.2.1)式を $\delta$ を一定として大気圧水について図示したものである。例えば、沸騰面表面の既存気泡核が図中の領域にのみ遍在しているとすると、この沸騰面では、現実に存在する既存気泡核が(5.2.1)式の範囲内に見いだされるようになる最小過熱度 $\Delta T_{INB}$ において気泡初生が開始され、核沸騰が開始する。後述するように、気泡成長が開始されると、その気泡発生点周囲の液相に浸されたクボミに蒸気相を供給する「site seeding」が発生し得る。したがって、この $\Delta T_{INB}$

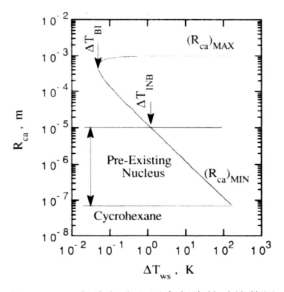

図 5.2.1　気泡初生と既存気泡核寸法範囲

が前節で述べた $\Delta T_{BI}$ より顕著に高い場合は、 沸騰開始とともにこうした site seeding が発生すれば、潜在的気泡初生核からも急激に気泡生成が始まり、図 1.1.1 に示したように沸騰状態は核沸騰曲線に急速に復帰し、これが沸騰開始に関するヒステリシスを引き起こすことになる。

## 【II】　沸騰開始に関する研究小史
## 【理論的研究】

不均一温度場における沸騰開始（気泡初生）については、 Hsu(1962)、佐藤・松村(1963)、Bergles and Rohsenow(1964)および Han and Griffith(1965)により前節で述べたような形で解析された。 Hsu の解析を除き、他の解析では半球形の既存気泡核を想定しているが、Davis and Anderson(1966)はこれを切り欠き球形気泡核に拡張し、定数 a 、 b を接触角 θ の関数として定めた。

さて、不均一温度場では、当然気泡核表面に沿って温度分布が存在し、これにより、蒸気圧 $p_{ve}$ および表面張力 σ が気泡核表面に沿って分布することになる。この二つの量が気泡核表面に沿って分布すると、 (2.1.7)式より気泡核表面の曲率あるいは曲率半径は一定ではなくなり、気泡核形状は球形でも切り欠き球形でもなくなる。この場合、(2.1.7)式と気泡核まわりの温度分布とにより、気泡形状が定まる。このように、半球形あるいは切り欠き球形気泡核からずれた形状を有する気泡核による沸騰開始条件は、Madjeski(1966)により二次元気泡核について、長坂・小茂鳥(1975)により三次元気泡核について解析された。長坂・小茂鳥によれば、気泡形状を予め仮定せずラプラスの式から決定する場合でも、本章で述べた定数 a , b を用いた切り欠き球形気泡核に関する沸騰開始理論において定数 a 、 b を適切に選ぶことにより表現できる。

本章で用いた定数 a , b については、下表のように様々な値が推奨されている。

① Hsu(1962)　　　　　　　　　　 : 　$a = 1.25$ , $b = 2.0$ 　または

$$a = \frac{1}{\sin\theta} , \quad b = \frac{1 + \cos\theta}{\sin\theta}$$

② 佐藤・松村(1963)　　　　　　 : 　$a = 1.0$ , $b = 1.0$

③ Bergles and Rohsenow(1964) : 　$a = 1.0$ , $b = 1.0$

④ Han and Griffith(1965) 　　: 　$a = 1.0$ , $b = 1.5$

⑤ Kenning and Cooper(1965) 　: 　$a = 1.0$ , $b = 0.54\exp[-Re/45]$

⑥ Davis and Anderson(1966) 　: 　$a = \frac{1}{\sin\theta}$ , $b = \frac{1 + \cos\theta}{\sin\theta}$

⑦ Howell and Siegel(1966) 　 : 　$a = 1.0$ , $b = 0.5$

⑧ Frost and Dzakowic(1967) 　: 　$a = 1.0$ , $b = Pr^2$

⑨ Gaddis and Hall(1968) 　　 : 　$a = 1.0$ , $b = \Psi[Nu, kr]$

⑩ Gaddis(1972) 　　　　　　　 : 　$a = 1.0$ , $b = \Psi[Nu, Ma]$

⑪ 長坂・小茂鳥(1975) 　　　　 : 　$a = 1.0$ , $b = 0.8$

但し、 $k_r$ は液相と沸騰面材料の熱伝導率の比、Ma はマランゴニ数、Nu は気泡表面のヌセルト数である。定数 a については、$a = 1$ と考えてほぼよいが、b については考え方により差がある。b の値は具体的には以下のようにして決められる。

- 108 -

③では、気泡核表面を断熱面とみなし、この断熱半球形気泡を含む系の熱伝導方程式を解き、臨界気泡核頂部を通る等温線の気泡から十分離れた場所における位置より定めている。⑤では、強制対流における沸騰開始を対象とし、臨界気泡核表面が淀み流線となる流線の気泡から十分に離れた場所における位置より定めている。⑦では、蒸気分子集団が不均一温度場で平衡し気泡核となるためには、気泡核底部では蒸発が頂部では凝縮が発生しており、これを気泡表面全体で積分すると0となる必要があるとして、

$$\int \alpha (T_{1v} - T_{ve}) dA = 0 \qquad \text{【5.2.2】}$$

よりbの値を計算している（$\alpha$は気液界面の熱伝達率、$T_{1v}$は気液界面温度である。⑨では、こうした考え方が沸騰面内の熱伝導を含めて議論されている。さらに、⑩では、気液界面における蒸発・凝縮とマランゴニ力を考慮して既存気泡核まわりの流れを解き、bの値を定めている。

## 【実験的研究】

Corty and Foust(1955)は、銅製沸騰面での核沸騰実験を行い、表面粗さ$R_z$（0.06〜0.6μm）の減少とともに、沸騰開始過熱度が増大しヒステリシス（熱流束増大時と減少時における核沸騰曲線の相違）が顕著となることを報告し、これを沸騰面表面の電子顕微鏡写真や粗さ測定結果により説明している。また、Clarkら(1959)は、沸騰面表面の気泡発生点を20コ定め、これを顕微鏡観察することにより、気泡発生点は、

| Pit | 13 |
| Scratch | 4 |
| Boundary | 3 |
| Fouling | 1 |

であったことを報告している。 Heled and Orell(1967)も同様のことを報告している。彼らは、若干の溶解物を含む水の沸騰実験を行い、気泡発生点の周囲に付着物が生成することを利用して気泡発生点の同定を行った。この結果、気泡発生点の中央には必ずpitがあり、沸騰開始条件はHsu(1962)のモデルとよく一致することを示した。

沸騰開始条件を実験的に定めるには、一般にはキャビティから気泡離脱が起きるようになる条件として定めるのが通常であるが、キャビティから気泡が成長を始める条件や離脱サイクルが安定化する条件が使用される場合もある。まず、現実の沸騰面による沸騰開始実験が、 佐藤・松村(1963)、Bergles and Rohsenow (1964)およびDavis and Anderson(1966)により内部流沸騰に対して行われている。図5.2.2は、佐藤・松村(1963)の測定値と各種沸騰開始モデル（即ち定数、a、bの組み合わせ）とを比較したものである。実験結果は、最も小さい過熱度を予測する Howell and Siegel(1966)とMadjeski(1966)の予測値と、最も高い過熱度を予測する Frost and Dzakowic(1967)の予測値との間にある。一方、図5.2.3は、Shoukri and Judd(1975)が現実の沸騰面について得た、沸騰開始過熱度と顕微鏡を用いた気泡発生点寸法測定結果との関係である。 同図では、Hsu(1962)のモデルと実験結果が比較されているが、 沸騰開始点過熱度は、本節で述べた$\Delta T_{INB}$（図5.2.3中の縦実線）より高くなっている。

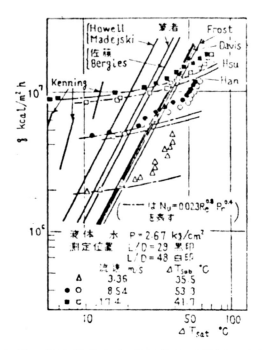

図 5.2.2 佐藤・松村の測定結果と各種理論値（長坂・小茂鳥(1975)より）

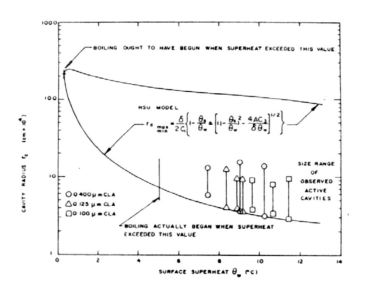

図 5.2.3 キャビティからの沸騰開始（Shoukri and Judd(1975)より）

一方、電子ビーム、ドリルあるいは圧針などにより作成した（寸法や形状が明確に分かる）人工キャビティからの沸騰開始実験も行われている。図5.2.4は、Howell and Siegel(1966)が人工キャビティを用いて得た実験結果である。図中にはHsu(1962)とHan and Griffith(1965)のモデルの予測値が点線で示されているが、これらの予測値を越える寸法のキャビティにおいても沸騰が開始されていることがわかる。彼らは、この結果を、気泡核頂部が温度境界層を突き抜けてバルク液相と接していることを示しているとして、(5.2.2)式の定数bの評価法を提案し図5.2.3の実線のような結果を得ている。こうした人工キャビティを用いた沸騰開始実験は、以上の他、Gaddis and Hall(1968)、Hattonら(1970)、長坂・小茂鳥(1975)、Schultzら(1975)、Shoukri and Judd(1975)などにより行われている。長坂・小茂鳥の実験では、半径$R_{ca}=50\sim 260\mu m$の人工キャビティが使用され、沸騰開始過熱度は$a=1$、$b=0.8$と置くことにより予測できることが示されている。Gaddis and Hallの実験では、サブクール強制対流沸騰における沸騰開始が測定され、bの値はサブクール度に依存せず平均的には$b=0.8$程度であるが、厳密にはキャビティ寸法の関数でもあることが示されている。また、Schultzらは、ジルコニウムリボンに通電し非定常沸騰実験を行い、温度境界層厚さと沸騰開始過熱度の関係を調べ、温度境界層厚さが厚くなると均一温度場における沸騰開始過熱度に漸近することを示した。

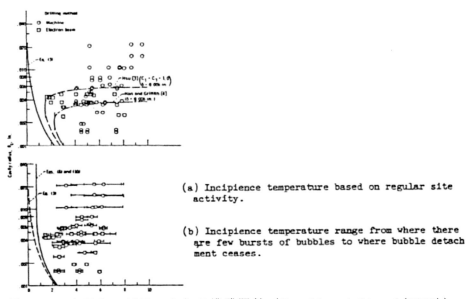

図5.2.4 人工キャビティからの沸騰開始 （Howell and Siegel(1966)）

```
┌─────────────────────────────────────────┐
│   第 6 章    核 沸 騰 熱 伝 達              │
└─────────────────────────────────────────┘
```

　本章では、多くの熱機器において利用されている蒸気発生器や蒸発器など、定常熱機器要素において重要な「核沸騰熱伝達(nucleate-boiling heat transfer)」について、核沸騰熱伝達の基本構造（§6.1）、 固体表面近傍の不均一温度場における気泡成長（§6.2）、核沸騰熱伝達の基本構造を構成する「気泡サイクル（bubble cycle）」（§6.3）および「気泡ユニット（bubble unit）」（§6.4）、核沸騰熱伝達のモデル（§6.5）、および核沸騰熱伝達の特性（§6.6）について述べる。

　核沸騰熱伝達に関する参考書あるいは解説としては、以下のものを薦めたい。

- ◇　西川・藤田：1974、「核沸騰」、「伝熱工学の進展」、（養賢堂）、2、pp.1-115
- ◇　van Stralen, S. and Cole, R. : 1979, "Boiling Phenomena 1, 2", (Hemisphere Pub. Co.), 1979
- ◇　日本機械学会編：1989、「沸騰熱伝達と冷却」、（日本工業出版）、pp.12-53
- ◇　Nishikawa, K. and Fujita, Y. : 1990, "Nucleate Boiling Heat Transfer", Adv. Heat Transfer, 20, pp.1-82

```
┌─────────────────────────────────────────┐
│   §6.1 核沸騰熱伝達の基本構造             │
└─────────────────────────────────────────┘
```

　本節では、まず核沸騰熱伝達の基本構造の概要を述べる。

　第１章で述べたように、核沸騰領域における熱流束$q_w$は、通常 沸騰面表面過熱度$\Delta T_{ws}$に対して

$$q_w = C_{NB} \Delta T_{ws}^{~n} \quad （n＝2～6程度）\hspace{2cm}【6.1.1】$$

のような関係にある。即ち、自然対流条件における核沸騰熱伝達率は、核沸騰開始点では自然対流熱伝達率程度であるが、表面過熱度の増大につれて急速に増大する。例えば、水平上向き平面上の大気圧水の沸騰熱伝達における熱伝達率は、核沸騰開始点では$\alpha＝1 \mathrm{kW/m^2 K}$程度であるが、限界熱流束点近くでは$50 \mathrm{kW/m^2 K}$程度にも達する。この熱伝達率は、現在最も熱伝達率が高い伝熱形態であると考えられている滴状凝縮熱伝達より若干劣るものの、これに次ぐ高い値である。

　さて、(6.1.1)式の指数ｎおよび係数$C_{NB}$は、沸騰面表面の幾何学的微細構造（いわゆる"粗さ"）や濡れ性などにより変化する。このことは、核沸騰熱伝達の基本構造が、沸騰面表面の幾何学的微細構造＝キャビティに捕獲されている既存気泡核からの気泡発生挙動と密接な関係にあることを意味している。

**【孤立気泡域での核沸騰熱伝達の基本構造】**

　既存気泡核からの気泡発生挙動は、気泡発生点密度と気泡発生頻度とにより代表される。沸騰面表面における気泡発生点は、これまで繰り返し述べてきたように、キャビティなどの沸騰面表面の幾何学的微細構造に捕獲された既存気泡核の一部である。"既存気泡核の一部"と記したのは、前章で述べたように、ある過熱度で活

性化する既存気泡核の寸法には範囲があるためである。

　いま、飽和沸騰において気泡発生点密度が少ない状況、すなわち発生気泡が互いに干渉し合わない「孤立気泡域」を考える。ここで、簡単のために、気泡発生点が正方格子状に存在するとする。ある表面過熱度における発生点密度を$N_{ns}$とおき、発生気泡1コ当りの占有部分（正方形部分）を「気泡ユニット（bubble unit）」と呼ぶと、気泡ユニットの1辺の長さ，気泡ユニット代表寸法は$L_{bu}=N_{ns}^{-0.5}$で与えられることになる。一方、ある気泡発生点からの気泡発生の様子は以下のように記述することができる。

　　① 気泡発生点から気泡が離脱すると比較的低温のバルク液体が浸入し、この浸入液体が加熱され始める。

　　② この加熱過程で時間とともに温度境界層が発達し、気泡発生点に残された気泡核の活性化条件が満足されるだけ温度境界層が発達すると気泡が成長を開始する。気泡が離脱してから気泡が再び気泡発生点で成長を開始するまでのこの時間を、「待ち時間（waiting time）」$\tau_{sa}$と呼ぶ。

　　③ 成長を開始した気泡は、浮力、沸騰面への付着力、液相の慣性力、抗力により定まる気泡離脱条件を満足するまでに成長すると気泡発生点から離脱する。気泡の成長開始から離脱に至るまでのこの時間を「離脱時間（departure time）」$\tau_{bg}$と呼ぶ。

したがって、気泡が離脱してから再び気泡が成長し離脱するまでを「気泡サイクル（bubble cycle）」と呼ぶと、気泡サイクルの代表時間は気泡サイクル時間$\tau_{bc}=\tau_{sa}+\tau_{bg}$で与えられる。

　以上のことから、孤立気泡域における核沸騰熱伝達では、$L_{bu}=N_{ns}^{-0.5}$を代表長さとする空間ユニットにわたる気泡サイクル時間$\tau_{bc}$中の積分平均熱流束が熱伝達を支配することになる。即ち、孤立気泡域での核沸騰熱伝達における気泡ユニット・サイクルにわたる平均熱流束$q_{NB}$は、次式で与えられる。

$$q_{NB} = \frac{Q_w}{L_{bu}^{2}\tau_{bc}} \qquad\qquad 【6.1.2】$$

ここで、$Q_w$は気泡サイクル中に沸騰面表面の気泡ユニットから伝わる熱量である。

　さて、上で述べた気泡ユニットの代表長さおよび気泡サイクルの代表時間は、それぞれ孤立気泡域における空間的および時間的代表スケールを表していると考えてよい。例えば、核沸騰熱伝達において空間的代表スケール以上の大きさ（例えば平板では一辺の長さ、円柱では軸方向長さなど）の沸騰面は"十分に大きな沸騰面"と見なすことができよう。また、過渡沸騰においては、ステップ入力に対して液相内温度分布が静定するまでの時間を基準時間とすると、この基準時間より時間的代表スケールが十分長ければ過渡性の影響は小さいと見なせよう。

【孤立気泡域における核沸騰熱伝達の基本構造に関する諸量】

　(6.1.2)式より、孤立気泡域における核沸騰熱伝達では、

　　① 気泡ユニットの代表長さ$L_{bu}$を規定する気泡発生点密度$N_{ns}$、

　　② $\tau_{bc}$の中の待ち時間$\tau_{sa}$を規定する既存気泡核活性化条件および離脱時間$\tau_{bg}$を決定する気泡成長速度および気泡離脱条件、

　　③ また$Q_w$を規定する待ち時間および気泡成長期間中の伝熱

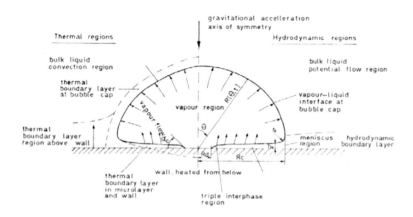

図 6.1.1　固体表面近傍における気泡成長の様子（Zijlら(1979)より）

が重要となる。

　これらの詳細については後に述べるが、特に 図 6.1.1 に示したように待ち時間中に形成される過熱液層から主に供給される熱が気泡成長を支配するか、「ミクロ液膜（あるいは蒸発薄液膜、evaporating microlayer）」と呼ばれる液膜の蒸発が気泡成長を支配するかは、核沸騰熱伝達の重要な分かれ目となる。前者すなわち「過熱液層支配の気泡成長」では、沸騰面から気泡への直接伝熱は起こらず、熱は待ち時間中に過熱液相中に蓄えられ、この熱が気泡成長に費やされ、 $Q_w$ は主に待ち時間中の伝熱のみにより評価できる。しかし、後者すなわち「ミクロ液膜支配の気泡成長」では、待ち時間中の伝熱に加えて気泡成長中にも沸騰面表面から蒸発薄液膜を介して沸騰面表面から気泡への直接伝熱が起こり、 これが $Q_w$ に寄与する可能性がある。

**【干渉気泡域における核沸騰熱伝達の基本構造】**

　上述した気泡発生点密度 $N_{ns}$ および気泡離脱発生頻度 $f_{bc}=\tau_{bc}^{-1}$ ともに、沸騰面表面過熱度の増大とともに増加する。したがって表面過熱度が増大し、$N_{ns}$ がある程度増加すると隣接する既存気泡核から成長する気泡同士の干渉が発生し、また $\tau_{bc}$ がある程度減少すると気泡発生点において離脱気泡と成長気泡との干渉が発生するようになる。

　特に後者の干渉が発生するようになると、核沸騰熱伝達の基本構造もそれに応じて大きく変化する。即ち、離脱気泡と成長気泡との干渉が発生するようになると、気泡発生点からの蒸気の離脱は気泡の形状を取れず、離脱気泡同士が沸騰面鉛直方向に合体し蒸気ジェットを形成するようになる（図 6.1.2）。この蒸気ジェットは、さらに液相中で沸騰面表面に沿った方向に合体し、沸騰面とは直接に接触していない「二次気泡（あるいは合体気泡、secondary bubble）」と沸騰面表面との間に蒸気ジェットを含む「マクロ液膜（macrolayer）」を形成するようになる。

　こうした状況では、核沸騰熱伝達の代表的空間スケールは、二次気泡の直径に関連する長さを有するようになり、また、代表的時間スケールは二次気泡の離脱周期

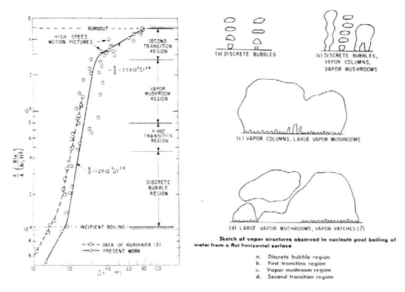

図 6.1.2 核沸騰曲線と二次気泡 (Gaertner(1965)より)

あるいは二次気泡離脱後に再び二次気泡を形成し始めるまでの時間となろう。後者の時間的代表スケールは極めて短く、したがって二次気泡が重要となる高熱流束核沸騰では強い過渡条件を除けば過渡性の影響は現れ難い。また、二次気泡はすでに述べたように、沸騰面とは直接接触していないため離脱条件には沸騰面への付着力は関与しなくなる。さらに、気泡サイクル期間中の伝熱も、孤立気泡域では非定常性が強いが、この領域では沸騰面表面と二次気泡との間に存在する（蒸気ジェットを含む）マクロ液膜の準定常的伝熱により支配されるようになる。

## §6.2 固体表面近傍の不均一温度場における気泡成長

　本節では、固体表面近傍の不均一温度場における気泡成長について述べる。既に§4.1において均一温度場における気泡成長について述べ、気泡成長に関する基礎的事項をまとめた。しかし、沸騰熱伝達における気泡成長は、
① 気泡成長が開始する時点においてすでに沸騰面表面近傍に形成されている不均一温度場中で起こること、
② 沸騰面が存在するため気泡成長が固体面（＝沸騰面）の流体力学的拘束を受け形状変化を起こすことなど、
均一温度場における気泡成長と異なった側面を有する。
　ここでは、①の点に注目した過熱液層支配の成長（§6.3.1）、②の点に注目したミクロ液膜支配の気泡成長（§6.3.2）について述べる。固体表面近傍の不均一温度場における気泡成長は、既に述べたように孤立気泡域における気泡サイクルに関する代表的時間スケールを定める上で、また特にミクロ液膜支配の成長では沸騰面から気泡への直接伝熱を評価する上で重要となる。

## §6.2.1 過熱液層支配の気泡成長

　次節で詳細に述べるように、気泡サイクルにおいては、気泡の離脱にともないバルク液体が沸騰面表面に浸入し、液相中に温度境界層が形成され始める。この温度境界層がある程度発達し既存気泡核の活性化条件が満足されると、気泡成長が開始される。

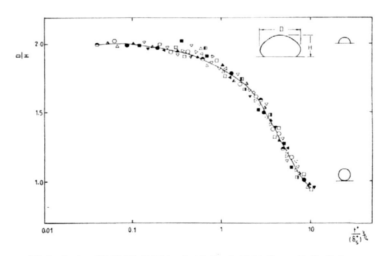

図 6.2.1　沸騰面表面における成長気泡の形状変化
（Cooper and Chandratilleke(1981)より）

さて、図 6.2.1は、無重力下での沸騰面表面における成長気泡の形状変化を示したものである(Cooper and Chandratilleke(1981))。この図に示されているように、

- 116 -

気泡成長初期には気泡形状は半球形に近い形状（D/H）である。　そこで、ここではまず、沸騰面表面において半球形を保ちながら成長する気泡を考える。

　また、§4.1において述べたように、気泡成長の初期を除いて、気泡成長は拡散支配であると考えてよい。したがって、拡散支配における気泡成長を対象とし、気泡の運動方程式を省略する。

　さらに、半球形気泡を考えると、蒸気相の熱伝導率は液相のそれに比べて十分に小さいので、気泡付着部外周の三相界線近傍を除いて沸騰面表面から気泡への直接伝熱は、気泡成長の駆動力としては無視できると考えられる。そこで、ここでは気泡成長は気泡成長以前に気泡核を取り巻いている過熱液層から熱を供給されて起こり、沸騰面と気泡とは直接伝熱を行わない場合を対象とする。

## 【Ⅰ】　過熱液層支配の気泡成長の基本近似解

　以上の状況を想定すると、気泡まわりの液相に関するエネルギー式は次のようになる。

$$\frac{\partial T_1}{\partial z} + \left(\frac{R}{r}\right)^2 \left(\frac{dR}{dt}\right)\left(\frac{\partial T_1}{\partial r}\right) = \kappa_1 \left(\frac{\partial^2 T_1}{\partial r^2} + \frac{2}{r}\frac{\partial T_1}{\partial r} + \frac{1}{r^2}\frac{\partial^2 T_1}{\partial \phi^2} + \frac{\cot\phi}{r^2}\frac{\partial T_1}{\partial \phi}\right)$$

(6.2.1a)

また、初期条件および境界条件はそれぞれ以下のように与えられる。

$$t = 0 、\quad r \geq R 、\quad \pi/2 \geq \phi \geq 0 : T_1[r,\phi;0] = \Psi[r,\phi] \tag{6.2.1b}$$

$$R[0] = R_e \tag{6.2.1c}$$

$$\frac{dR}{dt} = 0 \tag{6.2.1d}$$

$$t > 0 \qquad T_1[R,\phi;t] = T_{sat}[p_1] \tag{6.2.1e}$$

$$\frac{dR}{dt} = \frac{k_1}{\rho_v h_{lv}} \int_0^{\pi/2} \left(\frac{\partial T_1}{\partial r}\right)_R \sin\phi \, d\phi \tag{6.2.1f}$$

ここで、$\Psi[r,\phi]$は気泡成長開始時における液相温度分布、$R_e$は温度$T_w$における臨界既存気泡核半径であり、§4.1で述べたように（6.2.1e）式は拡散支配成長を扱っていることを示し、また（6.2.1f）式は（4.1.3）式と同様にして導かれる。

　さて、（4.1.25）および（4.1.26）式に関連して述べたように、均一温度場における拡散支配成長では、液相温度分布を一次元近似して得られる気泡成長解は、気泡まわりの球対象非定常熱伝導方程式を解いて得られる解と相似である。そこで、ここでも気泡まわりの液相温度分布を一次元近似して、沸騰面表面近傍の不均一温度場における気泡成長を扱う。

　いま、前項で述べた気泡サイクルにおける気泡成長を考える。即ち、気泡成長開始時刻を$t = 0$とすると、気泡離脱は$t = -\tau_{sa}$で起きる。$z$を気泡表面からの距離とし、気泡成長の待ち時間内では非定常熱伝導のみが起きるとし沸騰面を等温面とすると、次節で述べるようにこの間の気泡まわりの液相温度分布$T_1$の非定常熱伝導過程における初期条件および境界条件は以下のように記述できる。

$$t = -\tau_{sa} \qquad z \geq 0 \qquad T_1[z;-\tau_{sa}] - T_{1b} = 0$$
$$-\tau_{sa} < t \leq 0 \qquad z = 0 \qquad T_1[0;t] - T_{1b} = T_w - T_{1b}$$

この非定常熱伝導の解は、次式で与えられる。

$$T_l[z;t] - T_{lb} = (T_w - T_{lb})\mathrm{erfc}\left[\frac{z}{2[\alpha_1(t+\tau_{sa})]^{1/2}}\right] \qquad 【6.2.2】$$

したがって、液相の物性を一定とすると非定常熱伝導方程式は線形であるから、(6.2.2)式と、

$$t=0, \quad z \geq 0: \qquad T_l[z;0] - T_{lb} = 0$$
$$t>0, \quad z=0: \qquad T_l[0;t] - T_{lb} = T_{sat} - T_w = -\Delta T_{ws}$$

の解、

$$T_l[z;t] - T_{lb} = \Delta T_{sat}\,\mathrm{erfc}\left[\frac{z}{2(\alpha_1 t)^{1/2}}\right] \qquad 【6.2.3】$$

とを重ね合わせると、

$$t=-\tau_{sa}, \quad z \geq 0: \qquad T_l[z;0] = T_{lb}$$
$$-\tau_{sa} < t \leq 0, \quad z=0: \qquad T_l[0;t] = T_w$$
$$0 < t, \qquad z=0: \qquad T_l[0;t] = T_{sat}$$

の下での解が得られる。即ち、

$$T_l[z;t] = T_{lb} + (T_w - T_{lb})\left\{1 - \mathrm{erf}\left[\frac{z}{2[\alpha_1(t+\tau_{sa})]^{1/2}}\right]\right\}$$
$$- \Delta T_{ws}\left\{1 - \mathrm{erf}\left[\frac{z}{2(\alpha_1 t)^{1/2}}\right]\right\}$$

$$【6.2.4】$$

この式と、(6.2.1f)式とを組み合わせると、

$$\frac{dR}{dt} = \frac{Ck_1}{\rho_v h_{lv}}\left\{\frac{\Delta T_{ws}}{(\pi k_1 t)^{1/2}} - \frac{T_w - T_{lb}}{[\pi k_1(t+\tau_{sa})]^{1/2}}\right\}$$

ここで、上式のCは液相温度分布を一次元近似したことに対する修正定数である。(6.2.1c)式の$R_e$は十分に小さいから、上式を、$t=0$で$R=0$として積分すると次式が得られる。

$$R[t] = C(4/\pi)^{1/2}\mathrm{Ja}(\kappa_1 t)^{1/2} \times \left\{1 - \frac{T_w - T_{lb}}{\Delta T_{ws}}\left[\left(1 + \frac{\tau_{sa}}{t}\right)^{1/2} - \left(\frac{\tau_{sa}}{t}\right)^{1/2}\right]\right\}$$

ここで、待ち時間が無限大となると、この式は、過熱度$\Delta T_{ws}$の均一温度場における気泡成長の解すなわち(4.1.26)式に一致すべきである。したがって、上式と(4.1.26)式より$C = 3^{1/2}$となり、最終的に待ち時間$\tau_{sa}$後からの気泡成長解として次式を得る。

$$R[t] = \left(\frac{12}{\pi}\right)^{1/2}\mathrm{Ja}(\kappa_1 t)^{1/2} \times \left\{1 - \frac{T_w - T_{lb}}{\Delta T_{ws}}\left[\left(1 + \frac{\tau_{sa}}{t}\right)^{1/2} - \left(\frac{\tau_{sa}}{t}\right)^{1/2}\right]\right\} \qquad 【6.2.5】$$

## 【II】 過熱液相支配の気泡成長に関する研究小史

　不均一温度場における気泡成長は、気泡が成長する固体面（＝沸騰面）表面による流体力学的拘束を考慮しなければ、（6.2.1)式を様々な液相初期温度分布の基で

－ 118 －

解く数学的問題である。

　Skinner and Bankoff(1964ab, 1965)は、変数変換を行うことにより、任意の初期温度分布を持つ液相中での球形気泡の成長が、球対象不均一温度場における気泡成長問題に帰着すること、またさらに変数変換を行うことにより、球対象不均一温度場における気泡成長に関する一般解を得ている。

　一方、沸騰面表面で成長する半球形気泡について、気泡成長開始時の液相温度分布として、Griffith(1958)は、

$$T_l[r;0] = \Delta T_{ws}\left\{1 - \frac{r\cos\varphi}{\delta}\right\} \tag{6.2.6a}$$

を用い、Skinner and Bankoff(1965)は、

$$T_l[r;0] = \Delta T_{ws}\exp\left|-\frac{r\cos\varphi}{\delta}\right| + T_{sat}$$

の場合について、解析している。　ここで、$r\cos\phi < \delta$ であり、$\delta$ は温度境界層初期厚さである。さらに、Forster(1961)は、

$$\left.\frac{\partial T_l}{\partial r}\right|_R = \frac{\Delta T_{ws}\exp\left|\dfrac{-R\cos\varphi}{\delta}\right|}{(\pi\kappa_l t)^{1/2}} \tag{6.2.6b}$$

として、以下の解を得ている。

$$R[t] = \frac{2}{\pi^{1/2}}Ja(\kappa_l t)^{1/2} \qquad \text{for} \quad R[t] << \delta \tag{6.2.6c}$$

$$= \frac{2}{\pi^{1/2}}(\delta Ja)^{1/2}(\kappa_l t)^{1/4} \qquad \text{for} \quad R[t] >> \delta \tag{6.2.6d}$$

　以上の(6.2.6)式では、　いずれも初期温度境界層厚さを越えた気泡表面部分からは蒸発が起こらないとしている。　一方、Han and Griffith(1965a, b)は、待ち時間の間に形成される初期温度境界層が切り欠き球形気泡のまわりに一様の厚さで形成される状況を想定し、また Mikic and Rohsenow(1969a)は、前項で示したような近似解を得ている。　彼らが得た実験値と(6.2.5)式とはよく一致している。

---

## §6.2.2 ミクロ液膜支配の気泡成長

　低圧あるいは高表面過熱度において気泡の成長速度が速くなると、図 6.1.1(b)に示したように、液体の粘性効果により三相界線の運動が気泡成長に追いつかず、気泡底部に液層を残存したままで気泡成長が起きるようになる。このように気泡底部に形成される薄い液膜を「ミクロ液膜（microlayer）」と呼ぶ。

　ミクロ液膜からの蒸発については、

① 沸騰面表面からミクロ液膜を介して熱伝導により供給される熱による蒸発、

② ミクロ液膜形成初期にミクロ液膜自体が保有している顕熱による蒸発とがあり得る。

## 【Ⅰ】 ミクロ液膜支配の成長の基本解

さて、ミクロ液膜の初期厚さを$\delta_{mi0}[r]$とする。ここで、初期厚さとは、沸騰面表面で半径 r の位置にまで気泡が成長し、その場所にミクロ液膜が初めて形成される時の厚さである。この厚さは、気液界面でせん断力がなく、ミクロ液膜内液相流れは非定常粘性流れであり、さらに気泡成長が後述する実験結果が示すように R ～ $t^{1/2}$であるとすると、ナビエ・ストークスの式より流体力学的に次のように定まる。

$$\delta_{mi0}[r] = \frac{\pi^{5/2}}{2(\pi^2+1)}(\nu_1\tau_r)^{1/2} = C_{mi}(\nu_1\tau_r)^{1/2} \tag{6.2.7a}$$

$$= \frac{\pi^{5/2}}{2(\pi^2+1)}Pr_1^{1/2}(\kappa_1\tau_r)^{1/2} \tag{6.2.7b}$$

ここで、時間$\tau_r$は沸騰面表面で半径 r の位置まで気泡が成長するまでの時間である。

さて、ミクロ液膜を介して熱伝導により沸騰面から気液界面に供給される熱により蒸発が起きるとすると、

$$\rho_1 h_{lv}\frac{d\delta_{mi}[\tau]}{d\tau} = -k_1\frac{\Delta T_{ws}}{\delta_{mi}[\tau]} \tag{6.2.8}$$

ここで、$\tau = t - \tau_r$である。したがって、気泡成長開始後の時刻 t における半径 r の場所でのミクロ液膜厚さ$\delta_{mi}[t]$は、次式で表される。

$$\delta_{mi}[r;t] = \left\{\delta_{mi0}[\tau_r]^2 - 2k_1\frac{\Delta T_{ws}}{\rho_1 h_{lv}}(t-\tau_r)\right\}^{1/2} \tag{6.2.9}$$

ここで、ミクロ液膜支配の気泡成長を

$$R[t] = C_{bg}t^m \tag{6.2.10}$$

とすると、(6.2.9)式は次式となる。

$$\delta_{mi}[r;t] = \left\{\delta_{mi0}[t_r]^2 - 2k_1\frac{\Delta T_{ws}}{\rho_1 h_{lv}}\left[\left(\frac{R[t]}{C_{bg}}\right)^{1/m} - \left(\frac{r}{C_{bg}}\right)^{1/m}\right]\right\}^{1/2} \tag{6.2.11}$$

一方、気泡が半径 R[t]にまで成長するまでの蒸発量$V_e$は、次式で与えられる。

$$V_e = \frac{\rho_1}{\rho_v}\left\{\int_0^{R_{bb}} 2\pi r\delta_{mi0}[r]dr + \int_{R_{bb}}^R 2\pi r(\delta_{mi0}[r] - \delta_{mi}[r;t])dr\right\} \tag{6.2.12}$$

ここで、$R_{bb}$は時刻 t においてミクロ液膜厚さが 0 となっている部分すなわち気泡付着部の半径である。$R_{bb}$を(6.2.7)、(6.2.11)式より定め、これと(6.2.7)、(6.2.11)式を(6.2.12)式に代入し、 m＝1/2 とするとミクロ液膜支配の半球形気泡成長の式として次式が得られる。

$$R[t] = \left\{\frac{2}{C_{mi}\left(1 + \frac{2\rho_v Ja}{C_{mi}^2\rho_1 Pr_1}\right)}\right\}\left(\frac{\kappa_1}{\nu_1}\right)^{1/2}Ja(\kappa_1 t)^{1/2} \tag{6.2.13a}$$

ここで、$C_{mi}$ は (6.2.7a) 式で定義される定数である。通常の場合、

$$1 \gg \frac{2\rho_v Ja}{C_{mi}{}^2 \rho_l Pr_l}$$

であるから、(6.2.13) 式は次式となる。

$$R[t] = \frac{2.5}{Pr_l{}^{1/2}} Ja(\kappa_l t)^{1/2} \tag{6.2.13b}$$

この式は、均一温度場における気泡成長式 (4.1.26) 式と比例係数を除いて同一であり、例えば大気圧水の場合、(6.2.13b) 式の比例係数も (4.1.26) 式のそれとほぼ同一である。また、(6.2.13b) 式は $\tau_{sa}$ が大きい場合の (6.2.5) 式とも相似である。

## 【Ⅱ】 ミクロ液膜支配の気泡成長に関する研究小史
### 【ミクロ液膜の存在の確認】

沸騰面表面における気泡成長においてミクロ液膜の蒸発が重要であることは、Moore and Mesler(1961)、Rogers and Mesler(1964) および Foltz and Mesler(1970) により実験的に示された。即ち、彼らは、沸騰面表面温度の変化を薄膜抵抗式温度計により測定し、沸騰面表面温度は気泡が成長を開始するとともに急速に降下することを示した。気泡成長が、§6.2.1 で述べたように気泡成長待ち時間における伝熱により形成される過熱液層から供給される熱により起きるとするとこの実験結果は理解できず、この報告はミクロ液膜の存在を意味する。

その後、ミクロ液膜の存在は、Sharp(1964) による光学的観察により直接的に確認され、その厚さ分布も測定された。以後、鳥飼(1966a, b)、Jawurek(1969)、および van Ouwerkerk(1971) が光学的手法により、また Cooper and Lloyd(1969) および van Stralen ら (1969, 1975a, b) が薄膜温度計を用いて、ミクロ液膜の存在の確認および厚さ分布の測定を行い、ミクロ液膜の存在が確認された。Kotake(1970) は、ミクロ液膜形成の可能性について解析的検討を加えている。彼は、まず液相境界層について連続の式、運動量式、気液界面における質量保存式を解き、気泡付着部半径 $R_{bb}$ が気泡半径 R に比べて小さく流体力学的にマクロ液膜が形成可能であり、その厚さ $\delta_{mi}$ は、

$$\frac{\delta_{mi}[R;t]}{R} \sim \left\{ \frac{\nu_l}{R(dR/dt)} \right\}^{1/2} \tag{6.2.14a}$$

のオーダーであることを示した。さらに彼は、液相境界層のエネルギー式を独立に解き、熱的には

$$\frac{\delta_{mi}[R;t]}{R} \sim \left\{ \frac{\kappa_l}{R(dR/dt)} \right\}^{1/2} \tag{6.2.14b}$$

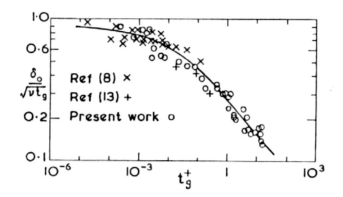

図 6.2.2 ミクロ液膜厚さの時間変化（$t_g$ は $\tau_r$ ＜Cooper ら(1978)より＞）

の厚さのミクロ液膜が形成可能であることを示すとともに、ミクロ液膜からの蒸発量と気泡体積成長との釣合式から平均液膜厚さに関する方程式を解き、これが正の実根を有することを示した。

【ミクロ液膜の初期厚さ】

ミクロ液膜の流体力学的特性すなわち初期厚さについては、Cooper ら(1969)が(6.2.7)式で与えられることを示し、van Ouwerkerk(1971)は、

$$\delta_{mi0}[\tau_r] = 1.27(\nu_1\tau_r)^{1/2} \tag{6.2.14c}$$

van Stralen ら(1975b)は、

$$\delta_{mi0}[\tau_r] = 3.01(\nu_1\tau_r)^{1/2} \tag{6.2.14d}$$

を解析的に得ている。ところで、Cooper ら(1978)は、無重力下の均一温度場中に置かれた沸騰面表面での様々な液体の気泡成長実験を行い、沸騰面表面温度を薄膜温度計により測定し、温度変動の測定結果より、ミクロ液膜の初期厚さを測定している。図 6.2.2 はこの測定結果を示したものであるが、ミクロ液膜初期厚さの比例係数すなわち(6.2.7a)式の $C_{mi}$ は定数でなく、次元解析より導かれた無次元時刻 $\tau_r^+$ の関数であり、$\tau_r^+$ の増大とともに減少する。即ち、彼らの実験結果によれば、

$$\delta_{mi0}[r;t] = G[\tau_r^+](\nu_1 t)^{1/2}$$

ここで、$\tau_r^+ = \tau_r \sigma^2/(B^6 \rho_1^2)$、$B \sim Ja \kappa_1^{1/2}$ である。

【ミクロ液膜支配の気泡成長】

Cooper and Lloyd(1969)は、ミクロ液膜支配の気泡成長が、ミクロ液膜を介して熱伝導により等温沸騰面表面から供給される熱により起きるとして(6.2.13)式を導いた。彼は、また、この熱伝導過程において沸騰面内の熱伝導抵抗が支配的である場合について次式を得ている。

$$R[t] = 1.12\left(\frac{k_w \rho_w cp_w}{k_1 \rho_1 cp_1}\right)^{1/2} Ja(\kappa_1 t)^{1/2} \tag{6.2.15a}$$

こうしたミクロ液膜支配の気泡成長における沸騰面の熱的性格の影響については、秋山(1968, 1971)、Kotake(1970)も上式と類似した結果を得ている。特に、秋山

(1971)は、沸騰面熱容量など熱的性格の影響を詳細に検討し、気泡成長との相関を示すデータを示している。 一方、Sernas and Hooper(1969)および van Ouwerkerk(1971)は、ミクロ液膜支配の気泡成長ではミクロ液膜が形成初期に保有する顕熱の放出が重要であることを指摘した。 特に、Sernas and Hooper(1969)は大気圧水の発泡実験を行い、$\Delta T_{ws}=12.8K$において、次の実験式を得ている。

$$R[t] = 46.0\left(t - 10^{-5}\right)^{1/2}$$
$$= 46.0t^{1/2}, \quad \text{for} \quad t > 10^{-4}\,\text{sec}$$

この比例係数は、(4.1.26)式のそれより40%程度大きい。彼らは、この実験結果を基に、

① 過熱液層成長が起きる場合、
② ミクロ液膜は薄く飽和温度であり、したがって熱伝導抵抗が沸騰面内にある場合、
③ ミクロ液膜は十分に厚く、ミクロ液膜の保有する顕熱が支配的で、したがって沸騰面は等温である場合、
④ ミクロ液膜内の温度分布は線形であり、定常熱伝導抵抗として働き、温度変動が沸騰面内にも及ぶ場合（(6.2.13)式の場合）、
⑤ ミクロ液膜は厚さ一定の沸騰面表面被覆層として働き、沸騰面との複合体の非定常熱伝導により温度分布が定まる場合、

における気泡成長を解析し、$R[t] \sim t^{1/2}$となるのは、①、②、③の場合であり、この中で比例定数が実験結果に近くなるのは③の場合であることを指摘した（しかし、この結果は、ミクロ液膜支配の気泡成長において急速な表面温度降下が起きることを示す上述の実験結果と矛盾しているように思われる）。

さて、Labuntsovら(1964)も、ミクロ液膜支配の気泡成長に近い成長モードを提案している。即ち、高圧では切り欠き球形気泡の三相界線近傍のメニスカスにおける沸騰面表面から気泡への直接伝熱が支配的になるとして、

$$R[t] = (2\theta Ja\kappa_1 t)^{1/2} \tag{6.2.15b}$$

を解析解として報告している。 さらに、Fyodorov and Klimenko(1989)は、このモードを$\theta = 0$の球形気泡について、沸騰面内の熱伝導と連成させて解いている。そして、次式がJaによらず成立するとしている。

$$R[t] = \left(Ja^{3/2} + \frac{6.9Ja^{3/4}}{1 + 1070k_1/k_w}\right)^{2/3} Ja(\kappa_1 t)^{1/2} \tag{6.2.15c}$$

---

### §6.2.3 固体表面近傍の不均一温度場における気泡成長における過熱液層とミクロ液膜の役割

---

Kotake(1970)は、ミクロ液膜（気液界面面積$A_{mi}$）の蒸発と過熱液層（気液界面面積$A_{sl}$）からの蒸発の双方を考慮して気泡成長を検討している。彼の解析によれば、気泡成長初期の成長速度は、過熱液層からの蒸発のみを考慮した場合の$[1 + (A_{mi}/A_{sl})]$倍に過ぎない。

秋山(1968)は、過熱液層支配の気泡成長$R_1$と沸騰面内熱伝導をも考慮したミク

ロ液膜支配の気泡成長 $R_2$ に関する独自の解析を行い、気泡等価直径Dを

$$D = 2^{2/3}R_1 + 2R_2$$

として評価すると実験値をよく表現することを示している。

また、Cooper and Chandratilleke(1981)は、気泡成長開始後の液相内温度境界相厚さ $\delta_s$ と重力加速度gをパラメータとして実験を行い、気泡形状D/Hと無次元時間 $t^+/(\delta_s^+)^{3/4}$ との間の関係を調べている。ここで、

$$t^+ = \frac{\sigma^2 t}{Ja^6 \kappa_1^3 \rho_1^2} , \qquad \delta_s^+ = \frac{\sigma \delta_s}{Ja^4 \kappa_1^2 \rho_1}$$

である。その結果、図6.2.1に示したように微小重力下の気泡成長では両者に強い相関があること、同一 $t^+/(\delta_s^+)^{3/4}$ ではgあるいはサブクール度の増大とともにD/Hが小さくなることなどを示している。

既に、図6.2.1で示したように、沸騰面表面における気泡成長では、成長過程において気泡形状が変化する。例えば、Joostenら(1978)、Zijlら(1978,1979)は、図6.1.1のようにミクロ液膜および気泡成長過程における液相対流をも考慮した過熱液層からの蒸発により気泡が成長する過程を、気泡形状を特定することなく数値計算している。図6.2.3はこの結果を示したものであるが、この結果にも示されているように、沸騰面表面における気泡成長過程は、形状変化を含めて扱う必要があり、数値解析が有効な手段となる。なお、気泡成長に関する過熱液層とミクロ液膜の役割については§6.5で再び述べる。

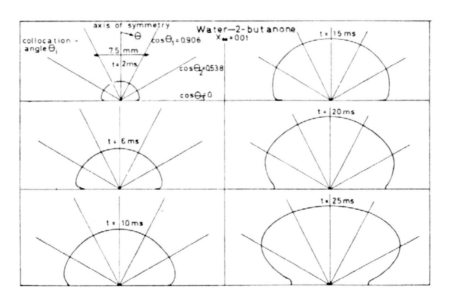

図6.2.3 沸騰面表面近傍の不均一温度場における気泡成長
に関する数値計算結果（Zijl(1979)より）

$$\boxed{\S 6.3 \text{ 気泡サイクル}}$$

　既に述べたように、気泡生成→気泡成長→気泡離脱（→気泡生成）といった気泡生成の時間的挙動を「気泡サイクル」と呼ぶ。ここでは、一次気泡の気泡サイクルを構成する気泡成長開始の待ち時間（§6.3.1）、気泡離脱条件（§6.3.2）、気泡サイクル周期（§6.3.3）について述べる。

$$\boxed{\S 6.3.1 \text{ 既存気泡核の活性化条件と気泡成長開始の待ち時間}}$$

　固体面表面のキャビティなどの幾何学的微細構造に捕獲された気泡核すなわち既存気泡核の活性化条件については、 均一温度場に関しては§3.4において、不均一定常温度場に関しては第5章において述べた。しかし、核沸騰熱伝達の基本構造を構成する気泡サイクルにおいては、§6.1で述べたように、 気泡離脱後にバルク液体の浸入により形成され始める温度境界層が既存気泡核を活性化するに足るだけ発達すると、気泡成長が再び開始されることになる点が、均一温度場あるいは定常温度場における既存気泡核活性化と異なる。したがって、均一温度場や定常温度場における沸騰核生成と異なり、待ち時間という概念が登場する。

　さて、気泡離脱後に沸騰面表面に浸入した液体が再び過熱され始め、液相温度境界層が時間とともに発達する過程は、

① 離脱気泡により誘起される液相の流動（気泡による伴流）が無視できれば、非定常熱伝導問題として扱え、

② この液相流動が無視できなければ、液相流動の影響を温度境界層の発達過程に考慮する必要があり、

③ 上述のいずれの場合も、等温面、等熱流束面など沸騰面の熱的条件を考慮する必要

がある。

## 【Ⅰ】 非定常温度場における既存気泡核活性化条件と等温沸騰面での自然対流沸騰における気泡成長開始待ち時間

　まず、気泡サイクルにおける既存気泡核の活性化条件の概要を理解するために、離脱気泡の伴流の影響がなく、また沸騰面が等温面である自然対流沸騰における気泡離脱後の状況を考えてみる。

　気泡離脱後に浸入液体内に形成される温度分布が沸騰面表面法線方向（z方向）のみに分布する1次元分布 $T_l[z;t]$ とすると、この非定常熱伝導過程は以下のように記述される。

$$\frac{\partial T_l}{\partial t} = \kappa_l \frac{\partial^2 T_l}{\partial z^2}$$

初期条件および境界条件は、それぞれ以下の通りである。

$$t = 0, \quad z \geq 0 : \quad T_l[z;0] = T_{lb}$$

$$t > 0, \quad z = 0 : \quad T_l[0;t] = T_w$$

$$z = \infty: \qquad T_l[\infty; t] = T_{lb}$$
$$\left.\frac{\partial T_l}{\partial z}\right|_\infty = 0$$

この非定常熱伝導問題は、よく知られているように以下の解を有する（但し、式中の"erfc[$\eta$]"は補誤差関数であり、誤差関数を"erf[$\eta$]"とするとerfc[$\eta$] = 1 − erf[$\eta$]である）。

$$T_l[z; t] = T_{lb} + (T_w - T_{lb})\,\text{erfc}\left[\frac{z}{2(\kappa_l t)^{1/2}}\right] \qquad \text{【6.3.1】}$$

ここで、

$$\left.\frac{\partial T_l}{\partial z}\right|_0 = -\frac{T_w - T_{lb}}{(\pi \kappa_l t)^{1/2}}$$

であるから、

$$\delta[t] = (\pi \kappa_l t)^{1/2} \qquad (6.3.2a)$$

として、上式の$T_l[z; t]$を線形分布として近似すると、液相温度分布に関する次式が得られる。

$$T_l[z; t] = (T_w - T_{lb})\left(1 - \frac{z}{\delta[t]}\right) + T_{lb} \qquad (6.3.2b)$$

ここで、前章において述べた核沸騰開始条件と同様に、既存気泡核半径とキャビティ半径との比をa、液相代表温度を取る位置zとキャビティ半径との比をbとする。したがって、(6.3.2)式より、

$$\Delta T_{sat}[bR_{ca}; t] = T_l[bR_{ca}; t] - T_{sat} = \Delta T_{ws} - (T_w - T_{lb})\frac{bR_{ca}}{\delta[t]} \qquad (6.3.3a)$$

となる。また、前章の定常温度場における活性化条件と同様に、非定常温度場においても既存気泡核の活性化条件は、(6.3.3a)式の過熱度が均一温度場において半径$R_{ca}$のキャビティに捕獲されている既存気泡核が活性化するに要する過熱度に等しくなると気泡成長が始まるとすると、まず(5.1.1)式より、

$$\Delta T_{BI}{}^* = \frac{2\sigma(\rho_l - \rho_v)T_{sat}}{a\rho_l\rho_v h_{lv}R_{ca}} \qquad (6.3.3b)$$

となり、(6.3.3a)式と(6.3.3b)式とを等置すると、非定常温度場における既存気泡核活性化として次式を得る。

$$\frac{2\sigma(\rho_l - \rho_v)T_{sat}}{a\rho_l\rho_v h_{lv}R_{ca}} = \Delta T_{BI}{}^* = \Delta T_{ws} - (T_w - T_{lb})\frac{bR_{ca}}{\delta[\tau_{sa}]} \qquad \text{【6.3.4】}$$

したがって、半径$R_{ca}$のキャビティから気泡が再び成長を開始するまでの待ち時間$\tau_{sa}$は、(6.3.4)式を$\delta[\tau_{sa}]$について解き、(6.3.2a)式を用いると次式で表されることになる。

$$\tau_{sa} = \left(\frac{1}{\pi\kappa_l}\right)\left\{\frac{bR_{ca}(T_w - T_{lb})}{\Delta T_{ws} - \Delta T_{BI}{}^*}\right\}^2 \qquad \text{【6.3.5】}$$

ここで、$\Delta T_{BI}{}^*$ は、半径 $aR_{ca}$ の既存気泡核が均一温度場において活性化するに要する最小過熱度である。この式から、飽和沸騰（$T_{lb}=T_{sat}$）においては、過熱度の増大とともに待ち時間は短くなること、待ち時間はサブクール度の増大とともに長くなることがわかる。

さて、(6.3.5)式の $R_{ca}$ は以下のようにして定まる。即ち、(6.3.4)式を $R_{ca}$ に関する方程式とみなすと、$R_{ca}$ に関する次の解が得られる。

$$R_{ca} = (R_{ca})_{MIN}, \quad (R_{ca})_{MAX} \qquad 【6.3.6】$$

ここで、

$$(R_{ca}[t])_{MIN} = (R_{ca})_{fs} \frac{\delta[t]}{\delta_{fs}} \left\{ 1 - \left(1 - \frac{\delta_{fs}}{\delta[t]}\right)^{1/2} \right\} \qquad (6.3.6a)$$

$$(R_{ca}[t])_{MAX} = (R_{ca})_{fs} \frac{\delta[t]}{\delta_{fs}} \left\{ 1 + \left(1 - \frac{\delta_{fs}}{\delta[t]}\right)^{1/2} \right\} \qquad (6.3.6b)$$

$$(R_{ca})_{fs} = \frac{\Delta T_{ws} \delta_{fs}}{2b(T_w - T_{lb})} \qquad (6.3.6c)$$

$$\delta_{fs} = \frac{8b\sigma(\rho_l - \rho_v)T_{sat}(T_w - T_{lb})}{a\rho_l \rho_v h_{lv} \Delta T_{ws}{}^2} \qquad (6.3.6d)$$

ここで、図 6.3.1 を参考にすると、気泡離脱後の時間 t に再び活性化し得るキャビティ寸法 $R_{ca}$ は、

$$(R_{ca}[t])_{MIN} \leq R_{ca} \leq (R_{ca}[t])_{MAX} \qquad 【6.3.7】$$

で与えられる。現実の沸騰面表面では気相を捕獲しているキャビティ半径は分布を持っており、特定のキャビティから気泡が成長を開始するまでの待ち時間は、このキャビティ半径が (6.3.7)式を満たすようになる最小時間として与えられる。

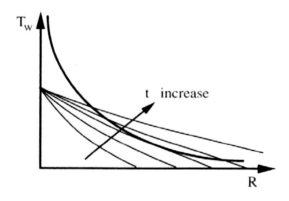

図 6.3.1　待ち時間内の液相内非定常温度分布

したがって、現実の沸騰面表面に存在する、気相を捕獲しているキャビティの内、最も待ち時間の短いキャビティから気泡成長が開始される。このキャビティ半径が (6.3.5)式の $R_{ca}$ を与える。いま、気相を捕獲しているキャビティが全半径範囲にわたって分布しているとすると、最も短い待ち時間で気泡成長を開始するキャビテ

ィ半径は(6.3.6c)で与えられ、(6.3.6c)および(6.3.6d)式より、この半径は、次式で与えられる。

$$(\mathrm{R_{ca}})_{\mathrm{fs}} = \frac{4\sigma(\rho_1 - \rho_v)\mathrm{T_{sat}}}{a\rho_1\rho_v\mathrm{h_{lv}}\Delta\mathrm{T_{ws}}} \qquad\qquad 【6.3.8】$$

これは$\Delta\mathrm{T_{ws}}$の均一温度場において活性化するキャビティ半径の2倍に相当し、サブクール度に依存しない。

　但し、以上の議論において、t→∞の状況で自然対流が発生する条件下では、自然対流が開始する時刻以降は、上述の解析は成立しないとともに、δ[t]は自然対流における温度境界相厚さ以上にはならない。

## 【Ⅱ】　気泡成長開始待ち時間に関する研究小史

　既に述べたように、気泡サイクルにおいては、気泡離脱後の待ち時間内における非定常伝熱をどのように扱うかにより、様々な解が得られる。この問題を、初めに解析したのは、Hsu(1962)である。　彼は、液相温度境界層厚さδを一定として、等温および等熱流束沸騰面について解析している。また、前項で示した等温沸騰面における解析は、Han and Griffith(1965a)により報告されたものである。　さらに、Hatton and Hall(1966)は、一様発熱密度の沸騰面について、Shoukri and Judd(1978)は、沸騰面内の非定常熱伝導をも考慮した解析を報告している。

　さて、Bestら(1975)は、　気泡離脱後の液層温度分布について図6.3.2のような測定結果を報告した。図中の実線以外の線は(6.3.1)式の値である。図に示されているように、彼らの測定値は、気泡離脱後の伝熱が前項で示した非定常熱伝導におけるそれより高いことを示唆している。さらに、Ali and Judd(1981)は気泡成長開始待ち時間を測定し、待ち時間$\tau_{\mathrm{sa}}$は、サブクール度の増大とともに減少することを報告した。この結果は、先にも述べたように、(6.3.5)式の示す傾向と逆の傾向である。彼らは、こうした実験結果は、離脱気泡による伴流の影響が現れていると考え、伴流の影響を考慮して待ち時間に関する解析を報告し、彼らの実験結果と良好な一致を得ている。彼らの指摘によれば、特にサブクール沸騰において離脱気泡伴流の影響は無視できない。

　一方、図6.3.3は、　Ibrahim and Judd(1985)が報告した待ち時間に関する実験結果である。図中の実線は、(6.3.5)式の予測値である。この図に示されているように、Han and Griffithが導いた(6.3.5)式は、飽和および小サブクール度での自然対流沸騰における待ち時間をよく表現している。しかし、サブクール度が大きい場合には、待ち時間の値およびそのサブクール度依存性は(6.3.5)式と異なる傾向を示している。彼らは、高サブクール度における(6.3.5)式と実験値との相違は、離脱気泡伴流の影響としている。

－ 128 －

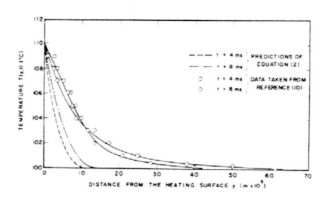

図 6.3.2　待ち時間内における液相温度分布の測定例
(Ali and Judd(1981)より)

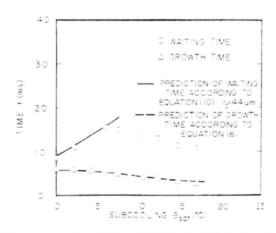

図 6.3.3　待ち時間の計算値と実験値との比較
(Ibrahim and Judd(1985)より)

§6.3.2 気泡の離脱条件

　前項で、気泡成長開始の待ち時間 $\tau_{sa}$ に関する考え方を述べた。また、前節で沸騰面表面近傍の不均一温度場における気泡成長について述べた。したがって、気泡の離脱条件すなわち離脱気泡径 $R_{db}$ が定まると、気泡が半径 $R_{db}$ にまで成長するに要する時間 $\tau_{bg}$ が定まる。$\tau_{sa}$ と $\tau_{bg}$ とが定まると、その和として少なくとも孤立気泡域における気泡サイクル周期 $\tau_{bc}$ が定まり、孤立気泡域における核沸騰熱伝達に関する基本式(6.1.2)の時間的代表スケール $\tau_{NB}(=\tau_{bc})$ を定めることができる。

【Ⅰ】　固体面に付着した気泡の離脱
　沸騰面表面で成長する気泡には、一般に以下の力が働く。即ち、

① 気泡が固体表面で成長するために気泡重心が移動することに起因する慣性力：$F_i$

② 体積力による浮力：$F_{bu}$

③ 固体面への付着力：$F_s$

④ 液相中を気泡が運動することにより生じる抗力：$F_d$

である。しかし、上述の力の内、付着力は濡れと関連しており、接触角および付着面積の評価の難しさにより、付着力を正確に評価することは困難を伴う。また、気泡離脱が発生するまでの過程では、図 6.2.1 あるいは図 6.2.3 に示したように気泡形状が変化するため、気泡形状の変化を含めて気泡離脱条件を決定することは容易ではない。

そこで、気泡に働く力を以下のように概算し、問題を簡単化することが有効である。例えば、水平上向き平面表面で球形気泡として成長する気泡を考えると、上の各力は以下のように表される。 まず、慣性力 $F_i$ は、接触角 $\theta$ で固体面表面に付着している気泡体積の 11/16 倍の液相体積を随伴するので、次のように表される。

$$F_i = \frac{d}{dt}\left\{\left(\frac{11}{16}\right)\rho_l\left(\frac{4\pi R^3}{3}\right)\frac{dR}{dt}\right\} = \left(\frac{11}{12}\right)\pi\rho_l\left\{R^3\frac{d^2R}{dt^2} + 3R^2\left(\frac{dR}{dt}\right)^2\right\} \tag{6.3.9a}$$

また、浮力 $F_{bu}$ は、

$$F_{bu} = \frac{3}{2}\pi(\rho_l - \rho_v)R^3 + \Delta p_b\pi R_{bb}^{\ 2} \tag{6.3.9b}$$

ここで、$R_{bb}$ は気泡付着部半径であり、$\Delta p_b$ は気泡底部における圧力差である。

$$\Delta p_b = \frac{\sigma\sin\theta}{R_{bb}} + \frac{\sigma}{\zeta} \tag{6.3.9c}$$

において右辺第 2 項は第 1 項に比べて小さいので、

$$F_{bu} = \frac{3}{2}\pi(\rho_l - \rho_v)R^3 + \pi\sigma(\sin\theta)R_{bb} \tag{6.3.9d}$$

一方、付着力 $F_s$ は、

$$F_s = 2\pi R_{bb}\sigma\sin\theta \tag{6.3.9e}$$

となり、さらに抗力 $F_d$ は、次式で表される。

$$F_d = \frac{\rho_l C_D}{2}\pi R^2\left(\frac{dR}{dt}\right)^2 = \frac{\rho_l}{2}\left(\frac{45}{Re}\right)\pi R^2\left(\frac{dR}{dt}\right)^2 = \frac{45}{4}\mu_l R\frac{dR}{dt} \tag{6.3.9f}$$

で与えられる。以上より、気泡の離脱を解析できる。

## 【Ⅱ】 二次気泡の離脱

沸騰面表面とマクロ液膜を挟んで形成される二次気泡については、マクロ液膜が乾燥しない限り固体面に付着していないので、離脱条件は比較的単純になる。

いま、 図 6.3.4 のように P 点から蒸気供給を受けて成長する球形気泡を考える。この場合は、気泡に働く抗力は無視できるので、気泡の運動は慣性力と浮力との釣合として定められる。(6.3.9b)式において右辺第 2 項を省き、これと (6.3.9a) 式より、

- 130 -

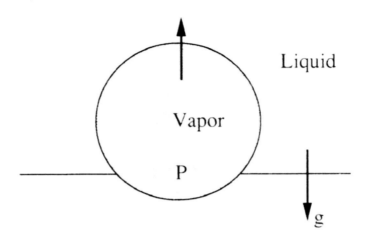

図 6.3.4　二次気泡の離脱モデル

$$\frac{d}{dt}=\left\{\left(\frac{11}{16}\rho_l+\rho_v\right)V\frac{ds}{dt}\right\}=(\rho_l-\rho_v)Vg \qquad 【6.3.10】$$

いま、$V=C_{sb}t$ とし、$t=0$ で $ds/dt=0$ とすると、上式は、

$$\left(\frac{11}{16}\rho_l+\rho_v\right)\frac{ds}{dt}=\frac{g(\rho_l-\rho_v)}{2}t$$

となり、$t=0$ で $s=0$ として上式を積分すると、

$$s[t]=\frac{g(\rho_l-\rho_v)}{4\{(11/16)\rho_l+\rho_v\}}t^2$$

となる。離脱条件は、

$$s[\tau_{bg}]=R[\tau_{bg}]=\left(\frac{4V}{3\pi}\right)^{1/3}=\left(\frac{4C_{sb}\tau_{bg}}{3\pi}\right)^{1/3} \qquad (6.3.11a)$$

であるから、上の2式より、離脱時間 $\tau_{bg}$ として次式を得る。

$$\tau_{bg}=\left(\frac{3}{4\pi}\right)^{1/5}\left\{\frac{4[(11/16)\rho_l+\rho_v]}{(\rho_l-\rho_v)g}\right\}^{3/5}C_{sb}^{1/5} \qquad (6.3.11b)$$

【Ⅲ】　気泡離脱条件に関する研究小史

気泡離脱条件に関しては、西川・藤田(1974)が詳細なまとめを行っているので、詳しくはそれを参照されたい。

Fritz(1935)は、気泡は、一定の接触角 θ を保ちつつ付着部面積を変化させながら成長するとして、浮力と付着力との静的釣合より離脱直径 $D_{db}$ に関する次の式を得た。

$$D_{db}=0.02\theta\left\{\frac{\sigma}{g(\rho_l-\rho_v)}\right\}^{1/2} \qquad (6.3.12a)$$

また、Zuber(1959)も、Fritzと同様に浮力と付着力との静的釣合より離脱直径を次の式のように求めている。但し、彼は、気泡成長中では付着部面積が一定とした。

$$D_{db} = \left\{ \frac{6\sigma D_{bb}}{g(\rho_1 - \rho_v)} \right\}^{1/3} \tag{6.3.12b}$$

　大気圧における様々な液体における$D_{db}$の測定値は統計的分散を示すが、その平均値は（6.3.12a）式とよく一致すると言われている。しかし、この式は、高圧状態では実験値との一致はよくない。例えば、西川ら(1970)の高圧水を含む幅広い圧力範囲の実験によれば、離脱直径は圧力の増大とともにほぼ直線的に減少するが、（6.3.12a）式は強い圧力依存性を示さない。　そこで、圧力依存性を表現する以下の整理式が、Cole and Rohsenow(1969)や西川ら(1976)およびGorenfloら(1986)によりそれぞれ提案されている。

$$D_{db} = 1.5 \times 10^{-4} Ja* \left\{ \frac{\sigma}{g(\rho_1 - \rho_v)} \right\}^{1/2} , \quad \text{for water} \tag{6.3.12c}$$

$$D_{db} = 4.65 \times 10^{-4} Ja* \left\{ \frac{\sigma}{g(\rho_1 - \rho_v)} \right\}^{1/2} , \quad \text{for other liquids} \tag{6.3.12d}$$

$$D_{db} = \left( 0.12 + 0.08 Ja^{2/3} \right) \left\{ \frac{\sigma}{g(\rho_1 - \rho_v)} \right\}^{1/2} \tag{6.3.12e}$$

$$D_{db} = 2.63 \left( \frac{Ja^4 Pr_1^2}{g} \right)^{1/3} \left\{ 1 + \left( 1 + \frac{2}{3Ja} \right)^{1/2} \right\}^{4/3} \tag{6.3.12f}$$

ここで、（6.3.12c, d）式における$Ja*$は、次式で与えられる。

$$Ja* = \frac{\rho_1 c_1 T_{sat}}{\rho_v h_{lv}}$$

また、対応状態の原理に基づく整理式がBorishanskyら(1981)およびJensen and Memmel(1986)により提案されている。例えば、後者では離脱直径は次式で与えられる。

$$D_{db} = 2.97 \times 10^4 \left( \frac{k_B T_{cr}}{M p_{cr}} \right)^{1/3} \left( \frac{p}{p_{cr}} \right)^{-1.06} \tag{6.3.12g}$$

　さらに、Siegel and Keshock (1964)は、低重力場における離脱気泡直径を測定しているが、彼らによれば$D_{db} \sim g^{-1/3}$であり（6.3.12a）式とは一致しない。
　さて、一色・玉木(1962)の観察によれば、成長速度の速い気泡成長初期に液相に与えられる慣性力により気泡が離脱する。そこで、Keshock and Siegel(1964)やHatton and Hall(1966)は、（6.3.12a）式では考慮されていない（6.3.9）式のような動的な力をも考慮し、離脱条件を求めている。　図6.3.5に示したように、これらの報告によると、気泡の成長速度が大きい場合には、浮力と慣性力とが気泡離脱条件を支配し気泡離脱条件は重力に依存しないが、気泡成長速度が小さい場合には、浮力と付着力とが離脱条件を支配し気泡離脱条件は重力に依存する。

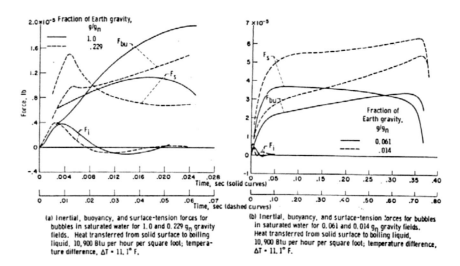

図 6.3.5 固体表面で成長する気泡に働く力
(Keshock and Siegel(1964)より)

　Cooper 等(1978, 1981)は、重力加速度、温度境界層厚さ、サブクール度をパラメータとして気泡成長に関する詳細な実験を行っており、微小重力下での気泡離脱条件として以下の整理式を報告している。

$$D_{db} \sim 1.5 \left( \frac{\sigma}{\rho_l} \right)^{1/3} t_{bg}^{2/3} \tag{6.3.12h}$$

$$D_{db} \sim 7 \delta_s^{1/2} Ja^2 \kappa_l \left( \frac{\rho_l}{\sigma} \right)^{1/2} \tag{6.3.12i}$$

ここで、$\delta_s$ は気泡成長開始時の温度境界層厚さである。また、均一温度における離脱条件として、

$$t_{bg} = 4 \left( \frac{Ja \kappa_l^{1/2}}{g} \right)^{2/3}, \quad D_{db} = 12 \left( \frac{Ja^4 \kappa_l^2}{g} \right)^{1/3} \tag{6.3.12k}$$

さらに、飽和沸騰における気泡離脱条件として、

$$\frac{t_{bg}^+}{(\delta_s^+)^{3/4}} \left( 1 + 0.33 g^{+1/2} \right) = 10 \tag{6.3.12l}$$

$$\frac{D_{db}}{(\delta_s^+)^{1/2}} \left( 1 + 0.02 g^{+1/2} \right) = 7 \tag{6.3.12m}$$

ここで、$g^+ = g Ja^8 \kappa_l^4 (\rho_l / \sigma)^3$ であり、そのほかの無次元数は §6.2.3 で定義されている。
　一方、二次気泡の離脱周期を表す(6.3.11)式は、Davidson(1960, 1963)らの研究を基に、甲藤・横谷(1975)が導出した式である。

## §6.3.3 気泡サイクル周期

これまで述べてきたように、孤立気泡域では、気泡成長開始の待ち時間 $\tau_{sa}$ と気泡成長開始から離脱までの気泡離脱時間 $\tau_{bg}$ より気泡サイクル周期 $\tau_{bc}$ が定まる。

### 【Ｉ】 気泡サイクル周期の表示

いま、$\tau_{bg}$ と離脱気泡直径 $D_{db}$ の関係を、待ち時間を考慮した (6.2.5) 式で与えると、この式より、飽和液体に関する次式を得る。

$$D_{db} = 2\left(\frac{12}{\pi}\right)^{1/2} Ja(\kappa_1 \tau_{bg})^{1/2}\left\{1 + \left(\frac{\tau_{sa}}{\tau_{bg}}\right)^{1/2} - \left(1 + \frac{\tau_{sa}}{\tau_{bg}}\right)^{1/2}\right\}$$

したがって、

$$D_{db}f_{bc}^{1/2} = \frac{D_{db}}{\tau_{bc}^{1/2}} = 2\left(\frac{12}{\pi}\right)^{1/2} Ja\kappa_1^{1/2}\left\{\left(\frac{\tau_{bg}}{\tau_{bc}}\right)^{1/2} + \left(1 - \frac{\tau_{bg}}{\tau_{bc}}\right)^{1/2} - 1\right\} \tag{6.3.13a}$$

この式は、$\tau_{bg}/\tau_{bc} = 0.2 \sim 0.8$ 程度の範囲で次式で近似できる。

$$D_{db}f_{bc}^{1/2} = 1.5\kappa_1^{1/2}Ja \tag{6.3.13b}$$

### 【Ⅱ】 気泡サイクル周期に関する研究小史

(6.3.13) 式は、Mikic and Rohsenow(1969) が導出した式である。このように、離脱気泡直径 $D_{db}$ と気泡サイクル周波数 $f_{bc}$ とは密接な関係にあり、気泡サイクル周期は一般に $D_{db}$ と $f_{bc}$ の関係式として整理される。

Jakob and Fritz(1931) は、この関係を次式で与えた。

$$D_{db}f_{bc} = \text{Const.} \tag{6.3.14a}$$

ここで、右辺の定数は 280m/h である。一方、Ivey(1967) は、$D_{db}$ と $f_{bc}$ に関する多くの測定値より、図 6.3.6 に示したように、次の3領域に分けることを提案している。即ち、

① 流体力学的領域：$5\,\text{mm} < D_{db}$, for $0.2q_{CHF} < q$
あるいは $1\,\text{mm} < D_{db} < 5\,\text{mm}$, for $0.8q_{CHF} < q$

$$D_{db}^{1/2}f_{bc} = 0.9g^{1/2} \tag{6.3.14b}$$

② 遷移領域 ：$D_{db}^{3/4}f_{bc} = 0.44g^{1/2}$

$$\tag{6.3.14c}$$

③ 伝熱支配領域 ：$D_{db} < 0.5\text{mm}$

$$D_{db}f_{bc}^{1/2} = \text{Const.}$$
$$\tag{6.3.14d}$$

気泡成長開始の待ち時間および気泡成長速度に基づき導出された (6.3.14d) 式は、(6.3.13b) 式と類似した形を示している。また、McFadden and Grassmann(1962) は、(6.3.14b) 式と類似した次式を次元解析より求めている。

- 134 -

$$D_{db}^{1/2} f_{bc} = 0.56 \left\{ \frac{g(\rho_l - \rho_v)}{\rho_l} \right\}^{1/2} \tag{6.3.14e}$$

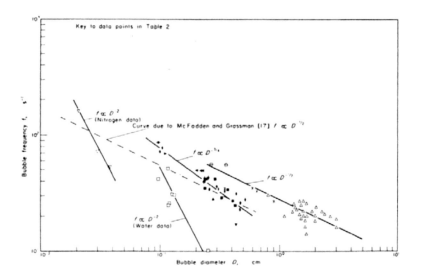

図 6.3.6　離脱気泡直径と気泡サイクル周期との関係
(Ivey(1967)より)

$$\boxed{\S6.4\ 気泡ユニット}$$

　§6.1で述べたように、 核沸騰熱伝達を評価する上での１つの基本量である「気泡ユニット(bubble unit)」すなわち気泡が占有する面積について考える。孤立気泡域では、 この気泡ユニットは気泡発生点密度（§6.4.1）と密接に関連しており、気泡発生点密度はまた既存気泡核の動的安定性(dynamic stability)すなわち気泡離脱後にキャビティに浸入してくるバルク液相による既存気泡核崩壊の可能性（§6.4.2）とも関連を持つ。 気泡同士が沸騰面表面方向に干渉し合う干渉気泡域では、干渉による既存気泡核活性化の抑制(site deactivation)あるいは逆の死滅キャビティへの蒸気供給(site seeding)など（§6.4.3）が、気泡発生点密度を変化させ、気泡ユニットに影響を与える。さらに、離脱気泡と成長気泡とが干渉するようになると、二次気泡が形成され、気泡ユニットが大きく変化する（§6.4.4）。

$$\boxed{\S6.4.1\ 気泡発生点密度}$$

　§3.4で既に述べたように、 固体表面において気泡が発生する機構は、既存気泡核の活性化である。既存気泡核は、固体表面のキャビティに捕獲された気泡核であり、固体表面におけるキャビティにはその幾何学的特性に応じて、気相を捕獲できるものとできないものとがある。したがって、気泡発生点密度は、固体表面＝沸騰面表面におけるキャビティの幾何学的特性に関する分布と密接な関係にある。

## 【Ⅰ】　気泡発生点密度の基本式
　ここでは、沸騰面表面に存在するキャビティを総称して「幾何学的キャビティ」と呼ぶ。
　いま、簡単のために、沸騰面表面のキャビティは、すべて円錐状キャビティであるとする。したがって、キャビティの幾何学的特性は、例えばキャビティ出口半径$R_{ca}$とキャビティ半頂角$\phi_{ca}$により表される。
　さて、$R_{ca}$、$\phi$に関する確率密度関数を$P[R_{ca}, \phi]$、沸騰面表面の単位面積当りの平均キャビティ数を$\langle N_{ca}\rangle$、さらに$[R_{ca1}, R_{ca2}]$かつ$[\phi_1, \phi_2]$内にある幾何学的キャビティの期待値を$N_{ca}$とすると、$N_{ca}$は次式のように表される。

$$N_{ca} = \langle N_{ca}\rangle \int_{R_{ca1}}^{R_{ca2}} \int_{\phi_1}^{\phi_2} P[R_{ca}, \phi] \mathrm{d}\phi \mathrm{d}R_{ca} \qquad 【6.4.1】$$

ここで、例えば$R_{ca}$に関する確率密度関数を正規分布

$$\beta\exp[-\beta R_{ca}] \qquad (6.4.2a)$$

（但し、$\beta = 0.9797$）で表し、$\phi$に関する確率密度関数をポアソン分布

$$\frac{1}{(2\pi)^{1/2}\gamma}\exp\left[-\frac{(\phi - \langle\phi\rangle)^2}{2\gamma}\right] \qquad (6.4.2b)$$

で表すと、(6.4.1)式が計算できる。
　一方、幾何学的キャビティが気相を捕獲するための流体力学的条件は、§3.3で

- 136 -

述べたように、

$$\phi < \theta_{da}/2 \tag{6.4.2c}$$

である。また、沸騰面表面過熱度が$\Delta T_{ws}$である場合に、活性化し得るキャビティ半径は、（6.3.6）式において$t \to \infty$と置き、$\delta[t] = \delta_{nb}$とすると、（6.3.7）式で表されることになる。即ち、

$$(R_{ca})_{MIN} \le R_{ca} \le (R_{ca})_{MAX} \tag{6.4.2d}$$

したがって、幾何学的キャビティの形状特性が（6.4.1）式で表される沸騰面表面における気泡発生点密度$N_{ca}$は、気泡干渉が起こらない孤立気泡域では（6.4.2）式を用いて次式で表される。

$$N_{ca}[\Delta T_{ws}, \theta] = \langle N_{ca} \rangle \int_{(R_{ca})_{MIN}}^{(R_{ca})_{MAX}} \beta \exp[-\beta R_{ca}] dR_{ca} \times \int_{0}^{\theta/2} \left\{ (2\pi)^{1/2} \gamma \right\}^{-1} \exp\left[ -\frac{(\phi - \langle \phi \rangle)^2}{2\gamma^2} \right] d\phi$$

$$\tag{6.4.3}$$

即ち、（6.4.3）式は、ある表面過熱度$\Delta T_{ws}$における気泡発生点密度は、沸騰面表面の幾何学的微細構造の特性と接触角$\theta$の関数であることを意味している。

## 【Ⅱ】　気泡発生点密度に関する研究小史

　前項で述べた気泡発生点密度に関する基礎式は、Yang and Kim(1988)が報告したものを若干修正したものである。彼らは、ＤＩＣ(differential interference contrast micro-scope)を用いてステンレス鋼表面におけるキャビティ半径と半頂角とを測定し、（6.4.2a）および（6.4.2b）式が妥当であることを報告している。

　しかし、沸騰面表面は、円錐状キャビティとして近似できるキャビティのみではなく、機械加工面を考えれば分かるように二次元キャビティを初めとして、様々な形状の微細構造が存在する。確かに、こうしたキャビティの中で、最も気相を捕獲しやすいキャビティは円形出口を有するキャビティなどであると考えられるが、円形出口を有するキャビティにも、リエントラント形キャビティなどもある。リエントラント型キャビティでは、§3.4で述べたように、系の履歴により定まるキャビティ内気液界面位置により、同一キャビティであっても活性化条件が異なる。したがって、（6.4.3）式は、未だ十分な表現式となっていないと言える。

　さて、気泡発生点密度は核沸騰熱伝達と直接関係を持つため重要であり、沸騰面表面の幾何学的微細構造に関する詳細な情報を得ることなく評価できる様々な経験式が報告されている。Griffith and Wallis(1958)は、同一の材料で同一の仕上げをした面における気泡発生点密度は、液体によらず(3.4.3)式で定まる気泡核半径＝平衡気泡径$R_e$のみの関数であることを実験的に示した。ついでBrown(1967)は、この$R_e$を用いて次の関係を得た。

$$N_{ca} = C_{ca} \left( \frac{1}{R_e} \right)^m \tag{6.4.4a}$$

Shoukriと Judd(1975,1978)も、この関係式を実験的に支持している（$m = 2.4 \sim 4.64$）。さらに、Mikic and Rohsenow(1969)は、核沸騰開始点（$N_{ca} = 1\,m^{-2}$）の表面過熱度における気泡核半径$R_e$を$R_e = R_{BI}$として，上式を次式のように変形した。

$$N_{ca} = \left(\frac{R_{BI}}{R_e}\right)^m = \left(\frac{\Delta T_{ws}}{\Delta T_{BI}}\right)^m \tag{6.4.4b}$$

ここで、m＝2.5～6.5である。Bier ら(1978)は、広範囲の圧力における実験値を基に次式を提案した。

$$N_{ca} = \langle N_{ca}\rangle \exp\left[1 - \left(\frac{R_e}{R_{BI}}\right)^n\right] \tag{6.4.4c}$$

ここで、n＝0.26～0.42である。

さらに、 Kocamustafaogullari and Ishii(1983)は、広範囲の圧力における水の実験より、次の経験式を提案している（図6.4.1）。

$$N_{ca} = 2.157\times10^{-7}\rho_r^{-3.2}\left(1+0.0049\Delta\rho_r\right)^{4.13}R_r^{-4.4} \tag{6.4.4d}$$

但し、　　$\Delta\rho_r = (\rho_l - \rho_v)/\rho_v$

　　　　$R_r = R_e / R_{db}$

であり、$R_{db}$は離脱気泡半径で、Fritz の(6.3.12a)式を修正して次式で与える。

$$R_{db} = 2.50\times10^{-5}\left(\frac{\rho_l - \rho_v}{\rho_v}\right)^{0.9}\theta\left\{\frac{\sigma}{g(\rho_l - \rho_v)}\right\}^{1/2}$$

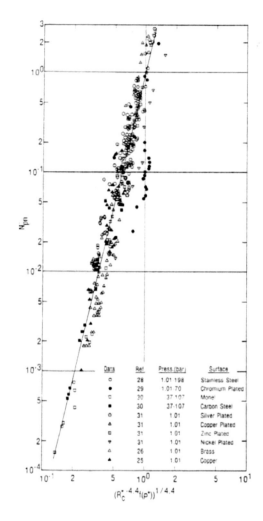

図 6.4.1　Kocamustafaogullari and Ishii(1983)の気泡発生点密度経験式

### §6.4.2 既存気泡核の動的安定性

　前項で述べた気泡発生点密度に関する基礎式では、未沸騰状態で気相を捕獲しているキャビティは、活性化条件が満足されると、隣接する気泡発生点との干渉が無い限り気泡を発生し続けるとしている。しかし、既に述べたように、気泡離脱後に沸騰面表面に浸入してくるバルク液体は、キャビティに残存する気相を凝縮し、キャビティ内にも浸入してくる可能性がある。キャビティ内にバルク液体が浸入してくると、液体の凝縮能力が高い場合には、キャビティ内の気相が凝縮し尽くされ、既存気泡核が死滅し核沸騰が持続しない可能性がある。したがって、気泡発生点密度はこうした既存気泡核の動的安定性とも関連を持っている。

## 【Ⅰ】 既存気泡核の動的安定性に関する基礎解析

既存気泡核の動的安定性に関する基礎解析として、ここでは、図 6.4.2 に示した円筒キャビティに捕獲された蒸気相を考える。

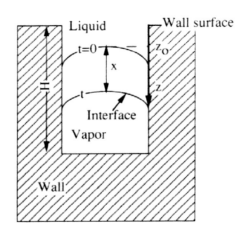

図 6.4.2 既存気泡核の動的安定性

さて、気泡離脱後にキャビティ内に残された蒸気相は、以下のような力学的要因あるいは熱的要因により凝縮する傾向にある。

① 気泡離脱直後の蒸気相が、
$$p_v \sim p_{lb}$$
$$T_v \sim T_{sat}[p_{lb}]$$
である場合には、浸入液体の速度が小さいとしても、気液界面における力学的平衡条件（2.1.7)式
$$p_{ve} = p_{lb} + \frac{2\sigma \cos\theta_{da}}{R_{ca}}$$
を満足する蒸気相圧力 $p_{ve}$ より現実の蒸気相圧力は小さく、気液界面は蒸気相側へと後退する。

② 気泡離脱直後に、気液界面近傍では平衡状態、即ち、(2.1.5)および(2.1.7)式より導出される式

$$p_{ve} = p_{sat}[T]\exp\left[-\frac{v_v^*}{R_G T}(p_{sat} - p_{lb})\right] \sim p_{sat} \tag{6.4.5a}$$

$$= \frac{2\sigma \cos\theta_{da}}{R_{ca}} + p_{lb} \tag{6.4.5b}$$

により、$R_{ca}$、$p_{lb}$ を所与条件として定まる $p_{ve}$ と $T = T_{sat}[p_{ve}]$ の状態となる場合には、浸入速度が小さいとしても、液相内に温度勾配が発生し、気液界面は蒸気相側へと後退する。

③ 気泡離脱後の浸入液相の速度が大きい場合には、液相の慣性力により、気液界面は蒸気相側へと後退する。

ここでは、②の場合を想定する。即ち、蒸気相は、気泡離脱直後に、(6.4.5b)を満足する圧力をとり、その温度は(6.4.5a)式を満足する $T = T_{ve}$ となる状況を考え

る。この場合は、キャビティ内の液相温度分布$T_l$が凝縮過程を支配する。

さて、いま、キャビティ出口からキャビティ奥行き方向にとった座標を$z$、気液界面の初期位置を$z_0$とすると、キャビティ内の液相の運動方程式は次のようになる。

$$\pi R_{ca}{}^2 \rho_l z \frac{d^2 z}{dt^2} = F_{ss} + F_{pd} \qquad \text{【6.4.6】}$$

ここで、$F_{ss}$はキャビティ壁におけるせん断力、$F_{pd}$は気液界面における圧力差による力である。

一方、(6.4.5b)式より、蒸気相の初期圧力$p_{v0}$は、次のように表される。

$$p_{v0} = \frac{2\sigma \cos\theta_{ad}}{R_{ca}} + p_{lb} \qquad \text{【6.4.7】}$$

ここで、$W_{v0}$を蒸気相初期質量、$T_{v0}$を蒸気相初期温度、$V_{v0}$を蒸気相初期体積とし、$T_v \sim T_{v0}$とすると、理想気体の状態方程式より、一般に、

$$p_v = \frac{p_{v0} V_{v0} W_v}{V_v W_{v0}} \qquad (6.4.8a)$$

$W_v$は、$A_{lv}$を気液界面面積、気液界面における熱流束を$q_I$とすると、

$$W_v = W_{v0} + \frac{A_{lv}}{h_{lv}} \int q_I dt \qquad (6.4.8b)$$

但し、$q_I$はキャビティ深さ方向の一次元非定常熱伝導方程式に壁からの伝熱を液相内一様体積発熱として見積ることにより得られる。また、$x = z - z_0$、気液界面の初期位置から測ったキャビティ深さを$H$とすると、$V_v$は、

$$V_v = \left(1 - \frac{x}{H}\right) V_{v0} \qquad (6.4.8c)$$

(6.4.8a)～(6.4.8c)式より、$p_v$に関する次式を得る。

$$p_v = \left\{ 1 + \frac{A_{lv}}{h_{lv} W_{v0}} \int q_I dt \right\} \left\{ \frac{p_{v0}}{1 - (x/H)} \right\} \qquad (6.4.8d)$$

したがって、(6.4.6)式の$F_{pd}$は、(6.4.8d)式を次式に代入することにより定まる。

$$F_{pd} = -\left\{ p_v - \frac{2\sigma \cos\theta_{da}}{R_{ca}} - p_{lb} \right\} \pi R_{ca}{}^2 \qquad \text{【6.4.9】}$$

また、$F_{ss}$を、キャビティ内の液相流れをポアズイユ流れとして近似して評価し、これと$F_{pd}$とを(6.4.6)式に代入すると、次式を得る。

$$\rho_l (x + z_0)(H - x) \frac{d^2 x}{dt^2}$$

$$= -\frac{8\mu_l (x + z_0)(H - x)}{R_{ca}{}^2} \left(\frac{dx}{dt}\right) + \left\{ p_l + \frac{2\sigma \cos\theta_{da}}{R_{ca}} (z_0 - x) - z_0 p_{v0} \left(1 + \frac{A_{lv}}{h_{lv} W_{v0}} \int q_I dt \right) \right.$$

$$\text{【6.4.10】}$$

一方、$T_v$ は、Clausius-Clapeyron の (2.1.8) 式を線形近似して得られる

$$T_v = T_{sat} + \frac{(v_v - v_l)_{sat} T_{sat}}{h_{lv}} (p_v - p_{lb})$$

と、(6.4.8d) 式より求めまる次式より定まる。

$$(T_v - T_{sat})(H - x) = -\frac{p_{lb}(H - x)(v_v - v_l)T_{sat}}{h_{lv}} + \frac{(v_v - v_l)H p_{v0} T_{sat}}{h_{lv}}\left\{ 1 + \frac{A_{lv}}{h_{lv} W_{v0}} \int q_l dt \right\}$$

【6.4.11】

(6.4.10) 式と (6.4.11) 式とを、以下の初期条件の下で x および $T_v$ について解き、z＜H で d z／d t＝0 となれば、既存気泡核は動的に安定であることになる。

$$t = 0 ; \quad z = 0, \quad \frac{dz}{dt} = u_0, \quad p_{v0} = \frac{2\sigma \cos\theta_{da}}{R_{ca}} + p_{lb}$$

$$T_{v0} = T_{sat}[p_{ve}], \quad T_{l0} = T_{sat} + C(T_w - T_{sat})$$

ただし、C は定数である。

## 【II】 動的安定性に関する研究小史

蒸気相を捕獲しているキャビティの気泡離脱後の動的安定性については、特に液体金属の沸騰熱伝達において、気泡発生が不安定になることと関連して研究されてきた。

まず、Bankoff(1959)は、前項で述べた①の状況を想定して解析したが、具体的な解は示されていない。Marto and Rohsenow(1966)は、②の状況を想定して液相内の熱伝導方程式を解き、動的安定性に関する具体的条件を導いた。また、Singhら(1976)は液体金属の核沸騰熱伝達に注目し、液相・沸騰面双方の熱伝導を考慮して、動的安定条件を示した。

さらに、Singh and Rohsenow(1974)は、前項で述べたような詳細な解析を報告している。彼らの結果によれば、過熱度、接触角、浸入液相温度の減少とともにキャビティは動的安定性を失う傾向にある。

一方、ガラス管を用いた動的安定性に関する実験が、Wei and Preckshot(1964)、Kosky(1968)および小茂鳥ら(1975)により報告されている。例えば、小茂鳥らは、ガラス製キャビティを用いて、均一温度場での気泡離脱後の液体浸入挙動を高速度撮影し、最大浸入深さは、過熱度、キャビティ内径が小さいほど、またキャビティ深さが深いほど小さくなることを示している。

## §6.4.3 気泡干渉など

ここでは、液相に浸されているキャビティが隣接する気泡発生点の影響により気相を捕獲し既存気泡核となる過程、隣接して存在する気泡発生点における気泡発生挙動、特定の気泡発生点から離脱する気泡と成長気泡との干渉などについて述べるが、これらについては多くが分かっているわけではない。

- 142 -

## 【Ⅰ】 site seeding と site deactivation

　液相に浸されているキャビティを考える。いま、このキャビティに隣接して存在する気泡発生点から気泡成長が開始され、気泡付着部がこのキャビティにまで拡大されるとすると、図3.4.1(b)に示した状況が発生する。この場合、既に述べたように、$\theta_{dr} \geqq \pi - 2\phi$ であると、キャビティ内の液相は三相界線の通過により排除され、既存気泡核としての必要条件を満足することになる。

　こうした状況は、図3.4.1(b)のような状況を考慮しなくとも発生し得る。即ち、図6.4.3に示したように、隣接する気泡発生点から成長する気泡の付着部がキャビティにまで拡大されるか、キャビティ上に存在していたミクロ液膜が消耗すると、たとえこのキャビティ内に液相が残存していても気泡成長中に液相が消耗され、やがては既存気泡核としての必要条件を満足することになる。

　以上のようにして既存気泡核としての必要条件を満足したキャビティが、この気泡が離脱してからの液相の浸入過程において気相捕獲条件を満たしていれば、少なくとも既存気泡核となり得、さらに既存気泡核活性化条件を満たしていれば、気泡発生点ともなり得る。Eddingtonら(1978)は、上述のような隣接気泡によるsite seeding過程を実験観察に基づいて提案している。Sgheiza and Myers(1985)は、気泡発生点を観察し、気泡発生点には気泡生成を続ける安定なものと生成期間と休止期間とが交番する不安定なものとがあることを観察し、休止期間から生成期間への移行は離脱気泡と入れ替わる形で沸騰面表面に浸入する微小気泡に起因するとしている。

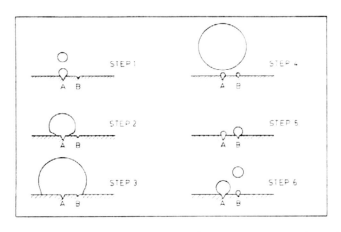

図 6.4.3 沸騰面表面方向の気泡干渉（Calka and Judd(1985)より）

　さて、既存気泡核が隣接して存在する場合、一方から気泡生成が開始されるとこれにより温度場が乱され、他方の既存気泡核の活性化を抑制することが考えられる。こうした隣接気泡間の干渉については、Juddらが研究している。Judd and Lavdas (1980)は、ガラス面での沸騰実験の高速度観察より、上述の site seeding 過程と、Eddington and Kenning が thermal interference と呼んだ隣接気泡発生点からの気泡離脱による既存気泡核の不活性化とを確認している。Sultan and Judd(1978)は、飽和沸騰では離脱気泡径の2倍離れた既存気泡核は相互干渉せず独立に挙動することを見いだしている。Calka and Judd(1985)は、2つの気泡発生点の間の気泡

成長開始の時間間隔をレーザーを用いて測定し、干渉が強い場合にはこの時間間隔のヒストグラムがガンマ関数となり、干渉がない場合にはポアソン分布となることから、気泡干渉の問題を扱っている。彼らの結果によれば、気泡発生点間隔sと離脱気泡直径$D_{db}$との比$s/D_{db}$が、1以下の時には干渉が強く、3以上の時には独立となる。さらにJudd(1988)は、$1<s/D_{db}<3$の領域の詳細な検討を報告している。

## 【Ⅱ】 離脱気泡との干渉と二次気泡の形成

気泡の離脱頻度が高くなると、やがて成長気泡が離脱気泡と干渉し合体するようになる。これについては、Moissis and Berenson(1963)が解析しており、沸騰面表面熱流束が次の値を越えると、発生気泡列は蒸気ジェットの形をとるようになると主張している。

$$q_w = 0.11 \rho_v h_{lv} \theta^{1/2} \left( \frac{g\sigma}{\rho_l - \rho_v} \right)^{1/4} \qquad 【6.4.12】$$

Lienhard(1985)は、後述する図6.5.2において核沸騰熱伝達が沸騰面の傾斜角に依存しなくなる熱流束が(6.4.12)式の予測とよく一致することを報告している。原村・甲藤(1983)は、第8章で述べるように、こうした気泡干渉により蒸気ジェットが形成されると、その蒸気ジェット界面の不安定によりマクロ液膜とその上部の二次気泡が形成されるとしている。

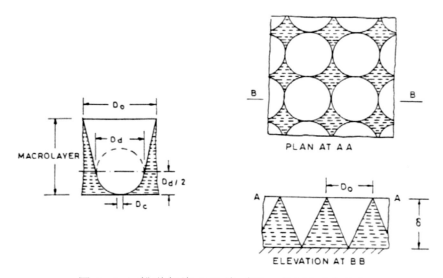

図6.4.4 離脱気泡の干渉（Bhat(1983a)より）

一方、Bhat(1983a)は、気泡発生点を正方格子状とみなし、この気泡発生点から離脱する気泡が図6.4.4のように合体することにより、マクロ液膜と二次気泡とが形成されるとしている。こうして形成されるマクロ液膜の初期厚さは、

$$\delta_{ma0} = \frac{D_{db}}{2} + \frac{2(D_0 - D_{db})}{f_{bc} D_{db}/u - 1} \qquad 【6.4.13】$$

で与えられる。ここで、

$$D_0 = \left(\frac{1}{N_{ns}}\right)^{1/2} \quad , \quad u : 平均気泡上昇速度$$

マクロ液膜厚さなどについては、§8.2で再び述べる。

## §6.5 核沸騰熱伝達モデル

　前節までで、核沸騰熱伝達の基本構造を構成する、気泡サイクルと気泡ユニットについて述べた。ここでは、これらを総合して、孤立気泡域における核沸騰熱伝達モデル（§6.5.1）および二次気泡域における核沸騰モデル（§6.5.2）について述べる。

## §6.5.1 孤立気泡域における核沸騰熱伝達モデル

　既に述べたように、孤立気泡域における核沸騰熱伝達に関する基本式は、気泡サイクル周期 $\tau_{bc} = \tau_{NB}$、気泡ユニットの代表長さ $L_{bu} = L_{NB}$、気泡サイクル周期中に沸騰面表面の気泡ユニットから伝わる熱量 $Q_w$ により定められる(6.1.2)式である。即ち、

$$q_{NB} = \frac{Q_w}{L_{NB}^2 \tau_{NB}} \qquad 【6.5.1】$$

**【 I 】　孤立気泡域における核沸騰熱伝達の基本式**
　気泡ユニットの代表長さ $L_{NB}$ は、既に§6.1で述べたように孤立気泡域では次式で与えられる。

$$L_{NB} = \left(\frac{1}{N_{ns}}\right)^{1/2} \qquad 【6.5.2】$$

　さて、一辺を $L_{NB}$ とする気泡ユニット（面積 $A_{bu}$）では、理想的には１つの気泡発生点から気泡が気泡サイクル周期ごとに成長・離脱する。いま、離脱気泡の沸騰面表面への投影面積を $A_{db}$（$= \pi D_{db}^2/4$）とし、この離脱気泡によりはぎ取られる液相温度境界層部分の沸騰面表面への投影面積を $\chi_{tb} A_{db}$、離脱気泡が周囲液相の運動に影響を及ぼす範囲（沸騰面表面への投影面積）を $(\chi_{ec} - \chi_{tb}) A_{db}$ とすると、気泡ユニットは図 6.5.1 に示したように、
　　①　離脱気泡により液層温度境界層がはぎ取られバルク液相が浸入するといったように離脱気泡が直接影響を及ぼす、面積 $\chi_{tb} A_{db}$ の部分、
　　②　離脱気泡により促進された自然対流が起きる、面積 $(\chi_{ec} - \chi_{tb}) A_{db}$ の部分
　　③　気泡の運動に影響されない、面積 $(A_{bu} - \chi_{ec} A_{db})$ の部分

とにより構成されることになる（但し、$A_{bu} = L_{NB}^2$）。①の部分における気泡サイクル周期内の伝熱量を $Q_{wb}$、②のそれを $Q_{we}$、③のそれを $Q_{wc}$ とおき、$Q_{wb}$ における伝熱機構として、§6.2および§6.3で述べたように、気泡離脱時に沸騰面表面に浸入してくるバルク液体への非定常熱伝導と気泡成長中のミクロ液膜蒸発とを考えると、（6.5.1）式の $Q_w$ は、

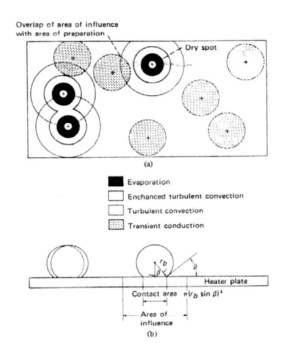

図 6.5.1 孤立気泡域における気泡ユニットと気泡サイクル

$$Q_w = Q_{wb} + Q_{we} + Q_{wc}$$
$$= (C_{tb}\chi_{tb}A_{db}q_{hc}\tau_{sa} + \chi_{mi}A_{db}q_{me}\tau_{bg})$$
$$+ \{(\chi_{ec} - \chi_{tb})A_{db}q_{ec} + (A_{bu} - \chi_{ec}A_{db})q_{nc}\}\tau_{NB} \quad 【6.5.3】$$

ここで、$q_{hc}$ は気泡離脱後に沸騰面表面に浸入してくるバルク液体への非定常熱伝導における気泡成長開始待ち時間中の平均熱流束、$C_{tb}$ は非定常熱伝導が一部分で待ち時間以降も起きることへの修正係数、$q_{me}$ はミクロ液膜蒸発における平均熱流束、$\chi_{mi}$ は気泡付着面としてミクロ液膜部分の面積が減ずる割合、$q_{ec}$ は離脱気泡により促進された自然対流における熱流束、また $q_{nc}$ は自然対流熱流束である。

(6.5.2)、(6.5.3)式を(6.5.1)式に代入すると、次式を得る。

$$q_{NB} = N_{ns}\left\{\frac{\pi D_{db}^2}{4}\left(C_{tb}\chi_{tb}q_{hc}\frac{\tau_{sa}}{\tau_{NB}} + \chi_{mi}q_{me}\frac{\tau_{bg}}{\tau_{NB}}\right)\right.$$
$$\left. + (\chi_{ec} - \chi_{tb})q_{ec} + \left(\frac{1}{N_{ns}} - \chi_{ec}\frac{\pi D_{db}^2}{4}\right)q_{nc}\right\}$$

$$= N_{ns}\frac{\pi D_{db}^2}{4}\left\{C_{tb}\chi_{tb}q_{hc}\frac{\tau_{sa}}{\tau_{NB}} + \chi_{mi}q_{me}\frac{\tau_{bg}}{\tau_{NB}} + (\chi_{ec} - \chi_{tb})q_{ec}\right\}$$
$$+ \left(1 - \chi_{ec}N_{ns}\frac{\pi D_{db}^2}{4}\right)q_{nc} \quad 【6.5.4】$$

## 【Ⅱ】 孤立気泡域における核沸騰モデルに関する研究小史

図 6.1.2 は、Gaertner ら (1960, 1965) が大気圧飽和水について示した水平上向き平面における核沸騰曲線と気泡挙動の関係を示したものである。この図に示されているように、水平上向き平面における核沸騰曲線は、孤立気泡域から二次気泡域にわたり両対数紙上でほぼ 1 本の直線となる。図 6.5.2 は、Nishikawa ら (1983) が大気圧飽和水について示した核沸騰曲線と平板傾斜角との関係を示したものである。この図から分かるように、sliding bubble と呼ばれる干渉・二次気泡が現れる下向き平面（$\phi \geq 2\pi/3$）以外の系では、やはり核沸騰曲線はほぼ直線となっている。したがって、少なくとも"予測する"ことに力点を置く限りでは、孤立気泡域における核沸騰熱伝達が予測できれば、二次気泡域における核沸騰熱伝達はその延長線として予測できる。こうした事情を背景として、孤立気泡域における核沸騰熱伝達モデルが数多く提案されてきた。以下に、そのいくつかを紹介しておく。

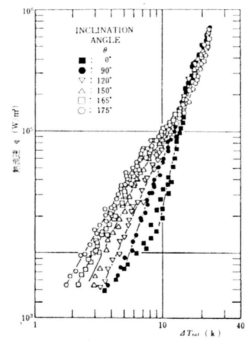

図 6.5.2　核沸騰熱伝達と沸騰面傾斜角（Nishikawa ら (1983) より）

## 【古典的モデル】

Forster and Zuber (1955) は、沸騰面表面において気泡が成長することにより液相流れが誘起され、これにより熱伝達が支配されると考える微視的対流モデルを提案した。このモデルでは、気泡成長速度により定義されるレイノルズ数が沸騰熱伝達と重要な関連を持つことになる。気泡成長速度はサブクール度の影響を受けるので、このモデルでは核沸騰熱伝達もサブクール度の影響を受けることになるが、後述する実験結果は核沸騰熱伝達はサブクール度の影響をほとんど受けないことを示しており、現在では妥当なモデルでないと考えられている。

Forster and Greif (1959) は、気泡の離脱にともない、これと同体積のバルク液体が離脱気泡と置き換わり、この体積の液相がバルク温度から膜温度（沸騰面表面

温度とバルク液温との算術平均値）まで加熱されるに要する顕熱が核沸騰熱伝達と重要な関係にあると考える気液交換モデルを提案した。Bankoff(1961)が指摘したように、このモデルでは、離脱気泡径程度の厚さの温度境界層が核沸騰熱伝達において存在していることになるが、現実には離脱気泡径に比べてかなり薄い温度境界層しか存在しないので、これも妥当なモデルとは考えられていない。

一方、Nishikawa and Fujita(1990)は一連の研究において、離脱気泡による液相の撹拌効果に注目し、離脱気泡の有効撹拌長さの概念と自然対流とのアナロジとを用いた核沸騰熱伝達の整理法を報告している。

Han and Griffith(1965)、Mikic and Rohsenow(1969b)は、気泡離脱時に沸騰面表面に浸入するバルク液相への非定常熱伝導に注目し気泡サイクルを解析することにより、(6.5.4)式でミクロ液膜蒸発を無視した非定常熱伝導モデルを提案した。但し、前者では$\chi_{tb}=4$としている。

【複合モデル】

(6.5.4)式で示した孤立気泡域における核沸騰熱伝達の考え方は、Graham and Hendricks(1967)により示された。彼らは、この式により図6.5.3に示したように、各項の寄与度を計算した。図に示されているように、各項の寄与度は、当然熱流束や液体によって異なる。同様のモデルが、Judd and Hwang(1976)により報告されている。また、Del Valle M. and Kenning(1985)は、同様の評価を干渉による気泡発生点不活性化を考慮にいれてサブクール核沸騰熱伝達について報告している。

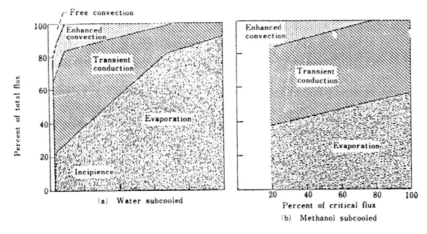

図 6.5.3 核沸騰熱伝達における伝熱量の内訳
(Graham and Hendricks(1967)より)

一方、(6.5.4)式の各項を実験的に評価する試みも、Judd and Hwang(1976)を初めとしてなされている。Judd and Lavdas(1980)は、ミクロ液膜厚さの時間的変化を測定し、(6.5.4)式の$\chi_{tb}$を実験的に求め、図6.5.4のような結果（図中のKの値）を得ている。$\chi_{tb}$は、気泡発生点密度の増大とともに減少している。また、Paulら(1983)は、気泡発生点密度、離脱直径、気泡サイクル周期を測定し、(6.5.4)式の各項の大きさを検討している。いずれにしても、熱流束の増大とともにミクロ液膜蒸発の寄与度が増大する傾向は一般的に指摘できるものの、こうしたモデルにより核沸騰熱伝達を予測するには、気泡ユニットや気泡サイクルに関する諸量の知見の集積がさらに必要である。

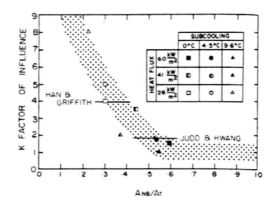

図 6.5.4 離脱気泡の影響範囲 (Judd and Lavdas(1980)より)

§6.5.2 二次気泡域における核沸騰熱伝達

　二次気泡域における核沸騰熱伝達モデルについては、多くのモデルが報告されているとはいい難い。
　Bhatら(1983b)は、二次気泡域における伝熱を、マクロ液膜上表面からの蒸発と考えて解析し、液膜内温度分布は短時間の間に直線化すること、液膜厚さは二次気泡の成長とともに減少することなどを示した。彼らのモデルでは、マクロ液膜を伝わる伝導熱流束は、

$$q_c = \frac{\rho_l h_{lv} k_1 f_{bc} \Delta T_{ws}}{q_w} \log_e \left[ \frac{\delta_{ma0}}{\delta_{ma0} - q_w/\rho_l h_{lv} f_{bc}} \right] \quad 【6.5.5】$$

で与えられ、$\delta_{ma0}$は(6.4.13)式で与えられる。
　一方、Dhirら(1988, 1989)は、図8.3.1に示したように、二次気泡域の伝熱は蒸気ジェットと沸騰面表面が形成する三相界線近傍における伝導伝熱であるとしてこれをモデル化している。
　上述の2つのモデルは、二次気泡域の伝熱に対して異なる立場をとっている。この立場の相違は、核沸騰熱伝達のみならず遷移沸騰熱伝達の基本構造を理解する上でも大きな相違となって現れる。ちなみに、Dhirらのモデルでは、二次気泡域における沸騰面表面ボイド率は、§8.2で述べる測定値よりかなり大きい。

## §6.6 核沸騰熱伝達の特性

　液体の種類を特定した場合の定常核沸騰熱伝達に影響を及ぼし得る因子としては、以下の因子が挙げられる。

　【系にかかわる因子】
　　①　系の温度・圧力履歴
　　②　系の圧力 p
　　③　系の重力加速度 g
　　④　系に加わる（重力以外の）外力場

　【液体にかかわる因子】
　　⑤　液体温度 $T_{1b}$（液体サブクール度 $\Delta T_{sub}$）
　　⑥　液体速度 u
　　⑦　液層厚さ $\delta_{1b}$

　【沸騰面にかかわる因子】
　　⑧　沸騰面のマクロな幾何学的条件（形状・寸法・姿勢）
　　⑨　沸騰面表面のミクロな幾何学的条件（粗さ、キャビティ分布）
　　⑩　沸騰面表面の濡れ性（接触角 $\theta$ など）
　　⑪　沸騰面の材料（母材材料、被覆層など）
　　⑫　沸騰面の熱容量

こうした因子の影響については、現在のところ、なおモデルにより十分に予測することが困難であるものが多い。そこで、ここでは各因子についてその影響について述べておく。

## §6.6.1 系にかかわる因子の影響

### 【Ⅰ】　系の温度・圧力履歴の影響

　§3.4 で述べたように、液相・沸騰面系が沸騰を開始する以前に如何なる温度・圧力を経験するかは、沸騰面表面に存在する既存気泡核の寸法分布に影響を及ぼし、気泡発生点密度を変化させる。
　初めに沸騰面系に液体が注入される場合に、例えば空気雰囲気で液体が注入されれば、§3.4.1 で述べた過程により気相を捕獲してキャビティに形成される既存気泡核は、空気を含有する気泡核として形成される。即ち、液体注入時のキャビティの気相捕獲過程で気相を捕獲する既存気泡核の中の状況は液体注入雰囲気に依存する。こうした既存気泡核内の蒸気分圧は不凝縮性ガスの存在により系の圧力より低いので、液体の飽和温度以下でも気泡生成が開始される可能性がある。また、気相を捕獲したキャビティは、§3.4.2 で述べたように周囲液相と注入温度で熱力学的安定平衡条件を満足している必要があるが、これに対しても既存気泡核内の不凝縮性ガス分圧が高いほど安定性が高くなる。また、例え既存気泡核内の不凝縮性ガス

分圧が初期には高くとも、液相のガス吸収係数とガス拡散係数が高い場合には、既存気泡核内の不凝縮性ガスの大部分はやがて液体蒸気と置き替わり、この状態では注入温度における安定平衡条件を満足できず既存気泡核の一部が死滅すなわち液相に浸される可能性がある。さらに、例えば液体ヘリウムの沸騰では、液体ヘリウム温度で気体として存在できる他の物質は存在しないので、既存気泡核はヘリウム蒸気により形成される以外にはない。この場合にも、キャビティが気相を捕獲できても注入温度における熱力学的安定平衡条件を満足できず、キャビティは既存気泡核としては死滅する可能性がある。以上の状況は、沸騰を開始する以前に系が経験する圧力履歴についても同じである。

　さて、熱機器では、一旦核沸騰状態で沸騰面を作動させ、その後作動を一定期間停止し、その後再び核沸騰状態で作動を再開することがある。こうした場合、不凝縮性ガスを含有していたキャビティも核沸騰状態で作動している間に蒸気に置き替わる。このため、§3.4.3で述べたように停止期間に高圧や高サブクール状態を経験すると、既存気泡核は周囲液相と安定平衡できずに死滅する可能性があり、再び作動を開始した場合の既存気泡核密度が減少している可能性がある。要するに、沸騰熱伝達が開始する時点における既存気泡核密度は、液体の注入雰囲気、注入温度、注入圧力、および沸騰が開始するまでの待ち時間により影響を受ける。

　まず、こうした影響は、逆に既存気泡核を死滅させる方途として使用することができる。これについては既に§3.3.2および§3.4.4で述べた。

　一方、最近、電子デバイスの沸騰冷却に関連して、この問題が再び取り上げられた。西尾(1988)は、§3.4.3で述べたように既存気泡核の安定性を理論的に検討し、上述の過程を明らかにした。

　Bergles and Chyu(1982)は、多孔質層などを付加したいくつかの核沸騰促進面について、核沸騰熱伝達に対する沸騰面の前処理、サブクール度および熱流束の増大方法などの影響を調べている。図6.6.1はその結果を示したものである。図6.6.1は水の実験結果である。この実験では、まず$3 \times 10^4 \mathrm{W/m^2}$で十分に核沸騰を起こした沸騰面を1.5から69K（図中の記号説明の中の数字）のサブクール度に保持し、その後連続的に熱流束を変化させている。$\Delta T_{sub} = 69 \mathrm{K}$の場合には、A点で核沸騰が開始するが、B点までは気泡発生点密度は極めて少ない。B点で気泡が発生する場所が島状（核沸騰パッチ）に現れ、表面過熱度がC点に減少する。D点で他の核沸騰パッチが現れ、表面過熱度がE点に減少する。そして最後にF点で沸騰面全体にわたり核沸騰が開始する。他のサブクール度では過熱度降下は一回のみであるが、いずれにしても彼らは経験するサブクール度が増大すると沸騰開始過熱度が上昇するとしている。

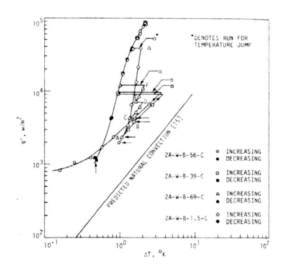

図 6.6.1　系の温度履歴の影響（Bergles and Chyu(1982)より）

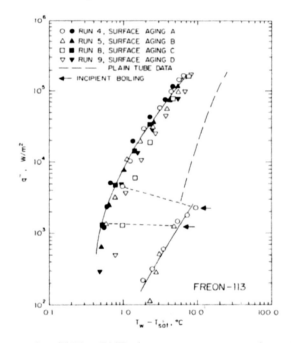

図 6.6.2　系の履歴の影響（Marto and Lepere(1982)より）

　Marto and Lepere(1982)も類似した結果を報告している。彼らは、長時間液体に浸したままで室温に保持した沸騰面（A）、中程度の熱流束の核沸騰を1時間行い30分冷却した沸騰面（B）、Bの沸騰面を冷却せずに飽和温度から沸騰させた沸騰面（C）、および液体に浸す前に65℃で10分乾燥させた沸騰面（D）について実験を行い、図6.6.2のような結果を報告している。即ち、サブクール状態を経たA、Bの沸騰面では熱流束増大過程における沸騰開始が大きな過熱度を要しており、核沸騰開始に対する系の履歴の影響が顕著であることを示した。

こうした実験は、Park and Bergles(1986)、Andersen and Mudawar(1989)によっても報告されている。但し、高熱流束核沸騰から熱流束を減少させる過程では、こうした履歴の影響は消失しており、核沸騰熱伝達のヒステリシスと呼ばれている。

## 【Ⅱ】 系圧力の影響

例えば、(6.4.3)式を図示すると図6.6.3のようになる。即ち、系圧力の上昇とともに、活性化される沸騰核寸法は小さくなり、したがって一般には蒸気泡発生点密度は大きくなる。更に、系圧力の上昇とともに、蒸気泡発生頻度も増大すると考えられる。したがって、核沸騰熱伝達率は、これらの結果、系圧力の上昇とともに増大すると考えられる。

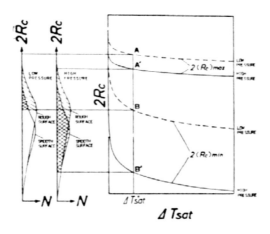

図6.6.3 気泡発生点密度と系の圧力（藤田ら(1982)より）

図6.6.4は、藤田ら(1982)が測定した水平平面上でのフロン系冷媒の核沸騰曲線に対する系圧力の影響である。この図に示されているように、核沸騰熱伝達率は、系圧力の上昇とともに増大するが、熱伝達率αと熱流束$q_w$との関係はほぼ相似であり、核沸騰曲線の勾配に対する系圧力の影響は小さく、核沸騰曲線は系圧力の増大とともに低過熱度側へ平行移動することになる。同様の結果が、Bierら(1977)の測定した水平円柱（D＝8mm）でのフロン系冷媒の飽和核沸騰曲線等においてもみられる。

西川と藤田ら（1976, 1982）は、物性に関する対応状態の原理に基づく整理式を提案している。例えば、藤田ら(1982)の整理式は、次の式で与えられている。

$$\left.\begin{aligned}\alpha &= 31\left(\frac{p_{cr}^2}{R_E T_{cr}^9}\right)^{1/10} \Psi_{Rp}[R_p, \Pi]\Psi_p[\Pi]q_w^{4/5} \\ \Psi_{Rp}[R_p, \Pi] &= R_p^{0.2(1-p/p_{cr})} \\ \Psi_p[\Pi] &= \frac{(p/p_{cr})^{0.23}}{\{1-0.99(p/p_{cr})\}^{0.9}}\end{aligned}\right\} \quad 【6.6.1】$$

ここで、$R_p$は粗さ中心線深さで単位は$\mu m$である。

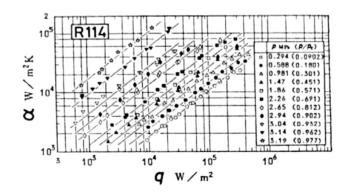

図 6.6.4 核沸騰熱伝達と系圧力 (藤田ら(1982)より)

## 【Ⅲ】 (重力) 加速度の影響

重力加速度の影響は、気泡核の活性化条件を定める液相内温度分布および気泡成長、離脱挙動を介して核沸騰熱伝達に現れる。 Turton(1968)および Adelberg and Schwartz(1968)は重力加速度を増大させた実験を行っている。これらの実験では、重力加速度が 100g₀(g₀は標準重力加速度)程度まで変えられているが、この重力加速度の下での静水圧に相当する飽和温度基準で整理すると、核沸騰熱伝達に対する重力加速度の影響は顕著でない。一方、Merte and Clark(1964)は重力加速度を減らした場合における液体窒素の沸騰曲線を測定し、核沸騰熱伝達に対する重力加速度の影響が小さいことを報告している。一般に、気泡離脱が成長気泡の慣性力に依存し、ミクロ液膜蒸発が支配的となる領域の核沸騰熱伝達には重力加速度の影響は小さく、影響が現れるとすると、蒸気泡の成長速度が小さく蒸気泡離脱条件が浮力と付着力により支配されている領域である。

## §6.6.2 液体にかかわる因子の影響

## 【Ⅰ】 液体温度の影響

液体サブクール度の増大とともに、沸騰伝熱面表面で発生した蒸気泡は、沸騰伝熱面に近い位置で凝縮するようになる。Cooper and Chandratilleke (1981)の報告によれば、液体サブクール度の増大は、離脱蒸気泡径を減少させ蒸気泡発生頻度を増大させる。しかし、一方、液体サブクール度の増大にともなう蒸気泡の凝縮により巨視的対流の強さは減少すると考えられる。

液体サブクール度の増大は未沸騰領域における熱流束を増大させるので、核沸騰開始点近傍の核沸騰熱伝達に影響を及ぼすことは当然である。 McAdams(1954)あるいはStephan(1963)は、大気圧水の核沸騰曲線に対する液体サブクール度の影響を測定し、発達した核沸騰領域では核沸騰熱伝達に対する液体サブクール度の影響は小さいことを報告している。これは、発達した核沸騰熱伝達が沸騰伝熱面表面近くの流体運動に支配されていることを示唆している。

## 【Ⅱ】 液体流速の影響

液体流速の増大も未沸騰領域の熱流束を増大させるので、核沸騰開始点近傍の核

沸騰熱伝達に影響を与えることは当然である。一般に、こうした領域については、(6.5.4)式を簡単化したRohsenow(1953)の方法によれば、核沸騰熱伝達による熱流束を$q_{NB}$、強制対流熱伝達による熱流束を$q_{fc}$とすると、次式で表される。

$$q_w = q_{NB} + q_{fc} \tag{6.6.2a}$$

一方、Kutateladze(1961)は、次の方法を提案している。

$$\alpha = \alpha_{fc}\left\{1+\left(\frac{\alpha_{NB}}{\alpha_{fc}}\right)^n\right\}^{1/n} \tag{6.6.2b}$$

この式のnの値は、Fandら(1976)はn=5.5、Singhら(1983)はn=0.86としている。

一方、図6.6.5に示したYilmaz and Westwater(1980)が測定した水平円柱に直交して流れるフロンR-113の大気圧飽和核沸騰曲線では、低熱流束核沸騰域では液体流速の影響は顕著であり液体流速の増大とともに核沸騰熱伝達が向上しているが、高熱流束核沸騰域ではこの影響は消滅している。

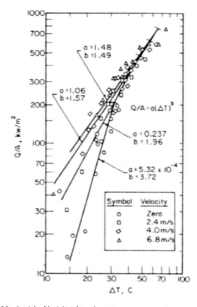

図6.6.5　核沸騰曲線と液体流速（Yilmaz and Westwater(1980)より）

【Ⅲ】　液層厚さの影響

液層厚さは、大別して二つの場合に問題となる。第一は水平上向き面で液位が低い場合であり、第二は狭い隙間など沸騰に関与する液相空間が限定されている場合である。

【液位の影響】

水位の影響は、液相内温度分布を介して気泡発生点密度と関連し、また気泡成長や離脱挙動あるいは液相の撹拌効果とも関連している。

西川と楠田ら(1966,1968)は低水位における核沸騰熱伝達の実験を行い、気泡状況や熱伝達について報告している。水位が低くなると、気泡は蒸気ドームを形成す

るようになる。しかし、この状態の高熱流束核沸騰では蒸気ドーム底部にはマクロ液膜が存在し、核沸騰熱伝達に対する水位の影響は顕著でない。水位がさらに減少しある値以下になると、蒸気ドーム底部の液膜には沸騰核生成は見られなくなり、蒸気ドームは頻繁に崩壊するようになり、沸騰面表面の液相は激しく撹乱される。このため、こうした状況では、十分な液位がある場合に比べて核沸騰熱流束は高くなる。低液位領域が開始する限界水位について、彼らは次式を提案している。

$$H = \frac{8\sigma}{\rho_1 D}$$
【6.6.3】

## 【沸騰空間の影響】

　沸騰空間の広さは、気泡発生点密度や気泡挙動に大きな影響を及ぼす。　§5.2で述べたように未沸騰領域における熱伝達率が低いほど、核沸騰開始過熱度は小さくなる。一般に、沸騰面とこれに対向して置かれた断熱面が形成する隙間が狭くなると、自然対流熱伝達が劣化するので、隙間間隔が小さくなると沸騰開始過熱度が減少することが期待できる。　これについては、石橋・岩崎(1982a, b)、島田ら(1987)が実験的に確認している。

　こうした小過熱度で沸騰が開始されると、小過熱度域では図5.2.1に示したように活性化する既存気泡核直径が大直径領域に限定されており、気泡発生点が沸騰面表面に十分な密度で形成されずパッチ核沸騰（沸騰面表面に気泡発生点が島状に点在する核沸騰）が起きる可能性がある。これについては、藤田ら(1985)が実験的に確認している。

　例えば、鉛直隙間を考えると、自由空間における離脱気泡直径程度以下に隙間間隔が減少すると、対向面が発生気泡の挙動を拘束するようになる。したがって、隙間間隔が小さくなると、対向面により押しつぶされた偏平気泡が隙間を上昇する状況が考えられる。こうした状況では、偏平気泡と沸騰面表面の間に形成される液膜は薄く、気泡核生成が抑制される可能性がある。即ち、隙間間隔の減少とともにミクロ液膜の蒸発により成長しながら隙間を上昇する”sliding bubble”が熱伝達の主役となる可能性がある。さらに隙間間隔が減少すると、気泡上昇中にミクロ液膜が消耗される状況が出現し、やがては隙間大半が蒸気により占有され隙間内への液体供給が困難となる状況に至ると考えられる。こうした、気泡挙動の隙間間隔による変化については、水平上向き平面上の水平隙間について甲藤・横谷(1966)、鉛直隙間については、Ishibashi and Nishikawa(1969)、石橋・岩崎(1982a, b)、Yao and Chang(1983)、Aokiら(1984)、藤田ら(1985, 1986, 1987)が報告している。　例えば、Ishibashi and Nishikawaは、隙間間隔の減少とともに、孤立気泡、合体気泡、液体欠乏域が発生するとしている。また、Yao and Changは、ボンド数Bo（＝w/$\lambda_{LL}$、wは隙間間隔、$\lambda_{LL}$は(4.2.1)式のラプラス長さ）により限定空間における沸騰状況を整理し、　孤立気泡域はBo<1の低熱流束域で、　合体気泡域はBo<1の高熱流束域で、偏平気泡底部における核生成はBoが1より若干大きい高熱流束域でそれぞれ現れることを報告している。

　こうした気泡挙動は、鉛直隙間の場合、下端が解放されているか閉鎖されているかにより大きく変化する。下端が閉鎖されている場合には、発生蒸気と浸入液体とが狭い隙間を対向してあるいは交互して流れることになり、激しい乱れが形成されるとともに、下端解放の場合に比べて液体供給が困難となり液体欠乏が発生しやすい。このような下端部の条件の影響については、Aokiら、藤田らが実験的検討を報

告している。

上述のように、隙間間隔や下端条件により気泡挙動が相違すれば、沸騰熱伝達もこれにより当然変化する。図 6.6.6 は、藤田ら(1985)が得た鉛直隙間における大気圧水の核沸騰曲線である。こうした図より得られている結果を総合すると、以下のようにいえる。

① 核沸騰熱伝達は、隙間間隔 w がある限界値 $w_{cr1}$ 以下になる w の減少とともに増大するようになり、ある隙間間隔 $w_{cr2}$ で最大値をとる。これは、蒸発ミクロ液膜を伴う sliding bubble の発生による。

② 隙間高さの増大は、下端解放条件では限界熱流束を減少させ（核沸騰熱伝達には影響しない）、下端閉鎖条件では液体欠乏により高熱流束核沸騰熱伝達をも劣化させる。

③ 隙間下端が閉鎖されている場合、低熱流束では、激しい乱れにより解放されている場合より高い核沸騰熱伝達が得られる。

①については、甲藤・横谷(1966)が水平隙間に関して指摘し、$w_{cr2}$ が離脱気泡径程度の値であることを示している。鉛直隙間については、気泡挙動の観察を報告している先述の報告が①の傾向を指摘している。下端の条件の影響については、上述した藤田らの報告の他に、Yao and Chang(1983)、Aoki ら(1984)も実験的検討を行っている。

一方、門出ら(1987, 1988, 1989)は、狭い鉛直隙間を上昇する sliding bubble を利用して熱伝達促進を図るための詳細な吹き込み気泡実験と解析とを行い、低熱流束域では気泡吹き込みにより熱伝達は顕著に促進されるが、促進効果は熱流束の増大とともに減少し、高熱流束状態では効果がなくなること、吹き込み気泡による熱伝達率は $\alpha \sim \sqrt{\tau}$（$\tau$ は気泡滞在周期）となることを示した。なお、次式は、Ishibashi and Nishikawa(1969)が示した大気圧から 10 気圧までの核沸騰実験における合体気泡域の整理式である。

$$\alpha \sim q_w w^{-2/3} p^{-0.353} \tag{6.6.4a}$$

$$f_{bc} = 1.174 \times 10^{-9} q_w \frac{Pr^{1.627}}{w^{3/2}} \left( \frac{\rho_l}{\rho_v} \right)^{1.085} \tag{6.6.4b}$$

$$Nu = \frac{200}{(FoPr)^{2/3}} \left( \frac{\rho_v}{\rho_l} \right)^{1/2} \tag{6.6.4c}$$

ここで、$f_{bc}$ は合体気泡生成頻度（但し、単位は 1/hr）、$Fo = \kappa_l / (f_{bc} w^2)$ であり、合体気泡底部にできる液膜の非定常熱伝導を考慮すると $Nu \sim Fo^{-2/3}$ が理論的の求まるとしている。

－ 158 －

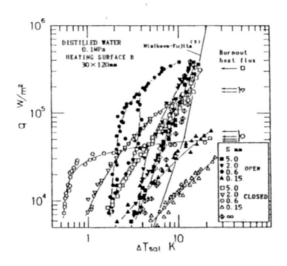

図 6.6.6　核沸騰熱伝達と隙間間隔（藤田ら(1985)より）

## §6.6.3 沸騰面にかかわる因子の影響

### 【Ⅰ】 沸騰面のマクロな幾何学的条件（形状・寸法・姿勢）の影響

　未沸騰領域における熱伝達は、伝熱面形状・寸法・姿勢などマクロな幾何学的条件により影響を受けるので、核沸騰開始点近傍の核沸騰熱伝達はこうした因子の影響を受けることは当然である。一方、熱流束の高い核沸騰熱伝達については、沸騰伝熱面近傍の状況により支配され、沸騰伝熱面の形状、寸法および姿勢は顕著な影響を及ぼさないと考えられている。しかし、沸騰伝熱面表面近傍の状況は、沸騰伝熱面表面近傍におけるボイド率を初めとして、沸騰伝熱面の形状、寸法および姿勢により大きく異なると考えられる。

　Cornwell ら(1982)は、沸騰面表面の性状に留意しながら、水平円柱系における核沸騰実験を円柱直径をパラメータとして行い、図6.6.7のような結果を示した。この図によれば、核沸騰熱伝達は円柱直径の関数であり、直径の増大とともに、D～$\lambda_{LL}$程度までは一旦増大し、以後減少しながら水平上向き平面での値に漸近している。また図6.5.2は、Nishikawa ら(1983)が測定した傾斜平面上における大気圧水の核沸騰曲線に対する平面傾斜角（φ＝0が水平上向き面に相当）の影響である。図に示されているように、傾斜角は低熱流束核沸騰域で顕著な影響を持ち、傾斜角の増大とともに核沸騰熱伝達が向上する。しかし、高熱流束核沸騰域では、この傾斜角の影響は消滅する。このような傾向は、イソプロパノールのサブクール核沸騰については Githinji and Sabersky(1963)が、フロン系冷媒については Chen(1978)が報告している。

　Marcus and Dropkin(1963)は、傾斜角と蒸気泡発生点密度との関係を検討している。また、Nishikawa ら(1983)は、モデル計算により、下向き平面では sliding bubble 底部における液膜蒸発の寄与により低熱流束域で核沸騰熱伝達が向上することを示している。

## 【Ⅱ】　沸騰面表面のミクロな幾何学的条件（粗さ、キャビティ分布）

沸騰面表面のミクロな幾何学的条件は、気泡発生点密度と重要な関係にあるので核沸騰熱伝達において極めて重要な因子と考えられる。沸騰面表面のミクロな幾何学的条件を示す量としては、通常表面粗さをとるのが普通である。一般には、沸騰面表面粗さの増大とともに既存気泡核分布密度が増大し、その結果、気泡発生点密度が増大し核沸騰熱伝達は向上するものと考えられる。

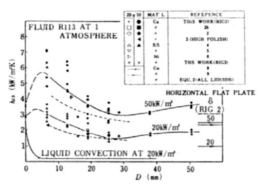

図 6.6.7　核沸騰熱伝達と沸騰面代表長さ（Cornwell ら (1982) より）

図 6.6.8 は、Berenson(1962) が測定した沸騰曲線に対する表面粗さの影響を示したものである。図示されているように、核沸騰熱伝達は沸騰面表面粗さの増大とともに向上する。図 6.6.9 は、核沸騰熱伝達と表面粗さの関係に関する藤田ら (1982) の測定結果である。図示されているように、表面粗さの影響は、高圧で小さく低圧で大きく、また核沸騰曲線の勾配に対する粗さの影響は小さい。彼らはこの結果を気泡発生点密度の観点から定性的に説明している。即ち、図 6.6.3 に示したように、低圧域では蒸気泡発生点は狭いキャビティ寸法範囲に存在しており高圧域ではこの範囲は広い。このことが、高圧域で核沸騰熱伝達が沸騰伝熱面表面粗さの影響を受け難くなる理由である。

表面粗さの影響の定量化については、藤田ら (1982) は (6.6.1) 式を提案している。粗さの影響の度合いについては、藤田らの他に Stephan(1963)、Cooper(1984) が整理式を提案している。

以上のことから、沸騰面表面に人工的微細構造を設けると核沸騰熱伝達が促進できる。人工的微細構造の例としては、

① 焼結層
② 粒子充填層
③ 金網層
④ 機械加工面

などが挙げられ、図 6.6.10 にこれら核沸騰促進面の核沸騰熱伝達特性を示した。Nishikawa and Ito(1980) は、焼結層を有する沸騰面における核沸騰熱伝達の整理式として次式を提案している。

$$\frac{q_w \delta}{k_m \Delta T_{ws}} = 10^{-3} \left(\frac{\sigma^3 h_{lv}}{q_w^2 \delta^2}\right)^{0.0284} \left(\frac{\delta}{d}\right)^{0.560} \left(\frac{q_w d}{\varepsilon h_{lv} \mu_v}\right)^{0.593} \left(\frac{k_m}{k_l}\right)^{0.708} \left(\frac{\rho_l}{\rho_v}\right)^{1.67} \quad \text{【6.6.5】}$$

ここで、$\delta$ は焼結層厚さ、$\varepsilon$ は空孔率、d は粒子直径、$k_m = \varepsilon k_l + (1-\varepsilon) k_p$ で添え字 p は粒子を意味する。

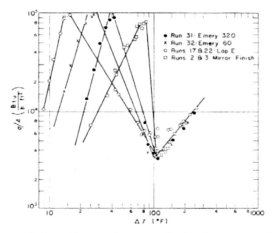

図 6.6.8 核沸騰熱伝達と沸騰面表面粗さ (Berenson(1962)より)

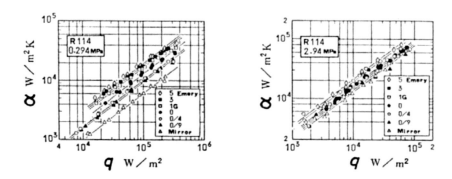

図 6.6.9 核沸騰熱伝達と表面粗さ・系圧力 (藤田ら(1982)より)

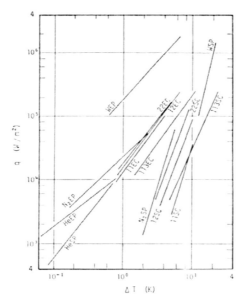

FIG. 47. Augmentation of nucleate boiling heat transfer by Thermoexcel, in a saturated liquid at nearly atmospheric pressure. The abbreviations can be defined as WSP: water, smooth, plane; WEP: water, Themoexcel, plane; 11SC: R11, smooth, cylinder; 11EC: R11, Thermoexel, cylinder; 12SC: R12, smooth cylinder; 12EC: R12, Thermoexcel, cylinder; 22SC: R22, smooth, cylinder; 22EC: R22, Thermoexcel, cylinder; 113SC: R113, smooth, cylinder; 113EC: R113, Thermoexcel, cylinder; N2SP: nitrogen, smooth, plane; N2EP: ni-trogen, Thermoexcel, plane; HeSP: helium-4, smooth, plane; and HeEP: helium-4,Thermo- excel, Plane

図 6.6.10 核沸騰促進面における核沸騰熱伝達
(Nishikawa and Fujita(1990)より)

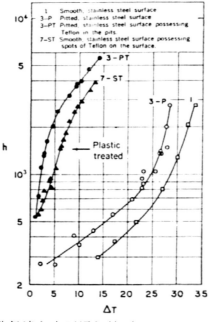

図 6.6.11 核沸騰熱伝達と表面濡れ性 (Yang and Hummel(1964)より)

## 【Ⅲ】 沸騰面表面の濡れ性（接触角θなど）

沸騰面表面の濡れ性は、気相捕獲条件を介して既存気泡核分布密度に影響を与え、核沸騰熱伝達の重要な因子となる。Berenson(1962)は、沸騰曲線に対する沸騰伝熱面表面の汚れの影響を検討しており、核沸騰熱伝達に対する汚れの影響は小さいことを示している。一方、図6.6.11は、沸騰面表面のキャビティにテフロンを付着させ濡れ難く処理した場合の核沸騰曲線と清浄面におけるそれとの比較を行ったYoung and Hummel(1964)の結果である。キャビティを濡れ難く処理することにより、既存気泡核分布密度が増大し核沸騰熱伝達は顕著に増大する。鳥飼・山崎(1966)、長谷川ら(1968, 1972)および竹川ら(1973)も濡れ難い沸騰面と清浄沸騰面とを用いて核沸騰実験を行い、気泡サイクル周期の大半が合体気泡の付着期間であることを報告している。

## 【Ⅳ】 沸騰面の熱的性格

§6.2で述べたように、核沸騰熱伝達では気泡成長・離脱にともない非定常熱伝達が起こるため、沸騰伝熱面の熱的性格が影響する可能性がある。

図6.6.12はMagrini and Nannei(1975)が測定した大気圧水における飽和核沸騰熱伝達に対する沸騰伝熱面熱伝導性の影響である。図示されているように、沸騰伝熱面材料の熱伝導性が低い場合、核沸騰熱伝達は沸騰伝熱面の熱容量の減少とともに低下する。Parasad and Prakash(1985)はこうした影響を解析している。

また、§6.2でミクロ液膜に関連して述べた解析でもこうしたことが検討されている。このような傾向は特に極低温液体の核沸騰において顕著であると言われており、Grigorievら(1973)によれば、沸騰伝熱面材料の熱伝導性により液体窒素では10倍、液体ヘリウムでは40倍も核沸騰熱伝達が異なる。図6.6.13は、沸騰面表面に設けたテフロン被覆層の厚さをパラメータとして液体ヘリウムの沸騰曲線を測定したChandratilleke・西尾(1988)の結果を示したものであるが、核沸騰熱伝達は被覆層厚さの増大とともに劣化する。

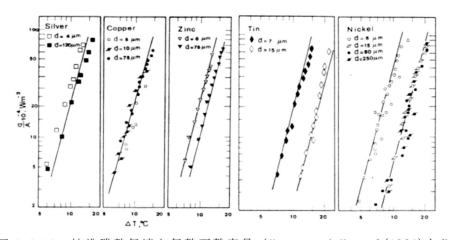

図6.6.12　核沸騰熱伝達と伝熱面熱容量（Young and Hummel(1964)より）

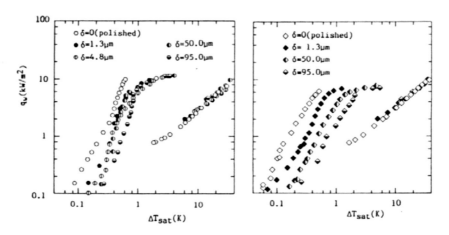

Boiling curves on PTFE-coated surface for facing upward orientation.

Boiling curves on PTFE-coated surface for vertical orientation.

図 6.6.13　核沸騰熱伝達と沸騰面表面層の熱伝導性

　Stephan and Abdelsalam(1980)は、従来の文献を展望し、沸騰面材料の熱伝導性の影響は、通常液体では小さいが極低温液体では顕著であるとして、後述する整理式を提案している。彼らの式によれば、沸騰面の熱伝導性の低下とともに核沸騰熱伝達は低下する。彼らはこの原因について、極低温下では沸騰面材料の熱的性格が顕著に変化すること、極低温液体の接触角は小さいことおよび極低温液体の熱伝導性は通常液体に比べて良いことを上げている。

## §6.6.4 核沸騰熱伝達の整理式

核沸騰熱伝達の整理式については、西川・藤田(1974)がかなり多くのものをまとめている。ここでは、よく使用される整理式と、比較的最近の整理式とを記すにとどめる。

最もよく知られている核沸騰熱伝達の整理式は、Kutateladze(1952)あるいはRohsenow(1952)の以下の式である。

$$\frac{q_w\lambda_{LL}}{\Delta T_{ws}k_1} = 7.0\times10^{-4}\left(\frac{q_w\lambda_{LL}}{\rho_v h_{lv}\nu_1}\right)^{0.7} Pr_1^{0.35}\left\{\frac{p}{[\sigma(\rho_1-\rho_v)]^{1/2}}\right\}^{0.7} \qquad 【6.6.6】$$

$$\frac{c_{pl}\Delta T_{ws}}{h_{lv}} = C_{ls}\left(\frac{q_w\lambda_{LL}}{h_{lv}\mu_1}\right)^{0.33} Pr_1^{1.7} \qquad 【6.6.7】$$

ここで、$\lambda_{LL}$はラプラス長さであり、(6.6.7)式の$C_{ls}$は液体、沸騰面材料や表面性状により定まる定数である。

さて、Stephan and Abdelsalam(1980)は、次元解析により無次元数を導出し、広い圧力範囲における多種の液体に関する測定値により無次元数$\xi_1\sim\xi_8$を選択し、以下の整理式を提案した。まず、使用されている無次元数は、

$$Nu = \frac{\alpha D_{db}}{k_1}, \qquad \xi_1 = \frac{q_w D_{db}}{k_1 T_{sat}}, \qquad \xi_2 = \frac{\kappa_1^2\rho_1}{\sigma D_{db}}, \qquad \xi_3 = \frac{c_{pl}D_{db}^2 T_{sat}}{\kappa_1^2}$$

$$\xi_4 = \frac{h_{lv}D_{db}^2}{\kappa_1^2}, \qquad \xi_5 = \frac{\rho_v}{\rho_1}, \qquad \xi_6 = Pr_1, \qquad \xi_7 = \frac{(\rho ck)_w}{(\rho cpk)_1}$$

$$\xi_8 = \frac{(\rho_1-\rho_v)}{\rho_1}, \qquad D_{db} = 0.146\theta\left\{\frac{2\sigma}{g(\rho_1-\rho_v)}\right\}^{1/2}$$

である。まず、水については、

$$Nu = 0.246\times10^7 \xi_1^{0.673}\xi_3^{1.26}\xi_4^{-1.58}\xi_8^{5.22}$$

$$(6.6.8a)$$

但し、$\theta$は45°、$10^{-4}<\Pi<0.886$である（$\Pi$は換算圧力である）。炭化水素については、

$$Nu = 0.0546\xi_1^{0.67}\xi_4^{0.248}\xi_5^{0.335}\xi_8^{-4.33} \qquad (6.6.8b)$$

但し、$\theta$は35°、$5.7\times10^{-3}<\Pi<0.9$である。低温液体については、

$$Nu = 4.82\xi_1^{0.624}\xi_3^{0.374}\xi_4^{-0.329}\xi_5^{0.257}\xi_7^{0.117}$$

$$(6.6.8c)$$

但し、$\theta=1°$、$4\times10^{-3}<\Pi<0.97$である。冷媒については、

$$Nu = 207\xi_1^{0.745}\xi_5^{0.581}\xi_6^{0.533} \qquad (6.6.8d)$$

但し、$\theta=35°$、$3\times10^{-3}<\Pi<0.78$である。全体を通しての整理式は、

$$Nu = 0.23\xi_1^{0.674}\xi_2^{0.35}\xi_4^{0.371}\xi_5^{0.297}\xi_8^{-1.73}$$

$$(6.6.8e)$$

但し、$10^{-4}<\Pi<0.97$である。

また、Cooper(1984)も類似した整理を報告しており、それは次式で与えられる。

$$\frac{\alpha}{q_w^{2/3}} = 55\Pi^{0.12-0.2\log[R_p]}\left(-\log\Pi\right)^{-0.55}M^{-0.5} \qquad \text{【6.6.9】}$$

ここで、$R_p$は粗さの中心線深さ（単位は$\mu$m）、Mは液体の分子量である。

# 第7章　膜沸騰熱伝達

　本章では、「膜沸騰熱伝達（film-boiling heat transfer）」について述べる。膜沸騰熱伝達は、膜沸騰を構成する蒸気流れ、気液界面および液相境界層流れのそれぞれの性状（§7.1）により、層流蒸気流－平滑界面系（§7.2）、層流蒸気流－波状界面系（§7.3）およびそれ以外の系（§7.4）に大別される。また、膜沸騰領域では沸騰面温度が高い場合があり、放射伝熱の効果を把握する必要がある。
　膜沸騰に関する解説としては、次のものを薦めたい。
　　　◇ Kalinin, E.K., Berlin, I.I. and Kostyuk, V.V.:1975, "Film-Boiling
　　　　 Heat Transfer", in "Adv. Heat Transfer", (Academic Press), pp.51-197.

## §7.1　膜沸騰熱伝達の基本構造

　図7.1.1は、膜沸騰における熱の流れを示したものである。まず沸騰面表面からは、放射伝熱と蒸気への熱伝導とにより伝熱が起こる。

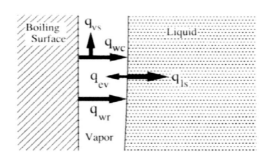

図7.1.1　膜沸騰熱伝達における熱の流れ

① 膜沸騰蒸気膜の厚さは高々100μmオーダーであるから、特殊な液体の場合を除いて、蒸気膜は放射に対して十分透明と見なせる。したがって、沸騰面表面からの放射熱量$q_{wr}$は全て、気液界面に到達しそこで吸収されると考えてよい。
② 沸騰面表面から蒸気流れへの伝導熱量は、蒸気流れのエンタルピー上昇に一部分使われ（$q_{vs}$）、残りが気液界面へ伝導される（$q_{wc}$）。

上述の二つの経路により沸騰面表面から気液界面へ伝えられた熱（$q_{wc}+q_{wr}$）は、気液界面で以下のように費やされる。

③ 液体が飽和液体である場合は、全て蒸発に費やされ、
④ 液体がサブクールされている場合は、蒸発（$q_{ev}$）と液相のエンタルピー上昇（$q_{ls}$）とに分配されて費やされる。

さて、放射伝熱量$q_{wr}$は、既に述べたように蒸気膜厚さが薄いので、沸騰面および気液界面を平行2平面として次のように表される。

$$q_{wr} = \frac{\sigma_{SB}\left(T_w{}^4 - T_{sat}{}^4\right)}{1 + \dfrac{1}{\varepsilon_w} - \dfrac{1}{\alpha_1}} \qquad 【7.1.1】$$

次に、伝導熱流束$q_{wc}$は、$c_{pv}\Delta T_{ws} \ll h_{1v}$とすると蒸気膜内温度分布は直線近似できるので、次のように書ける。

$$q_{wc} = \frac{k_v}{\delta_v}\Delta T_{ws} \qquad 【7.1.2】$$

したがって、膜沸騰熱伝達では、一般的に(7.1.1)と(7.1.2)との和として表面熱流束$q_w$が表される。この熱流束は、気液界面において液相へ伝わり液相の加熱に費やされる熱流束$q_{1s}$と蒸発に費やされる熱流束$q_{ev}$に分配される。液相加熱に費やされる熱流束は、

$$q_{1s} = -k_1\frac{\partial T_1}{\partial z}\bigg|_i$$

であるから、したがって次式が成立する。

$$q_w = q_{wc} + q_{wr} = \frac{k_v}{\delta_v}\Delta T_{ws} + \frac{\sigma_{SB}\left(T_w{}^4 - T_{sat}{}^4\right)}{1 + \dfrac{1}{\varepsilon_w} - \dfrac{1}{\alpha_1}} = q_{ev} + q_{1s} = q_{ev} - k_1\frac{\partial T_1}{\partial z}\bigg|_i \qquad 【7.1.3】$$

　上式は、蒸気膜厚さ$\delta_v$が定まれば沸騰面表面熱流束$q_w$が定まることを意味している。以下、いくつかの場合について考えてみる。

## 【Ⅰ】　放射伝熱が無視できる自然対流・飽和膜沸騰熱伝達

　この場合、$q_{wr} = q_{1s} = 0$であるから、蒸気膜厚さ$\delta_v$を通して熱伝導で気液界面に伝わる熱量の全てが蒸発に使われる。この蒸発量は、蒸気流れを介して再び蒸気膜厚さ$\delta_v$を決定する。

　この場合、$\delta_v$は、蒸気流れが層流であるか乱流であるかにより当然影響を受ける。蒸気流れのレイノルズ数$Re$は、飽和膜沸騰では次のように書ける。

$$Re = \frac{U_v H}{\nu_v} = \frac{q_w H}{\mu_v h_{1v}} \qquad 【7.1.4】$$

ここで、$H$は沸騰面代表寸法である。このレイノルズ数は、通常の膜沸騰熱伝達では高々100程度であるから、多くの場合、蒸気流れは層流と考えてよい。

　さて、蒸気膜厚さ$\delta_v$は、蒸気流れの流動パターンにも関係している。すなわち飽和膜沸騰では、発生蒸気は液体中を通じて蒸気膜から離脱する必要があり、蒸気膜の前縁から離脱地点に至る流動パターンが形成される。図7.1.2は、飽和膜沸騰熱伝達で想定し得る典型的流動パターンを示したものである。図7.1.2の(a)は、水平円柱回りの膜沸騰熱伝達における流動パターンを示したものであり、平滑な気液界面が、円柱下端（蒸気膜前縁）から円柱上端（蒸気離脱地点）まで沸騰面表面に沿って形成される。この場合は、蒸気膜厚さの分布は、円柱下端から上端に至る

－ 168 －

"流路"内での層流蒸気流れにより決定され、したがって円柱円周長さあるいは円柱直径が重要な量となる。

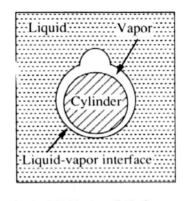 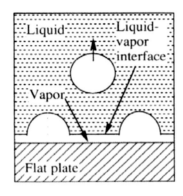

（a）平滑界面の膜沸騰　　　　　　　　（b）波状界面の膜沸騰
図 7.1.2　気液界面の性状と膜沸騰熱伝達

一方、図7.1.2の(b)は、十分大きな水平上向き平面での膜沸騰熱伝達における蒸気流動パターンを示したものである。この場合、密度の小さい蒸気層が重力方向下部にあり、密度の大きい液層が上部にあるので、§4.2で示したように気液界面に不安定が発生する。したがって、この場合は、蒸気膜内で発生した蒸気は界面不安定により離脱することになる。この場合には、蒸気膜厚さは、界面不安定波長で区切られる蒸気膜ユニット内の蒸気流れにより決定されることになり、沸騰面寸法は蒸気膜厚さに関与しなくなる。

以上のことから、「気液界面の性状」は膜沸騰熱伝達の基本構造を決定する重要因子である。

【Ⅱ】　放射伝熱が無視できる自然対流・サブクール膜沸騰熱伝達

この場合、(7.1.3)式において$q_{wr}=0$であるが、蒸気膜厚さを決定する蒸発量は$q_{wc}-q_{ls}$となる。したがって、サブクール膜沸騰では気液界面から液相境界層への熱伝達が蒸気膜厚さを決定する一因となる。この液相境界層流れは、自然対流膜沸騰の場合、気液界面において蒸気流れより受けるせん断力、気液界面の性状および液相境界層内の浮力により決定される。したがって、この系でも蒸気流れと気液界面の性状が膜沸騰熱伝達の基本構造を決定すると言える。

【Ⅲ】　放射伝熱が無視できる強制対流膜沸騰熱伝達

この場合も(7.1.3)式が成立するが、液相主流が乱流である場合には、蒸気膜、気液界面および液相境界層で構成される二相境界層が、乱流主流に如何に応答するかが膜沸騰熱伝達の基本構造を決定する。したがって、この場合は、蒸気流れ、気液界面および液相境界層の性状が膜沸騰熱伝達の基本構造を決定することとなる。

【Ⅳ】　放射伝熱が無視できない膜沸騰熱伝達

(7.1.3)式は、放射伝熱が無視できない場合には、蒸発量は蒸気膜を熱伝導で伝わり気液界面に到達する熱流束と放射熱流束との和により、蒸気膜厚さが定まることを意味している。したがって、蒸気膜厚さは放射伝熱の関数であり、熱伝導量が

放射伝熱に依存することになる。このことは、放射に対して透明な流体における熱伝達率が対流熱伝達率と放射熱伝達率との線形和として単純に表される単相流熱伝達と大きく異なる点である。すなわち、膜沸騰熱伝達では、放射伝熱が無視できない場合の膜沸騰熱伝達率は、放射伝熱を無視した場合の膜沸騰熱伝達率と放射熱伝達率との線形和にはならない。

　以上述べたように、膜沸騰熱伝達は、蒸気流れ、気液界面および液相境界層流れの性状を基本構造とすると言える。

## §7.2 平滑界面・層流蒸気膜を有する自然対流膜沸騰熱伝達

　ここでは、平面界面・層流蒸気膜を基本構造とする膜沸騰熱伝達に関して、自然対流膜沸騰熱伝達について積分法による近似解析解（§7.2.1）、相似変換を用いた数値解（§7.2.2）、またこうした構造を有する膜沸騰熱伝達に関する研究小史（§7.2.3)について述べる。

### §7.2.1 積分法による近似解

　いま、図7.2.1のように水平円柱まわりに形成された平滑界面・層流蒸気膜を有する自然対流膜沸騰熱伝達を考える。ここでは水平円柱を例として述べるが、平滑界面・層流蒸気膜を基本構造とする限り、鉛直面を含む平面に沿った膜沸騰あるいは球まわりの膜沸騰など沸騰面形状に関わらず、類似した取扱ができる。但し、ここで述べる積分法による近似解析では、以下の仮定を置く。

① 円柱表面温度は一様である。
② 放射伝熱は無視できる。
③ 流体の物性は、液体の密度を除いて一定であり、その値は膜温度で評価できる。

とする。この場合の膜沸騰熱伝達は、後述するように相似解析により数値解として厳密に解けるが、ここでは積分法により解いておく。
　まず、以下の仮定を設ける。

④ 蒸気流れについては、慣性項を無視して粘性流れとする。
⑤ 蒸気膜内の温度分布は直線分布とする。
⑥ 液相境界層における速度境界層厚さは温度境界層厚さに等しい。

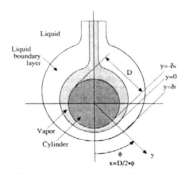

図7.2.1 平滑界面・層流蒸気膜を有する膜沸騰系

これらの仮定下では、蒸気流れと液相境界層流れについて、それぞれ運動量式、エネルギー式は以下のようになる。

$$(g \cdot \sin\phi)(\rho_1 - \rho_v)\delta_v = \mu_v\left(\left.\frac{\partial u_v}{\partial z}\right|_w - \left.\frac{\partial u_v}{\partial z}\right|_i\right) \tag{7.2.1a}$$

$$\rho_v h_{lv}\frac{d}{dx}\int_{-\delta_v}^{0}\left(1 + Sp\frac{T_v - T_{sat}}{\Delta T_{ws}}\right)dz = -k_v\left.\frac{\partial T_v}{\partial z}\right|_w - k_v\left.\frac{\partial T_v}{\partial z}\right|_i \tag{7.2.1b}$$

$$\rho_1\frac{d}{dx}\int_0^{\delta_1}u_1{}^2 dz = (\rho_1 g \cdot \sin\phi)\int_0^{\delta_1}(T_1 - T_{lb})dz - \mu_1\left.\frac{\partial T_1}{\partial z}\right|_i \tag{7.2.1c}$$

$$\frac{d}{dx}\int_0^{\delta_1}u_1(T_1 - T_{lb})dz = -\alpha_1\left.\frac{\partial T_1}{\partial z}\right|_i \tag{7.2.1d}$$

境界条件は以下のように記述できる。

$$z = -\delta_v \quad : \quad u_v = 0, \quad T_v = T_w \tag{7.2.2a, b}$$

$$z = 0 \quad : \quad u_v = u_1, \quad T_v = T_1 = T_{sat} \tag{7.2.2c, d}$$

$$\mu_v\frac{\partial u_v}{\partial z} = \mu_1\frac{\partial u_1}{\partial z} \tag{7.2.2e}$$

$$z = -\delta_1 \quad : \quad u_1 = 0, \quad \frac{\partial u_1}{\partial z} = 0 \tag{7.2.2f, g}$$

$$T_1 = T_{lb}, \quad \frac{\partial T_1}{\partial z} = 0 \tag{7.2.2h, i}$$

## 【Ⅰ】　膜沸騰ヌセルト数の一般的表示

　次に、蒸気流れの速度分布を 2 次式で近似すると、(7.2.2a)および(7.2.1a)式より、蒸気流れの速度分布は次式で与えられる。

$$u_v = -\frac{g(\rho_1 - \rho_v)\sin\phi}{2\mu_v}\delta_v{}^2\left(\frac{z}{\delta_v} + 1\right)\left(\frac{z}{\delta_v} - a_v\right) \tag{7.2.3}$$

但し、a$_v$は定数である。　蒸気膜内の温度分布は、仮定⑤と(7.2.2b, d)式より、次式で与えられる。

$$T_v = T_{sat} - \Delta T_{ws}\frac{z}{\delta_v} \tag{7.2.4}$$

　さらに、液相境界層内の温度分布を 2 次式で近似すると、(7.2.2d, h, i)式より液相温度分布は次式で与えられる。

$$T_1 = T_{lb} + \Delta T_{sub}\left(\frac{z}{\delta_1} - 1\right)^2 \tag{7.2.5}$$

(7.2.3)～(7.2.5)式を(7.2.1b)式に代入すると、 δ$_v$に関する次の常微分方程式を得る。

$$\delta_v\frac{d}{d\phi}\left(\delta_v{}^3\sin\phi\right) = 6D^4\left(\frac{Sp^*}{Gr_v Pr_v}\right)\times\left\{\frac{1}{1 + \left(\dfrac{3 + Sp}{1 + Sp/2}\right)a_v}\right\}\left(1 - 2\frac{Pr_v Sb\delta_r}{Pr_1 Sp\mu_r}\right) \tag{7.2.6}$$

但し、$\quad Nu = \dfrac{hD}{k_1}, \quad\quad Gr_v = \dfrac{g\rho_v(\rho_1 - \rho_v)D^3}{\mu_v{}^2}$

$$\mathrm{Sp} = \frac{c_{pv}\Delta T_{ws}}{h_{lv}} \quad , \qquad \mathrm{Sp}^* = \frac{c_{pv}\Delta T_{ws}}{h_{lv}+0.5c_{pv}\Delta T_{ws}} = \frac{\mathrm{Sp}}{1+0.5\mathrm{Sp}}$$

$$\mathrm{Sb} = \frac{c_{pl}\Delta T_{sub}}{h_{lv}} \quad , \qquad \delta_r = \frac{\delta_v}{\delta_l} \quad , \qquad \mu_r = \frac{\mu_v}{\mu_l}$$

(7.2.6)式を解いて、

$$\frac{\delta_v[\phi]}{D} = \left\{6^{1/4}\Psi[\phi]\right\}\left(\frac{\mathrm{Sp}^*}{\mathrm{Gr_v Pr_v}}\right)^{1/4}\left\{\frac{1-2\dfrac{\mathrm{Pr_v Sb}\delta_r}{\mathrm{Pr_l Sp}\mu_r}}{1+\left(\dfrac{3+\mathrm{Sp}}{1+\mathrm{Sp}/2}\right)a_v}\right\}^{1/4} \qquad\qquad 【7.2.7】$$

を得る。ここで、

$$\Psi[\phi] = \left\{\frac{4\int_0^\phi (\sin\xi)^{1/3}\,d\xi}{3(\sin\phi)^{4/3}}\right\}^{1/4}$$

である。したがって、局所熱伝達率は次のようになる。

$$h[\phi] = -\frac{k_v}{\Delta T_{ws}}\frac{\partial T_v}{\partial z}\bigg|_w = \frac{k_v}{\delta_v}$$

$$= \left\{\frac{1}{6^{1/4}\Psi[\phi]}\right\}\left(\frac{k_v}{D}\right)\left(\frac{\mathrm{Gr_v Pr_v}}{\mathrm{Sp}^*}\right)^{1/4}\left\{\frac{1+\left(\dfrac{3+\mathrm{Sp}}{1+\mathrm{Sp}/2}\right)a_v}{1-2\dfrac{\mathrm{Pr_v Sb}\delta_r}{\mathrm{Pr_l Sp}\mu_r}}\right\}^{1/4} \qquad\qquad 【7.2.8】$$

また、平均熱伝達率は次のようになる。

$$h_m = \frac{1}{\pi}\int_0^\pi h[\phi]\,d\phi = 0.515\left(\frac{k_v}{D}\right)\left(\frac{\mathrm{Gr_v Pr_v}}{\mathrm{Sp}^*}\right)^{1/4}\left\{\frac{1+\left(\dfrac{3+\mathrm{Sp}}{1+\mathrm{Sp}/2}\right)a_v}{1-2\dfrac{\mathrm{Pr_v Sb}\delta_r}{\mathrm{Pr_l Sp}\mu_r}}\right\}^{1/4} \qquad\qquad 【7.2.9】$$

以上より、水平円柱まわりの平滑界面・層流蒸気膜を有する自然対流膜沸騰熱伝達における平均ヌセルト数 $\mathrm{Nu_m}$ は、次式で表される。

$$\mathrm{Nu_m} = 0.515\left(\frac{\mathrm{Gr_v Pr_v}}{\mathrm{Sp}^*}\right)^{1/4}\left\{\frac{1+\left(\dfrac{3+\mathrm{Sp}}{1+\mathrm{Sp}/2}\right)a_v}{1-2\dfrac{\mathrm{Pr_v Sb}\delta_r}{\mathrm{Pr_l Sp}\mu_r}}\right\}^{1/4} \qquad\qquad 【7.2.10】$$

(7.2.10)式は、液層境界層の速度分布および運動量式を使わずに導かれた式である。したがって、液層境界層の速度分布によらず成立する一般式と考えてよい。

## 【Ⅱ】　一般式の具体化

ところで、(7.2.10)式には、未だ定まっていない定数 $\delta_r$ および $a_v$ が含まれている。いま、液相境界層流れは、気液界面におけるせん断力のみにより駆動されるとする。液相速度分布を2次式で近似し、（7.2.2c, f, g)式と(7.2.3)式を用いて、液相速度分布に関する次式が得られる。

- 173 -

$$u_l = \frac{g(\rho_l - \rho_v)}{2\mu_v} a_v \delta_r \left(\frac{z}{\delta_l} - 1\right)^2$$

上式、(7.2.2e)、(7.2.3)式より次式を得る。

$$a_v = \frac{\mu_r}{\mu_r + 2\delta_r} \qquad \text{【7.2.11】}$$

また、(7.2.1d)式に諸量を代入すると次式が得られる。

$$\frac{\delta_l[\phi]}{D} = \left(10^{1/4}\Psi[\phi]\right)\left(\frac{\rho_r}{Gr_v Pr_l \mu_r}\right)^{1/4}\left(\frac{1}{a_v \delta_r}\right)^{1/4}$$

ここで、$\rho_r = \rho_v/\rho_l$である。この式と、(7.2.7)、(7.2.11)式より、

$$\delta_r^3 + \frac{1}{2}\left\{1 + \left(\frac{3 + Sp}{1 + Sp/2}\right)\right\}\mu_r \delta_r^2 + \left(\frac{3Sp^* Sb\mu_r}{5\rho_r Sp}\right)\delta_r - \left(\frac{Pr_l Sp^* \mu_r^2}{10 Pr_v \rho_r}\right) = 0 \qquad \text{【7.2.12】}$$

これを$\delta_r$について解くと、(7.2.10)式が確定する。

　しかし、(7.2.12)式は、液相境界層における浮力の効果を無視している。そこで、次に、液相境界層における浮力の効果を含めて解析する。無論、この場合も(7.2.10)式は成立している。

　(7.2.2f, g)式が成立するように、液相境界層の速度分布を次式で近似する。

$$u_l = \frac{F[Pr_l]\beta g \sin\phi}{4\nu_l} \delta_l^2 \left(1 - \frac{z}{\delta_l}\right)^2 \left(\frac{z}{\delta_l} + a_l\right) \qquad \text{【7.2.13】}$$

ここで、$a_l$は定数である。(7.2.3)、(7.2.13)式を、(7.2.1c, e)式に代入すると、$a_l$、$a_v$に関する以下の式を得る。

$$a_v = 1 - \frac{1 + \dfrac{FSb}{2(1 - \rho_r)B\delta_r}}{1 + 2(\delta/\mu)_r} \qquad (7.2.14a)$$

$$a_l = \frac{1 + 2\dfrac{(1 - \rho_r)B\delta_r}{FSb}}{2 + (\delta/\mu)_r} \qquad (7.2.14b)$$

但し、

$$B = \frac{c_{pl}}{\beta h_{lv}}$$

　一方、(7.2.5)、(7.2.13)式を(7.2.1c)式に代入すると、若干の計算の後に次式を得る。

$$\delta_l = \left\{\left(\frac{224}{1 + 7a_l + 21la_l^2}\right)\left(\frac{\nu_l^2 BD}{gSb}\right)\times\left[\frac{1}{F^2} - \frac{3}{4}\left(\frac{1 - 2a_l}{F}\right)\frac{\int_0^\phi (\sin\xi)^{3/5}d\xi}{(\sin\phi)^{8/5}}\right]\right\}^{1/4}$$

同様にして、(7.2.1d)式を書き換えると、

－ 174 －

$$\delta_1 = \left\{ \left( \frac{120}{1+6a_1} \right) \left[ \frac{4\int_0^\phi (\sin\xi)^{1/3} d\xi}{(\sin\phi)^{4/3}} \right] \left( \frac{\nu_1^2 BD}{g Pr_1 Sb} \right) \left( \frac{1}{F} \right) \right\}^{1/4} \tag{7.2.14e}$$

上の２式より $\delta_1$ を消去して、

$$\frac{1}{F} = \left( \frac{15}{28} \right) \Psi[\phi]^4 \left( \frac{1+7a_1+21a_1^2}{1+6a_1} \right) \left( \frac{1}{Pr_1} \right) + \frac{3}{4} (1-2a_1) \tag{7.2.14c}$$

さらに、(7.2.7)と(7.2.14e)式の比をとると、

$$\delta_r = \left\{ \left( \frac{1+a_1}{80} \right) \left[ \frac{Sp}{Gr_v Pr_v (1+3/8Sp)} \right] \left( \frac{Pr_1 Sb}{B} \right) \left( \frac{g D^3}{\nu_1^2} \right)^{1/4} \times \left[ \frac{1 - 2\dfrac{Pr_v Sb\delta_r}{Pr_1 Sp\mu_r}}{1 - \left( \dfrac{(3/4)+Sp/4}{1+3/8Sp} \right)} \right]^{1/4} \right\} \tag{7.2.14d}$$

したがって、浮力を考慮すると、(7.2.14a,b,c,d)式を $a_v$、$a_1$、F、$\delta_1$について解くことにより、(7.2.10)式が確定する。

---

### §7.2.2 膜沸騰熱伝達に関する二相境界層理論

---

　前項で述べた解析は、膜沸騰熱伝達に対するよい物理的見通しを与えるが、解の精度は保証されていない。そこで、ここでは沸騰熱伝達に関する数値解析の基本を述べておく。

　いま、図7.2.1のような鉛直平面あるいは水平円柱系における膜沸騰熱伝達を、以下の仮定の下で考える。

① 系は定常である。
② 以下の境界層近似が成立するとする。

$$\frac{\partial^2 u}{\partial x^2} \ll \frac{\partial^2 u}{\partial y^2}, \qquad \frac{\partial^2 T}{\partial x^2} = \frac{\partial^2 T}{\partial y^2}, \qquad \frac{\partial p}{\partial y} \ll \frac{\partial p}{\partial x}$$

③ 粘性係数、比熱、および熱伝導率は一定である。
④ 沸騰面表面は、温度一定あるいは熱流束一定である。
⑤ 放射伝熱は無視できる。
⑥ 気液界面では熱力学的平衡条件が仮定できる。

こうした条件の下では、まず蒸気相に関して以下の式が得られる。

$$\left.\begin{array}{l}\dfrac{\partial \rho_v u_v}{\partial x}+\dfrac{\partial \rho_v v_v}{\partial y}=0\\[2mm]\rho_v\left(u_v\dfrac{\partial u_v}{\partial x}+v_v\dfrac{\partial u_v}{\partial y}\right)=(\rho_1-\rho_v)g+\mu_v\dfrac{\partial^2 u_v}{\partial y^2}\\[2mm]\rho_v c_{pv}\left(u_v\dfrac{\partial T_v}{\partial x}+v_v\dfrac{\partial T_v}{\partial y}\right)=k_v\dfrac{\partial^2 T_v}{\partial y^2}\end{array}\right\}\quad,\qquad\text{【7.2.15】}$$

次に、液相に関して以下の式が得られる。

$$\left.\begin{array}{l}\dfrac{\partial \rho_1 u_1}{\partial X}+\dfrac{\partial \rho_1 v_1}{\partial Y}=0\\[2mm]\rho_1\left(u_1\dfrac{\partial u_1}{\partial X}+v_1\dfrac{\partial u_1}{\partial Y}\right)=\rho_1\beta g(T_{1b}-T_1)+\mu_1\dfrac{\partial^2 u_1}{\partial Y^2}\\[2mm]\rho_1 c_{pl}\left(u_1\dfrac{\partial T_1}{\partial X}+v_1\dfrac{\partial T_1}{\partial Y}\right)=k_1\dfrac{\partial^2 T_1}{\partial Y^2}\end{array}\right\}\quad,\qquad\text{【7.2.16】}$$

ここで、X、Y は液相境界層を考える場合の座標軸である。境界条件は、以下のとおりである。

$$y=0 \qquad\qquad : \quad u_v=v_v=0 \quad, \tag{7.2.17a}$$

$$T_v=T_w,\ \text{or}\quad q_w=-k_v\dfrac{\partial T_v}{\partial y} \tag{7.2.17b}$$

$$y=\delta\ (Y=0) \qquad : \quad u_v=u_1 \quad, \tag{7.2.17c}$$

$$\rho_v\left(v_v-u_v\dfrac{d\delta}{dx}\right)=\rho_1\left(v_1-u_1\dfrac{d\delta}{dx}\right) \tag{7.2.17d}$$

$$\mu_v\dfrac{\partial u_v}{\partial y}=\mu_1\dfrac{\partial u_1}{\partial Y} \tag{7.2.17e}$$

$$T_v=T_1=T_{sat} \tag{7.2.17f}$$

$$-k_v\dfrac{\partial T_v}{\partial y}=-\rho_v h_{lv}\left(v_v-u_v\dfrac{d\delta}{dx}\right)-k_1\dfrac{\partial T_1}{\partial Y}\ , \tag{7.2.17g}$$

$$Y=\infty \qquad\qquad : \quad u_1=0,\quad T_1=T_{1b} \tag{7.2.17h}$$

## 【相似変換による解】

いま、水平円柱系を対象として以下の相似変換を導入する。

$$\eta_v = N_v \gamma_1[x]\frac{y}{R}, \quad \eta_1 = N_1 \gamma_1[x]\frac{Y}{R} \left.\begin{array}{c}\\\\\end{array}\right|$$

$$f_v = \frac{\Psi_v}{M_v \gamma_2[x]}, \quad f_1 = \frac{\Psi_1}{M_1 \gamma_2[x]} \left.\right\} \quad (7.2.18a)$$

$$\Theta_v = \frac{T_v - T_{sat}}{T_w - T_{sat}}, \quad \Theta_1 = \frac{T_1 - T_{lb}}{T_{sat} - T_{lb}} \left.\right|$$

ここで、

$$N_v = \left\{\frac{g(\rho_1 - \rho_v)R^3}{4\nu_v^2 \rho_v}\right\}^{1/4}, N_1 = \left\{\frac{g\beta\Delta T_{sub}R^3}{\nu_1^2}\right\}^{1/4}$$

$$M_v = \nu_v N_v, M_1 = \nu_1 N_1$$

また、$\gamma_1[x]$、$\gamma_2[x]$は蒸気膜前縁からの距離 x の関数、$\Psi$は流れ関数である。この相似変換により、(7.2.15)および(7.2.16)式の二相境界層方程式と(7.2.17)の境界条件は、以下のように変形される。

$$\begin{array}{c} f_v''' + 3f_v''f_v - 2f_v'^2 + 1 = 0 \\ \Theta_v'' + 3Pr_v f_v \Theta_v' = 0 \\ f_1''' + 3f_1''f_1 - 2f_1' + \Theta_1 = 0 \\ \Theta_1'' + 3Pr_1 f_1 \Theta_1' = 0 \end{array} \left.\right\} \quad (7.2.18b)$$

$$\begin{array}{l} \eta_v = 0 : f_v = 0, f_v' = 0 \\ \Theta_v = 1 \\ \eta_v = \eta_1 = \eta_i = \dfrac{N_v \gamma_1 \delta}{R} = \dfrac{N_1 \gamma_1 \delta}{R} \\[2mm] f_1 = f_v(\rho_r \mu_r)^{1/2}\left(\dfrac{Ga_{1R}}{\rho_r Gr_{1R}}\right)^{1/4} \\[3mm] f_1' = f_v'\left(\dfrac{Ga_{1R}}{\rho_r Gr_{1R}}\right)^{1/2} \\[3mm] f_1'' = f_v''(\rho_r \mu_r)^{1/2}\left(\dfrac{Ga_{1R}}{\rho_r Gr_{1R}}\right)^{3/4} \\[3mm] \Theta_v = \Theta_1 = 0 \\[2mm] \dfrac{3f_v}{\Theta_v'} = \dfrac{Sb}{Pr_1}\left(\dfrac{Gr_{1R}}{\rho_r \mu_r 2Ga_{1R}}\right)^{1/4}\left(\dfrac{f_1}{\Theta_v}\right) - \dfrac{Sp}{Pr_v} \\[3mm] \eta_1 = \infty : f_1' = 0 \\ \Theta_1 = 0 \end{array} \left.\right\} \quad 【7.2.19】$$

ここで、$\quad Ga_{1R} = \dfrac{g\rho_1^2 R^3}{\mu_1^2}\quad,\qquad Gr_{1R} = \dfrac{g\rho_1^2 \beta_1 \Delta T_{sub}R^3}{\mu_1^2}$

$$Sb = \frac{c_{pl}\Delta T_{sub}}{h_{lv}}\quad,\qquad Sp = \frac{c_{pv}\Delta T_{sat}}{h_{lv}}$$

円柱の平均表面熱流束 $q_w$ は、

$$q_w = -\frac{1}{\pi}\int_0^\pi k_v \frac{\partial T_v}{\partial y}\Big|_{y=0}\, d\phi$$

$$= -\left(\frac{0.728}{2^{1/4}}\right)\left(\frac{N_v}{R}\right)k_v \Delta T_{ws}\frac{d\Theta_v}{d\eta_v}\Big|_{y=0}$$

であるから、膜沸騰ヌセルト数 Nu は次のように表される。

$$Nu_D = -0.728\frac{d\Theta_v}{d\eta_v}\Big|_{y=0}\, Gr_{vD}^{1/4} \tag{7.2.20a}$$

全く同様にして、鉛直平面では

$$Nu_H = -\frac{1}{2^{1/2}}\frac{d\Theta_v}{d\eta_v}\Big|_{y=0}\, Gr_{1H}^{1/4} \tag{7.2.20b}$$

---

**§7.2.3 平滑界面・層流蒸気膜を有する膜沸騰熱伝達に関する研究小史**

---

　平滑界面・層流蒸気膜を有する膜沸騰熱伝達については、Bromley(1950)が初めて水平円柱系の飽和沸騰について解析を行い、厳密な二相境界層理論による予測がかなり可能となっている。

## 【Ⅰ】　Bromley の自然対流飽和膜沸騰熱伝達の解
　Bromley(1950)は、Nusselt の膜状凝縮に関する解析に基づき、以下のような主な仮定の下に自然対流飽和膜沸騰熱伝達を解析している。

①　蒸気膜内の蒸気流れは、浮力と粘性力との釣合により定まる（蒸気流の運動量式の慣性項を無視する）。
②　蒸気膜内の温度分布は直線近似できる（蒸気流れのエネルギー式のエンタルピー項を無視する）。
③　蒸気の物性は膜温度で評価できる（変物性問題として扱う必要はない）。
④　気液界面の速度条件は、固体壁条件（流速０）と完全スリップ条件（せん断力０）の中間にある。

彼は、解析の結果、放射熱伝達が無視できる場合の飽和膜沸騰熱伝達に関するヌセルト数について次式を得ている。

$$Nu_D = \frac{0.954}{C^{1/4}}\left(\frac{Gr_{vD}Pr_v K}{Sp}\right)^{1/4} \tag{7.2.26a}$$

ここで、固体壁条件では C ＝ 3 、完全スリップ条件では C ＝ 12、

$$K = K_B = 1 + 0.5\, Sp \tag{7.2.26b}$$

である。したがって、

$$\mathrm{Nu_D} = \left(0.512\sim0.724\right)\left(\frac{\mathrm{Gr_{vD}Pr_vK_B}}{\mathrm{Sp}}\right)^{1/4} \tag{7.2.26c}$$

となり、Bromley は比例定数として 0.62 を推奨している。

## 【Ⅱ】 Bromley の解析の仮定の検討

運動量式の慣性項やエネルギー式のエンタルピー項の影響については、いわゆる「二相境界層理論（two-phase boundary layer theory)」の発展により検討され、通常の膜沸騰熱伝達では影響が小さいことが報告されている。Bromley の解析以後、Koh(1962)は、飽和膜沸騰熱伝達について前項で示したような相似変換による解析手法を示し二相境界層理論の基礎を築いた。Sparrow and Cess(1962)は、Koh の方法にしたがい自然対流サブクール膜沸騰熱伝達を解析している。但し、彼らの解析では、気液界面速度を 0 としている。一方、Tachibana and Fukui(1963)は、同様の問題を相似変換ではなく積分法により解いている。

さて、Nishikawa and Ito(1966)は、Koh や Sparrow and Cess の相似変換による解析方法を発展させ、液相側境界層方程式を完全に取り込んだ相似変換解析を報告している。その結果、以下のことを報告している。

① 自然対流飽和膜沸騰において
   $\rho_r\mu_r \ll 1$ , $\mathrm{Sp} \gg 1$ かつ $\mathrm{Sb} \ll 1$
   の場合（即ち、低圧、大過熱度かつ小サブクール度の場合）、液相側温度境界層の形成を無視して気液界面を固体壁とみなすことによる誤差は小さいが、この誤差はサブクール度の増大とともに大きくなる。
② 蒸気膜内の温度分布を直線近似できるのは、$\mathrm{Sp} \ll 1$ の場合に限られる。

一方、物性値の温度依存性については以下のような検討が加えられており、臨界圧近傍を除いて膜沸騰熱伝達は変物性問題として扱う必要がないことが示されている。即ち、McFadden and Grosh(1961)は、Saprrow and Cess のモデルと同様に気液界面を固体壁と近似して解析し、

③ 上述の①が成立する状況では、物性値は膜温度で評価してよい

ことを示している。一方、Nishikawa et al.(1976)は、彼らの二相境界層理論における相似変換手法を変物性問題に拡張し、物性値の温度依存性の問題を検討し，ほぼ同様の結果を報告している。

さらに、Nishikawa ら(1972)は、(7.2.26b)式の顕熱修正項 K について、蒸気膜内の温度・速度分布をいくつか想定し実験値と比較することにより検討を加えている。彼らが得た顕熱修正項 K は、

$$K = K_{NI} = \frac{\mathrm{SpPr_v}^{*2}}{\mathrm{Pr_v}\left(\mathrm{Pr_v}^* + 1.33\right)} \tag{7.2.27}$$

$$\mathrm{Pr_v}^* = \mathrm{Pr_v}\left(1 + \frac{3.33}{\mathrm{Sp}}\right)$$

で与えられる。

## 【Ⅲ】　沸騰面形状の影響

　平滑界面を想定した自然対流飽和膜沸騰熱伝達については、水平円柱系、球系、鉛直平面系および傾斜平面系などを対象として解析されている。Bromley(1950)は、水平円柱系と鉛直平面系について解析し、双方とも、

$$\mathrm{Nu_D} = \mathrm{C}\left(\frac{\mathrm{Gr_{vD}Pr_v K_B}}{\mathrm{Sp}}\right)^{1/4}$$
【7.2.28】

の形で表現でき、形状の相違および等温壁・等熱流束壁といった熱的条件の相違により比例定数のCが変化するのみであることを報告している。鉛直平面については、Frederking(1963)も解析しており、Sp≪1の場合には(7.2.28)式が成立することを示している。さらに Frederking and Clark(1963)は、球形について解析し(7.2.28)式が成立することを示している。ちなみに、Cの値は、水平円柱系ではC＝0.62(Bromley)、鉛直平面系ではC＝0.654～1.04(Bromley)あるいは2/3(Frederking)、球系では0.586 (Frederking and Clark) が報告されている。

　以上、要するに平滑界面・層流蒸気膜の自然対流飽和膜沸騰熱伝達が実現される限りは、膜沸騰ヌセルト数は(7.2.28)式の形になる。但し、水平下向き平面系の自然対流飽和膜沸騰では、蒸気流れの下流端である沸騰面周囲部における境界条件により蒸気膜厚さが定まるため、(7.2.28)式の形をとらない。この系については、Farahat and Madbouly(1977)、Barron and Dergram(1987)、茂地ら(1988)および西尾ら(1991)の解析があり、西尾らは次の解析解を報告している。

$$\mathrm{Nu_D} = \mathrm{C}\left(\frac{\mathrm{Gr_{vD}Pr_v K_B}}{\mathrm{Sp}}\right)^{1/5}$$
【7.2.29】

ここで、定数CはC＝1.02である。

　但し、上述した Frederking(1963)は、Sp≪1以外の場合の解として、$\rho_r\mu_r=0$、Sp≫1の場合の鉛直平面系の解として次式を得ている。

$$\mathrm{Nu_H} = \left(\frac{22}{105}\mathrm{Gr_{vH}Pr_v K_{F1}}\right)^{1/4}$$
【7.2.30】

$$\mathrm{K_{F1}} = \mathrm{Pr_v}\frac{\{1+(35/11\mathrm{Sp})\}^2}{\mathrm{Pr_v}\{1+(35/11\mathrm{Sp})\}+(80/99)\}}$$

## 【Ⅳ】　自然対流サブクール膜沸騰熱伝達

　前項で述べた相似変換による二相境界層理論については、全てサブクール度の影響を考慮して計算することができるので、ここでは解析解を中心に述べる。

　Frederking and Hopenfeld(1964)は、鉛直面系のサブクール膜沸騰熱伝達について積分法により解析し、$\rho_r\mu_r\ll1$、Sp≪1、Sb≪1の場合について、

$$\mathrm{Nu_H} = \frac{2}{3}\left(\frac{\mathrm{Gr_{vH}Pr_v K_{F2}}}{\mathrm{Sp}}\right)^{1/4}$$
(7.2.29a)

$$\mathrm{K_{F2}} = 1+0.4\mathrm{Sb}\left\{\frac{(u_i/u_{vm})^2}{\rho_r\mu_r[8-5(u_i/u_{vm})]}\right\}$$

また、Sb≫1 の場合については、

$$\mathrm{Nu_H} = \mathrm{C_{F1}}\left(\mathrm{Gr_{lH}Pr_lK_{F3}}\right)^{1/4} \tag{7.2.29b}$$

$$\mathrm{K_{F3}} = \frac{1 + \mathrm{C_{F2}/Sb}}{1 - \mathrm{C_{F3}Pr_l}}\mathrm{Pr_l}$$

ここで、$\mathrm{C_{F1}} \sim \mathrm{C_{F3}}$は定数である。

Dhir and Purohit(1978)は、球系について §7.2.1 で述べたように液相境界層における浮力の効果を考慮した解析解を初めて得ている。一方、液相境界層における浮力の効果を無視した解析が、菊地ら(1988)により球系について、Sakurai ら(1990a)により水平円柱系についてそれぞれ示され、西尾・大竹(1991)は自然対流サブクール膜沸騰熱伝達について(7.2.14)式の一般形を導いた。

その他、球系については Shih and El-Wakil(1981)もサブクール膜沸騰の解析を行っている。

## 【V】 放射伝熱の影響

放射伝熱の影響については、数値計算を行えば問題なく考慮できる。したがって、ここでは解析的表現について述べる。

放射の影響については、Bromley(1950)が飽和膜沸騰における近似解析を行っている。彼は、定性的考察より、以下の関係式を導いている。

$$\alpha_t = \alpha_c\left(\frac{\alpha_c}{\alpha_t}\right)^{1/3} + \alpha_r \tag{7.2.30a}$$

ここで、$\alpha_c$：対流のみを考慮した場合の膜沸騰熱伝達率
$\alpha_r$：放射熱伝達率
$\alpha_t$：全熱伝達率

である。この式は、$\alpha_r \ll \alpha_t$の場合、

$$\alpha_t = \alpha_c + 0.75\alpha_r \tag{7.2.30b}$$

と近似できる。

一方、Sparrow(1964)は、蒸気相における吸収を含めて二相境界層理論を用いて放射伝熱の影響を調べ、蒸気相の吸収による影響が小さいことを報告している。茂地ら(1983, 1985)は、鉛直平面、水平平面および球系における強制対流サブクール膜沸騰熱伝達を数値解析し、放射伝熱の影響を検討している。彼らの計算結果は、飽和膜沸騰では(7.2.30a)式に近いが、サブクール膜沸騰では、サブクール度の増大とともにまた流速の減少とともに$(\alpha_t - \alpha_c)/\alpha_r$は(7.2.30a)式の値より顕著に小さくなっており、サブクール膜沸騰では例えば(7.2.30b)式は放射伝熱の効果を過大評価する。

さらに、Sakurai ら(1990b)は、水平円柱系におけるサブクール膜沸騰熱伝達を水について二相境界層理論により数値解析した結果を用いて、放射伝熱の影響を次式のように整理している。

$$\alpha_t = \alpha_c + \mathrm{C_{ss}}\alpha_r \tag{7.2.31}$$

$$\mathrm{C_{ss}} = \Psi_{ss} + \frac{1 - \Psi_{ss}}{1 + 1.4\alpha_c/\alpha_r}$$

$$\Psi_{ss} = \left\{ 1 - 0.25 \exp\left[ -0.13 \frac{S_p}{Pr_v} \right] \right\}$$

$$\times \exp\left[ -\frac{0.64(\rho_r \mu_r)^{0.60} Sb^{1.1} Pr_v^{0.45}}{Pr_l^{0.45} Sp^{0.73}} \right] \quad , \quad \text{for} \quad \Psi_{ss} \geq 0.19$$

$$= 0.19 \quad , \quad \text{for} \quad \Psi_{ss} < 0.19$$

### 【Ⅵ】　強制対流膜沸騰

　Cess and Sparrow(1961a, 1961b, 1962)および Ito and Nishikawa(1966)は、 自然対流膜沸騰熱伝達と同様に、相似変換を用いた解析を行っている。前者では、蒸気膜内の速度分布及び温度分布を線形分布として近似すると同時に、液相側境界層内の速度分布を無視することにより、強制対流サブクール膜沸騰熱伝達の解析が行われ、以下のような結果を報告している。まず、飽和条件下では、

$$Nu_x = 0.5 \left( \frac{\rho_r \mu_r Pr_v}{Sp} \right)^{1/2} \mu_r Re_{lx}^{1/2} \quad , \quad \text{for} \quad \frac{\rho_r \mu_r Pr_v}{Sp} \ll 0.01 \qquad (7.2.31a)$$

また、サブクール条件下では、

$$Nu_x = \frac{1}{\pi} \left( \frac{Pr_v Sb}{\mu_r Pr_l^{1/2} Sp} \right) Re_{lx}^{1/2} \quad , \quad \text{for} \quad \frac{Pr_v Sb}{Pr_l^{1/2} Sp} \to \infty, \qquad (7.2.31b)$$

一方、 Ito and Nishikawa は液相側境界層を考慮し、二相境界層方程式を相似変換により忠実に解いている。その結果、膜沸騰ヌセルト数は

$$Nu_x = -\frac{1}{2} \left( \frac{\rho_r}{\mu_r} \right)^{1/2} Re_{lx}^{1/2} \left( \frac{d\Theta_v}{d\eta_v} \big|_{y=0} \right) \qquad (7.2.31c)$$

で与えられている。この具体的値は数値計算により与えられるが、彼らの解析は、強制流動サブクール膜沸騰熱伝達が、次式のような関係を有することを示している。

$$Nu_x = \left( \frac{\rho_r}{\mu_r} \right) Re_{lx}^{1/2} \Psi[Pr_v, Pr_l, Sp, Sb, \rho_r \mu_r, Fr_l] \qquad 【7.2.32】$$

また、 Wang and Shi(1984)は、(7.2.31a)式は自然対流膜沸騰との接合が悪いとして、流れ方向の蒸気膜厚さの変化による圧力勾配を考慮して水平平面上の強制対流膜沸騰を解析している。

　これらの他、Motte and Bromley(1957)は、水平円柱系について Bromley の式を強制流動条件に拡張している。Jacobs and Boehm(1970)は鉛直平面系について、茂地ら(1981, 1982)は水平円柱系について、 Walsh and Wilson(1979)は楔状沸騰面について、Epstein and Hauser(1980)および Fedemski(1985)は球および円柱前面の淀み点近傍について、それぞれ強制対流膜沸騰熱伝達を解析している。また、剥離を伴う強制対流膜沸騰については、茂地ら(1985)、Witte and Orozco(1984)が解析している。

― 182 ―

## §7.3 波状界面・層流蒸気膜を有する膜沸騰熱伝達

　蒸気膜の中の蒸気の流れは層流であるが、気液界面が波立ち波状界面となる膜沸騰熱伝達は、例えば図7.1.2(b)に示したように、水平上向き平面系の自然対流飽和膜沸騰において典型的に見られる。この水平上向き平面系での自然対流飽和膜沸騰では、§4.2で示したRayleigh-Taylor不安定により気液界面が不安定となり、界面不安定波長λに関連するピッチで気液界面からの気泡離脱が発生する。このように気液界面からの気泡離脱が界面不安定により支配されるとすると、図7.3.1に示したように、蒸気膜は気液界面不安定波長を代表長さとする蒸気膜ユニットにより構成され、蒸気膜ユニット内で発生した蒸気はユニット内蒸気溜（気泡部）に吸収されるので、伝熱は蒸気膜ユニット毎に完結することになる。こうした状況では、膜沸騰熱伝達は蒸気膜ユニットと気泡離脱サイクルにより基本構造が規定されることになる。

　ここでは、水平上向き平面系の自然対流飽和膜沸騰（§7.3.1）、波状界面・層流蒸気膜を有する自然対流飽和膜沸騰系における研究小史（§7.3.2）について述べる。

### §7.3.1 水平上向き平面系

　波状界面・層流蒸気膜を有する自然対流飽和膜沸騰熱伝達の典型として、水平上向き平面系を以下の仮定の下で考える。

① 図7.3.1(b)に示したように、蒸気膜および蒸気膜における発生蒸気が流れ込む離脱気泡とが定在的に存在する蒸気膜ユニットを考える。
② 蒸気膜ユニットは、水平平面上に気液界面不安定波長に関連するピッチで規則的に配置されている。
③ 蒸気膜ユニットを構成する各寸法は、界面不安定波長に比例する。

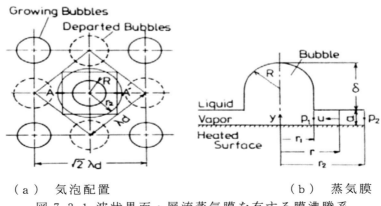

（a）気泡配置　　　　　　　　（b）蒸気膜
図7.3.1 波状界面・層流蒸気膜を有する膜沸騰系

④　界面不安定波長に対する蒸気流速の影響はない。
⑤　蒸気膜内の蒸気流れは粘性流れであり、蒸気膜厚さ $\delta$ は一定・一様である。
⑥　沸騰面表面温度は一定・一様である。
⑦　蒸気相の物性値は膜温度で評価できる。
⑧　放射伝熱は無視できる。
⑨　蒸気膜内の温度分布は直線である。

　まず、蒸気流れの運動量式は、 u を離脱気泡に向かう方向を正とすると次式のように書ける。

$$\mu_v \frac{\partial^2 u}{\partial z^2} = -\frac{dp}{dr} \qquad\qquad 【7.3.1】$$

この式を、

$$z = 0 \quad : \quad u = 0 \qquad\qquad (7.3.2a)$$

$$z = \delta \quad : \quad u = 0 \ \text{または} \ \frac{\partial u}{\partial r} = 0 \qquad\qquad (7.3.2b)$$

の境界条件の下で積分すると、次の速度分布を得る。

$$u = \frac{\delta^2}{2\mu_v}\left(\frac{dp}{dr}\right)\left\{\frac{\gamma z}{\delta} - \left(\frac{z}{\delta}\right)^2\right\} \qquad\qquad 【7.3.3】$$

ここで、 $\gamma$ は(7.3.2b)式の境界条件で $u = 0$ の場合は1、せん断力が0の場合は2である。
　(7.3.3)式を質量の保存式

$$\int_0^\delta u dz = \left(\frac{R_2^2 - r^2}{2r}\right)\left(\frac{k_v \Delta T_{ws}}{\rho_v h_{lv}{}'\delta}\right) \qquad\qquad 【7.3.4】$$

に代入すると、

$$\frac{dp}{dr} = \left\{\frac{2}{(\beta/2)-(1/3)}\right\}\frac{\mu_v}{\delta^4}\left(\frac{R_2^2 - r^2}{2r}\right)\left(\frac{k_v \Delta T_{ws}}{\rho_v h_{lv}{}'}\right) \qquad\qquad 【7.3.5】$$

ここで、 $h_{lv}{}' = h_{lv}(1 + 0.5 S p)$ である。上式を、圧力の釣合式

$$g(\rho_l - \rho_v)H - \frac{2\sigma}{R_d} = \int_{R1}^{R2}\left(\frac{\partial p}{\partial r}\right)dr = p_2 - p_1 = \Delta p_{21} \qquad\qquad (7.3.6a)$$

に代入して $\delta$ について解くと、次式が得られる。

$$\delta = \left\{\frac{C_{HU}}{4}R_2^2\left[2\log_e\frac{R_2}{R_1} - 1 + \left(\frac{R_1}{R_2}\right)^2\right]\frac{k_v \mu_v \Delta T_{ws}}{\rho_v h_{lv}{}'\Delta p_{21}}\right\}^{1/4} \qquad , \qquad 【7.3.7】$$

ここで、 $C_{HU}$ は、気液界面で $u = 0$ の場合には12、せん断力が0の場合には3である。ここで、仮定②より、

$$\Delta p_{21} = g(\rho_l - \rho_v)\left\{H - \frac{2\sigma}{g(\rho_l - \rho_v)R_d}\right\} \sim g(\rho_l - \rho_v)\lambda_{d,2} \qquad\qquad (7.3.6b)$$

－ 184 －

したがって、(7.3.7)および(7.3.6b)式より、定数項をまとめて

$$\delta = C \left\{ \frac{k_v \mu_v \Delta T_{ws} \lambda_{d,2}}{\rho_v h_{lv}' g (\rho_1 - \rho_v)} \right\}^{1/4}$$ 【7.3.8】

一方、熱伝達率 $\alpha$ は、蒸気膜ユニットの代表長さを $\lambda$ とすると、

$$\alpha = \frac{2\pi (R_2^2 - R_1^2) k_v}{\delta \lambda^2}$$ 【7.3.9】

であるから、(7.3.8)および(7.3.9)式より、

$$\alpha = \text{Const.} \left\{ \frac{\rho_v h_{lv}' g (\rho_1 - \rho_v)}{k_v^3 \mu_v \Delta T_{ws} \lambda_{d,2}} \right\}^{1/4}$$ (7.3.10a)

あるいは、

$$Nu[\lambda_{d,2}] = \text{Const.} \left\{ \frac{Gr_v[\lambda_{d,2}] Pr_v K_B}{Sp} \right\}^{1/4}$$ (7.3.10b)

ここで、$K_B$ は(7.2.26b)式で与えられる。

### §7.3.2 波状界面・層流蒸気膜を有する膜沸騰熱伝達に関する研究小史

(7.3.10)式は、(7.2.28)式における代表長さとして気液界面不安定波長をとった形となっている。即ち、水平上向き平面系の自然対流飽和膜沸騰熱伝達では、既に述べたように、蒸気膜と、蒸気膜において蒸発する蒸気を吸収する蒸気溜とが蒸気膜ユニットを構成し、このユニットが伝熱を代表する。したがって、ヌセルト数やグラスホフ数を定義する代表長さは蒸気膜ユニットの代表長さ、即ち気液界面不安定波長となる。

【Ⅰ】 水平上向き平面系

水平上向き平面系での自然対流飽和膜沸騰熱伝達に関して前項で述べた解析は、Berenson(1961)により報告され、彼は代表長さをラプラス長さ $\lambda_{LL}$ ととった場合の(7.3.10)式の比例定数として 0.425 を得ている。

Chang(1958)は、気液界面に生じる波動により蒸気膜内圧力が変動するとして解析した。彼の解析によれば、(7.3.10)式の指数はこの場合 1/3 となる。また、Ruckenstein(1967)は、Berenson の用いた定在状態の仮定を検討し、(7.3.10)式と同様の式を得ている。 Lao(1970)は、Berenson が気液界面不安定として二次元擾乱を想定したことに注目し、これを三次元擾乱に拡張している。

一方、 Hamill and Baumeister(1966)は、膜沸騰熱伝達率が最大となるように蒸気膜ユニット寸法が定まるとする最大エントロピー原理に基づき、蒸気膜ユニット寸法を決定し、次式を得ている。

$$Nu[\lambda_{LL}] = 0.41 \left\{ \frac{Gr_v[\lambda_{LL}] Pr_v K_{HB}}{Sp} \right\}^{1/4}$$ 【7.3.11】

$$K_{HB} = 1 + (19/20) Sp$$

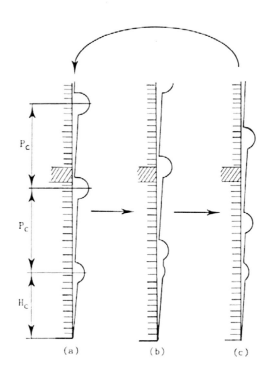

図 7.3.2 高い鉛直平面系における膜沸騰

　さて、前項では、気液界面不安定波長に対する蒸気流速の影響は無視できると仮定した。しかし、蒸気流速が高くなると、一般に攪乱成長速度の最大値に近い値がある波長範囲にわたって出現するようになり、蒸気膜ユニット寸法が確定し難くなる。このことは、蒸気膜ユニットが規則的に配置された膜沸騰が出現し難くなることを意味している。Frederkingら(1966)は、こうした状況に対して、蒸気膜ユニットが規則配置された場合と、不規則配置された場合とについて、気液界面からの吹き出しを考慮してアナロジーにより解析を行っている。

【Ⅱ】　水平上向き平面系以外の系
　蒸気膜ユニットの形成は、高さの高い傾斜平面や鉛直平面系、直径の大きい水平円柱や球系、および直径が極めて小さい極細水平細線系の自然対流飽和膜沸騰においても見られる。

【傾斜面系】
　高さの高い鉛直面系の気液界面は、Rayleigh-Taylor不安定に対しては安定であるが、蒸気流がバルク液相と相対速度を有するためKelvin-Helmholtz不安定により波立つ。こうした不安定が発生すると、図7.3.2に示したように、層流蒸気膜と蒸気溜が形成され、蒸気膜で蒸発した蒸気は蒸気溜に吸収され、蒸気溜上方の蒸気膜は薄くなり、蒸気膜前縁の状況が蒸気溜上方に繰り返し出現する。したがって蒸気膜と蒸気溜からなる蒸気膜ユニットが形成される。この蒸気膜ユニットは鉛直平面に沿って上昇するため、時間平均の局所膜沸騰熱伝達は蒸気膜ユニット高さ（$P_c=\lambda$）方向の空間平均値として与えられる。即ち、

$$\alpha = \int_0^\lambda \alpha_{\text{SILF}} \mathrm{dx} \qquad\qquad 【7.3.12】$$

ここで、λは Kelvin-Helmholtz 不安定波長であり、$\alpha_{\text{SILF}}$は平滑界面・層流蒸気膜を有する膜沸騰における局所熱伝達率である。この系における膜沸騰熱伝達は、Greitzer and Abernathy(1972)により解析され、 Andersen(1976)および Leonardら(1976)が気液界面不安定により蒸気膜ユニット寸法を決定した解析を行い、また Bui and Dhir(1985)が三次元擾乱に拡張し、さらに西尾ら(1990)が傾斜平面系に拡張した。

## 【水平円柱系】

　直径の大きい水平円柱系では、鉛直面系と類似した状況が発生することが想定される。この系については、西尾ら(1990)が傾斜平面系における解析を拡張した近似解析を報告している。

　一方、直径が中程度の水平円柱系では、気液界面不安定は円柱頂部にのみ発生する。しかし、円柱直径の減少とともに気液界面不安定の影響が円柱下端における気液界面にまで及ぶようになり、やがて表面張力の効果により球形の気泡＝蒸気溜が円柱軸方向に数珠状に並ぶようになる。こうした状況では、中直径域では§7.2で想定したように円周方向に流れていた蒸気流れが、 蒸気溜の発生により円柱軸方向成分を有するようになり、蒸気膜内の流れが変化する。こうした系については、Baumeister and Hamill((1967)が解析を行っている。

$$\boxed{\S 7.4\ \text{膜沸騰熱伝達の特性}}$$

　ここでは、膜沸騰熱伝達に対する沸騰面形状、サブクール度、および液体流速の影響について述べる。

### 【Ⅰ】　自然対流飽和膜沸騰熱伝達と沸騰面形状などの関連
　自然対流飽和膜沸騰は、多くの場合、境界層としての特徴を有すると同時に、前節で述べたように気液界面不安定の影響を受けるため、沸騰面形状・寸法・姿勢の影響を受ける。

### 【水平円柱系】
　水平円柱系では、直径を変化させることにより、可能な膜沸騰の基本構造が全て出現するため、多くの研究がなされてきた。

　Banchero(1955)らは Bromley の式の修正を試み、Breen and Westwater(1962)は、Bromley(1950)の解析を基礎として、水平円柱系における自然対流飽和膜沸騰熱伝達には、Bromley の解析が成立する中直径域と、Bromley の解析の予測値より熱伝達が良好となる小直径域、大直径域の3領域が存在することを示した。各領域における彼の整理式はそれぞれ以下のとおりである。

小直径域：$D < 0.125 \lambda_{cr,2}$

$$Nu[D] = 0.16 \left( \frac{\lambda_{cr,2}}{D} \right)^{0.58} \left\{ \frac{Gr_v[D] Pr_v K_B}{Sp} \right\}^{1/4} \tag{7.4.1a}$$

中直径域：$0.125 \lambda_{cr,2} \leq D \leq 1.25 \lambda_{cr,2}$

$$Nu[D] = 0.62 \left\{ \frac{Gr_v[D] Pr_v K_B}{Sp} \right\}^{1/4} \tag{7.4.1b}$$

大直径域：$1.25 \lambda_{cr,2} < D$

$$Nu[\lambda_{cr,2}] = 0.60 \left\{ \frac{Gr_v[\lambda_{cr,2}] Pr_v K_B}{Sp} \right\}^{1/4} \tag{7.4.1c}$$

(7.4.1a)式の小直径域は、円柱軸方向に数珠状化した気液界面により蒸気膜ユニットが形成される領域、(7.4.1b)式の中直径域は、平滑界面・層流蒸気膜が出現する領域、また(7.4.1c)式の大直径域は、円柱円周方向に蒸気膜ユニットが形成される領域と考えられる。

　中直径領域については、二相境界層理論を初めとして平滑界面・層流蒸気膜を想定する解析が実験値をよく説明することが、Sakurai ら(1984)により報告されている。

　Breen and Westwater と同様に 広い直径範囲にわたる水平円柱系飽和膜沸騰の

- 188 -

整理式としては、Pitschman and Grigull(1970)の式、 対応状態の原理に基づいた Clements and Colver(1972)の式、 中直径域における解析を基礎ししして導かれた Nishikawaら(1972)の式がある。Hesseら(1976)および Hahne and Fuerstein(1977) は、 高圧実験を含め多くの実験値により Nishikawaらの整理式（次式）が最もよく 実験値を整理することを報告している。

$$Y = 0.22 + 0.15X + 0.0058X^2 \tag{7.4.2}$$

ここで、

$$Y = \log\{Nu[D]\}, \quad X = \log\left\{\frac{Gr_v[D]Pr_v*^2}{Pr_v*+1.33}\right\}$$

である。Pomerantz(1964)は、重力加速度を変化させた実験により、Bromley の式が 成立することを示している。

【球系】
　球系についても、水平円柱系と同様に直径により膜沸騰の基本構造が変化すると 考えられる。球系において広い直径範囲にわたる整理式としては、伝熱様式を伝導 域、層流域、乱流域と分類した Grigorievら(1982)の整理式がある。

【水平上向き平面系】
　水平上向き平面系については、Klimenko(1981)が層流域・乱流域、無限平面・有 限寸法平面に分類して整理式を報告している。

【鉛直面系】
　鉛直面系については、鉛直面高さが高くなると、

　　①　平滑界面・層流蒸気膜を想定した解析より熱伝達が良好になること、
　　②　時間平均の局所熱伝達率が一様になること

が、Hsu and Westwater(1960)、Suryanarayana and Merte(1972)、Greitzer and Abernathy(1972)、Leonardら(1976)、Bui and Dhir(1985)および西尾ら(1990)によ り報告された。 Hsu and Westwater は、 この実験結果を基に蒸気膜が乱流遷移す ることを想定し、自然対流乱流蒸気膜モデルを提案した。こうした乱流モデルは、 Borishansky and Fokin(1965)、 Coury and Dukler(1970)、Suryanarayana and Merte(1972)らにより、 速度分布の精密化や気液界面変動に対する考慮が解析され たが、蒸気流れのレイノルズ数は一般に小さく例えば Hsu and Westwater のモデル では遷移レイノルズ数は 100 に設定されている。 一方、既に述べたように、この系 については波状界面・層流蒸気膜の観点からの解析が報告されており、例えば西尾 ら(1990)は波状界面・層流蒸気膜を想定する蒸気膜ユニットモデルと 4 種の液体に おける測定値とが良好に一致することを示している。

【傾斜平面系】
　図 7.4.1は、 液体ヘリウムの自然対流飽和膜沸騰熱伝達率と平面傾斜角との関 係に関する西尾・Chandratilleke(1988)の測定値を示したものである。図に示さ れているように、熱伝達率は、水平上向き姿勢からある程度傾斜角が増大すると、 $(\sin\phi)^{1/4}$に比例するようになる。西尾ら(1990)は、蒸気膜ユニットを想定するモ デルにより傾斜角依存性が定量的によく予測できることを報告している。

## 【Ⅱ】 自然対流膜沸騰熱伝達とサブクール度の関連

水平円柱系における中直径域については、平滑界面・層流蒸気膜を想定する二相境界層理論の予測値とサブクール度の影響を含めて実験値とよく一致することがSakuraiら(1984)により報告されている。

一方、Hamill and Baumeister(1966)は、水平上向き平面系における自然対流膜沸騰熱伝達に対するサブクール度の影響を解析し、次の近似評価法を提案している。

$$\alpha_{sub} = \alpha_{sat} + 0.12\alpha_{lc} + 0.88\alpha_r \qquad (7.4.3a)$$

ここで、$\alpha_{sub}$、$\alpha_{sat}$、$\alpha_{lc}$および$\alpha_r$は、それぞれサブクール膜沸騰熱伝達率、飽和膜沸騰熱伝達率、液相単相熱伝達率および放射熱伝達率である。この評価式は、Nishioら(1987)は、(7.4.3)式の右辺第二項を、

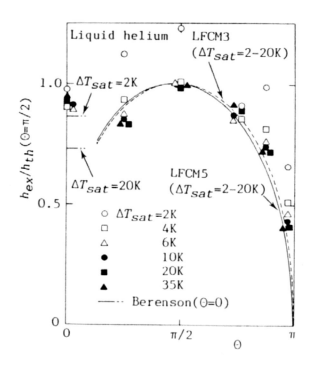

図7.4.1 傾斜平面系の飽和膜沸騰熱伝達と平面傾斜角

$$0.067\left(\frac{k_l}{D}\right)(\rho_r\mu_r)^{-0.23}\Pr_l^{0.21}(Gr_l\Pr_l)^{1/4} \qquad (7.4.3b)$$

により評価することにより、水平円柱および球系におけるサブクール膜沸騰熱伝達率がよく予測できることを報告している。

## 【Ⅲ】 膜沸騰熱伝達と液体流速の関連

液体流れが層流である場合の解析については、平滑界面・層流蒸気膜を有する膜沸騰熱伝達に関連して既に述べた。層流流れにおける膜沸騰実験は、飽和膜沸騰についてBromleyら(1953)、Yilmaz and Westwater(1980)、Orozco and Witte(1986)

が行っており、サブクール膜沸騰については Motte and Bromley(1957)が行っている。Bromley らは、強制対流飽和膜沸騰熱伝達に関する整理式を以下のように与えている。

$$\frac{u_{lb}}{(gD)^{1/2}} \geq 2 : \quad \alpha_c = 2.7 \left( \frac{u_{lb} \rho_v k_v h_{lv}'}{D \Delta T_{ws}} \right)^{1/2} \tag{7.4.4a}$$

但し、$h_{lv}' = h_{lv}(1 + 0.4 \mathrm{S} \mathrm{p})^2$ であり、放射伝熱を考慮する場合は次式を使用する。

$$\alpha_t = \alpha_c + (7/8)\alpha_r \tag{7.4.4b}$$

　一方、液体流れが乱流である場合については、液相主流乱れや速度分布に対して気液界面および蒸気層がいかに応答するかが問題となるが、Wang ら(1985,1987)の解析があるに過ぎない。

－ 191 －

# 第 8 章　　遷移沸騰熱伝達

　本章では、図 1.3.1 で示した沸騰曲線の基本的把握に基づき、ＤＮＢ点からＤＦＢ点に至る「広義の遷移沸騰熱伝達（transition boiling heat transfer）」について述べる。既に述べたように、広義の遷移沸騰領域には、限界熱流束点、狭義の遷移沸騰熱伝達および極小熱流束点などが含まれる。したがって、ここでは、遷移沸騰熱伝達の基本構造（§8.1）、固液接触の存在を限定する機構（§8.2）、広義の遷移沸騰熱伝達モデル（§8.3）、および遷移沸騰熱伝達の特性（§8.4）について述べる。

　遷移沸騰熱伝達に関する解説としては、次のものを薦めたい。

　◇　Kalinin, E.K., Berlin, I.I. and Kostiouk, V.V.:1987, "Transition
　　　　Boiling Heat Transfer", in "Adv. in Heat Transfer", (Academic
　　　　Press), 18, pp.241-323.

## §8.1 遷移沸騰熱伝達の基本構造

　　（純粋）核沸騰領域では、気泡の付着部を除いて沸騰面表面は完全に液体に濡らされている。また、（純粋）膜沸騰領域では沸騰面表面は完全に乾燥している。この間の表面過熱度領域における遷移沸騰熱伝達の基本構造は、乾燥面と濡れ面とが時間・空間的に交互・混在するようになることにより形成される「固液接触ユニット（liquid-solid contact unit）」と「固液接触サイクル（liquid-solid contact cycle）」である。ここでは、固液接触ユニット・サイクル（§8.1.1）、固液接触の存在を限定する諸機構（§8.1.2）、および間欠的・局所的固液接触に伴う熱伝達の特徴（§8.1.3）について述べる。

## §8.1.1 固液接触ユニットと固液接触サイクル

　上述したように、広義の遷移沸騰領域では、沸騰面近傍に液相が十分に存在するにも関わらず、液相に濡らされた部分と乾燥した部分とが、沸騰面表面に分布あるいは断続して現れるようになる。即ち、遷移沸騰領域では固液接触の存在が限定されるようになり、空間的にみれば固液接触ユニットが、時間的にみれば固液接触サイクルが伝熱を支配するようになる。

　固液接触ユニットとは、例えばある瞬間において沸騰面表面を見た場合、単一の固液接触が支配している沸騰面表面の平均領域を意味する。また、固液接触サイクルとは、例えば沸騰面表面のある場所に注目した場合に、固液接触が発生する平均時間サイクルを意味する。

　無論、固液接触ユニットおよび固液接触サイクルはともに統計的性格を有すると思われる。いま、簡単のために正方格子状に固液接触が発生するとし、正方格子の一辺の長さを$L_{cu}$とすると、$L_{cu}$は、固液接触ユニットの代表長さを表し、遷移沸

騰熱伝達の代表的空間スケール$L_{TB}$を表す。ここで、固液接触の平均面積を$L_{ls}{}^2$とすると、

$$\Gamma_{ls,s} = \left(L_{ls} / L_{cu}\right)^2 \qquad\qquad 【8.1.1】$$

は、空間平均の固液接触割合すなわち「固液接触面積割合（spatial fraction of liquid-solid contact）」を表す。一方、沸騰面表面のある場所における固液接触サイクル周期を$\tau_{cc}$とすると、$\tau_{cc}$は固液接触サイクルの代表時間を表し遷移沸騰熱伝達の代表的時間スケール$\tau_{TB}$を表す。ここで、固液接触の平均寿命時間を$\tau_{ls}$とすると、

$$\Gamma_{ls,t} = \tau_{ls} / \tau_{cc} \qquad\qquad 【8.1.2】$$

は、時間平均の固液接触割合すなわち「固液接触時間割合（time fraction of liquid-solid contact）」を表す。

固液接触面積割合と時間割合とが等価であるとすると、これを$\Gamma_{ls}$として、既に§1.3で示したように、遷移沸騰熱伝達は近似的には次式で表される。

$$q_w = q_{wet,m}\Gamma_{ls} + q_{dry,m}\left(1 - \Gamma_{ls}\right) \qquad\qquad 【8.1.3】$$

この式の妥当性は現在なお検証されていないが、妥当であるとしても、この式の各項を評価する上では、$\Gamma_{ls}$、$q_{wet,m}$、$q_{dry,m}$をいかに評価するかが問題となる。

---

## §8.1.2 固液接触の存在を限定する諸機構

(8.1.3)式の固液接触割合$\Gamma_{ls}$を評価するには、純粋核沸騰領域では維持されていた固液接触が、表面過熱度$\Delta T_{ws}$の増大とともにいかにして時間・空間的に限定されてゆくのか、純粋膜沸騰域では完全に消失していた固液接触が、$\Delta T_{ws}$の減少とともにいかにして出現するのかなど、固液接触の存在を限定する機構について知る必要がある。

### 【I】　固液接触の発生限界

さて、純粋膜沸騰域からＤＦＢ点を経て遷移沸騰領域が実現される場合を例として、固液接触の存在を限定する機構について考えてみる。

純粋膜沸騰領域から遷移沸騰領域に移行するためには、まずＤＦＢ点が発生するための条件である「固液接触発生限界（liquid-solid contact limit）」が満足される必要がある。固液接触発生限界とは、次の意味である。純粋膜沸騰領域では、液相が外乱などにより沸騰面表面に接近する過程において、気液界面における表面張力や蒸発反力などにより液相が沸騰面表面に到達する以前に運動量を消耗し尽くし沸騰面表面から反発されるために、固液接触は「発生」できない。しかし、過熱度の減少とともに蒸発反力は弱まり、液相あるいは気液界面が乱れを有する限りいつかは液相と沸騰面表面とが物理的に接触する固液接触が開始されるようになる。これを固液接触発生限界と呼ぶ。純粋膜沸騰領域から遷移沸騰領域に移行するためには、まず固液接触自体を発生させるための固液接触発生限界を乗り越える必要がある。

例えば、高温面に液滴を落下させ蒸発時間を測定すると、ある温度で蒸発時間が極大となる。この時の高温面初期温度をライデンフロスト（Leidenfrost）温度と呼ぶ。これは、高温面温度がライデンフロスト温度以上の場合は、液滴が蒸気膜上に浮かんで蒸発するスフェロイド（spheroid）状態が現れ、この温度以下では間欠的固液接触が現れるためである。しかし、例えばBaumeisterら（1966）が示したように、液滴をスフェロイド状態とした後に高温面温度を降下させる場合は、高温面温度がライデンフロスト温度よりかなり低くなってもスフェロイド状態が維持される。これは、メタステイブル・スフェロイド状態と呼ばれるが、スフェロイド状態では気液界面が安定しており固液接触を発生させる乱れが存在せず、固液接触限界がライデンフロスト温度よりかなり低くなるためである。こうした状況は、沸騰熱伝達においても想定できる。例えば高サブクール状態では、膜沸騰における気液界面は安定化する方向に向かうため、固液接触を発生させる乱れが十分に存在せず、狭義の遷移沸騰領域の発生が固液接触発生限界により規定されることが考えられる。

　要するに、固液接触の存在を限定する第一の機構は、対象系における固液接触発生限界である。

## 【Ⅱ】　濡れの抑制

　純粋膜沸騰領域において固液接触発生限界に至ると、固液接触が開始され、固液接触ユニットと固液接触サイクルが形成されるようになる。固液接触発生限界が、例えば液体の過熱限界温度に近いかそれ以上の高過熱度である場合には、発生した固液接触面が広がることあるいは十分長い寿命を確保することに対する強い拘束が現れ、濡れの拡大・維持が制限されると考えられる。こうした状況では、物理的に固液接触が発生しても沸騰熱伝達に占める固液接触伝熱の効果は小さく、「熱的に濡れている」とはいい難い。濡れに対する拘束の程度は、表面過熱度に依存して変化するが、ここではこうした拘束を「濡れの抑制（suppression of wetting）」と呼ぶ。

　こうした濡れに対する拘束は、表面過熱度が小さくなるとともに弱まり、いずれは固液接触サイクル中に固液接触面が固液接触ユニット全体にまで広がり得る状況まで緩和されると考えられ、濡れの抑制と表面過熱度との関連は固液接触割合を規定する重要な機構である。固液接触の存在を限定する第二の機構は、こうした濡れの抑制である。濡れの抑制過程を理解するためには、高過熱度面における濡れの動的挙動に関する知見が必要となる。

　固液接触には、その発生形態として、乾燥面に固液接触が孤立的に出現する「発生モード」と、隣接する固液接触ユニットなどの濡れ部分から液相が浸入する「拡張モード」とがあり得る。一般には、前者は高過熱度状態で支配的となり、後者は低過熱度で支配的となるが、沸騰形態や沸騰面形状にも依存する。

## 【Ⅲ】　乾燥面の出現

　上述のように固液接触サイクル中に固液接触ユニット全体が濡らされる期間が出現するようになると、純粋核沸騰領域に遷移するか否かあるいは固液接触サイクルが維持されるか否かは、一旦濡らされた面に乾燥面が再び出現するか否かにより支配されるようになる。即ち、「乾燥面の出現」条件が満足されていれば、完全濡れ面が出現しても固液接触ユニットや固液接触サイクルが維持されるので、固液接触割合は乾燥面出現機構にも関連することになる。

## 【Ⅳ】 核沸騰領域から遷移沸騰領域に至る場合

　以上では純粋膜沸騰領域から（広義の）遷移沸騰領域に至る場合の固液接触について述べた。一方、核沸騰領域から遷移沸騰領域に至る場合も以下のように述べることができる。純粋核沸騰領域において沸騰面表面過熱度が増大すると、まず気泡ユニットや気泡サイクル中に乾燥面が出現するようになる。この状況では乾燥面はある時間の後には再び液相に濡らされることになる。しかし、さらに過熱度が増大すると、濡れの抑制が強くなり出現した乾燥面を完全に濡らすことが困難となり、やがて気泡サイクル中のある期間の間、気泡ユニット全体が完全に乾燥する状況が現れよう。この完全乾燥面に再び固液接触が発生し固液接触サイクルが形成されるか否かは、乾燥面状態が固液接触発生限界の条件を満たすか否かにかかわる。

　したがって、この過程においても、固液接触の存在を限定する主な機構は、乾燥面出現機構、濡れ抑制機構および固液接触発生限界である。しかし、既に述べたように純粋膜沸騰における気液界面が極めて安定である場合には、純粋膜沸騰系における固液接触発生限界が、固液接触サイクルにおけるそれより低い過熱度で起きることが予想される。この場合には、純粋核沸騰領域を経て遷移沸騰領域に至る場合と、純粋膜沸騰領域を経て遷移沸騰領域に至る場合とでは、沸騰曲線が大きく異なる可能性がある。

---

## §8.1.3 固液接触時の熱伝達の局所性と過渡性

　(8.1.3)式を評価するためには、固液接触割合の次に、$q_{wet,m}$ および $q_{dry,m}$ を評価する必要がある。

## 【Ⅰ】 熱伝達の過渡性と局所性

　核沸騰熱伝達では、その基本構造として気泡ユニットと気泡サイクルとについて述べた。しかし、固液接触ユニットでは、ユニット内に乾燥面と濡れ面とが共存し、熱伝達の局所性が増す。また、固液接触サイクルでは、サイクル内に乾燥期間と濡れ期間とが存在し、熱伝達の過渡性が増す。固液接触ユニット・サイクルでの熱伝達の局所性・過渡性は、固液接触の面積・寿命時間が限定されるほどその度合いを増すことになる。例えば、後述するように、比較的過熱度の低い遷移沸騰熱伝達では、固液接触時の熱伝達は接触面における表面過熱度に相当する核沸騰曲線の延長線上にあると考えられるとしても、高過熱度の沸騰面では固液接触への限定が強まるにつれ、核沸騰熱伝達の基本構造を代表する時間・空間スケールと固液接触寿命時間・寸法との競合が起こるようになろう。

## 【Ⅱ】 沸騰面の熱的性格の影響

　さて、以上のように固液接触割合と熱伝達に関する知見の上に、さらに必要な知見がある。遷移沸騰領域では断続的・局所的な固液接触が発生し、乾燥面と濡れ面とでは熱伝達が大きく異なるために沸騰面表面温度変動が激しくなる。即ち、$q_{wet,m}$ が純粋核沸騰曲線の延長線上にあるとしても、いかなる表面過熱度の核沸騰熱流束をとるかを決定する必要がある。この表面温度変動は、当然、液体の条件に依存するが、沸騰面材料の熱物性や沸騰面全体の熱容量など沸騰面の「熱的性格」とも関連している。即ち、(8.1.3)式を評価するためには、表面過熱度変動に関する知見が

必要となる。

　以上、要するに、遷移沸騰熱伝達は、その基本構造からみて、未沸騰領域や純粋膜沸騰領域では問題とならない濡れに関連する因子と沸騰面表面温度変動に関連する因子と重要な関連を持っている点で特徴がある。

## §8.2 固液接触の存在を限定する諸機構

　固液接触の存在を限定する機構として、前節において乾燥面出現機構、濡れ抑制機構および固液接触発生限界について定性的に述べたが、これらについては未だ十分な知見が集積されているとは言い難い。そこで、ここでは、乾燥面出現機構（§8.2.1）と固液接触の存在を限定する諸機構に関する研究の紹介（§8.2.2）を述べるにとどめる。

## §8.2.1 乾燥面出現機構

　核沸騰熱伝達に関連して述べたように、高熱流束核沸騰域となり、気泡ユニット寸法や気泡サイクル周期が減少すると、二次気泡が形成され、二次気泡と沸騰面表面との間にマクロ液膜が形成されるようになる。

### 【Ⅰ】　巨視的液膜厚さ

　図8.2.1は、二次気泡の様子を示したものである。ここで、二次気泡の離脱直後の状況を考える。二次気泡が離脱すると、マクロ液膜内の蒸気ジェットは沸騰面法線方向に成長する。この蒸気ジェット内には発生蒸気が流れており、周囲にはこの蒸発分を補う形で液相が沸騰面表面に向かって流れている。蒸気ジェット内の蒸気流れの流速は後述するように液相流速に比べて十分に大きいと考えられるので、蒸気ジェットにおける気液界面では§4.2.2で述べたKelvin-Helmholtz不安定が発生する。この不安定が発生すると、蒸気ジェットは、沸騰面表面を固定端としているので、不安定波の頂部に相当する部分で蒸気ジェットの合体が起き二次気泡が形成されることが推定される。即ち、蒸気ジェットの合体が発生すると、沸騰面表面と不安定波頂部位置との間の液層が巨視的液膜を形成することになる。

　こうした状況を想定すると、マクロ液膜厚さを以下のように評価することができる。蒸気ジェット内の蒸気離脱速度を$u_v$、液膜内蒸気ジェット断面の総面積を$A_v$とすると、蒸気離脱速度は次のように表される。

$$u_v = \frac{q_w}{\rho_v h_{1v}}\left(\frac{A}{A_v}\right)$$

【8.2.1】

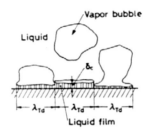

図 8.2.1 水平上向き平面における二次気泡

蒸気相と液相との質量の保存から、マクロ液膜内の液相流れ（沸騰面表面に向かう流れ）の速度 $u_l$ は次のように表される。

$$u_l = u_v \frac{\rho_v A_v}{\rho_l A\{1-(A_v/A)\}}$$

さて、蒸気ジェット界面は、Kelvin-Helmholtz 不安定に関する(4.2.28)式の臨界波長以上の波長の擾乱に対して不安定である。一方、$\rho_v \ll \rho_l$ かつ $A_v \ll A$ とすると、上式は $u_l$ が $u_v$ に比べて十分に小さいことを示している。したがって、$u_l$ を無視すると(4.2.28)および(8.2.1)式より、この系の臨界波長 $\lambda_{cr}$ として次式を得る。

$$\lambda_{cr} = 2\pi\sigma\frac{\rho_l+\rho_v}{\rho_l\rho_v}u_v^{-2} = 2\pi\sigma\frac{\rho_l+\rho_v}{\rho_l\rho_v}\left(\frac{A_v}{A}\right)^2\left(\frac{\rho_v h_{lv}}{q_w}\right)^2 \quad \text{【8.2.2】}$$

上述のように、二次気泡形成時のマクロ液膜厚さ $\delta_{ma0}$ が $\lambda_{cr}$ に比例するとすると、$\delta_{ma0}$ は次式で表される。

$$\delta_{ma0} = 2\pi C_{ma}\sigma\frac{\rho_l+\rho_v}{\rho_l\rho_v}\left(\frac{A_v}{A}\right)^2\left(\frac{\rho_v h_{lv}}{q_w}\right)^2 \quad \text{【8.2.3】}$$

ここで、$C_{ma}$ は比例係数である。

【II】 マクロ液膜消耗時間

(8.2.3)式に基づいて、マクロ液膜の消耗時間を求めることができる。いま、二次気泡成長中に $K\delta_{ma0}$ の液体がマクロ液膜に供給され、液膜消耗に至るまでの平均熱流束を $q_{wet,m}$ とすると、マクロ液膜の消耗時間 $\tau_{do}$ は、以下のように計算できる。

$$\tau_{do}Aq_{wet,m} = \rho_l h_{lv}(A-A_v)(1+K)\delta_{ma0}$$

この式に(8.2.3)式を代入すると、マクロ液膜消耗時間に関する次式が得られる。

$$\begin{aligned}\tau_{do} &= \frac{\rho_l h_{lv}}{q_{wet,m}}\left(\frac{A-A_v}{A}\right)(1+K)\delta_{ma0}\\&= 2\pi C_{ma}\sigma(1+K)\left(\frac{A-A_v}{A}\right)\left(\frac{A_v}{A}\right)^2\left(\frac{\rho_l+\rho_v}{\rho_l\rho_v}\right)\left(\frac{\rho_v h_{lv}}{q_w}\right)^3\end{aligned} \quad \text{【8.2.4】}$$

一方、乾燥期間を含まない二次気泡の離脱時間 $\tau_{bg}$ は(6.3.11b)で表される。したがって、乾燥面出現条件は次式で与えられる。

$$\tau_{do} = \tau_{bg} \quad \text{【8.2.5】}$$

## 【Ⅲ】 乾燥面出現機構による固液接触割合

上述の機構により乾燥面が出現する場合、固液接触期間割合は以下のように表される。いま、二次気泡が離脱してから再び二次気泡が形成されるまでの時間は短く、二次気泡離脱周期すなわち固液接触サイクル周期 $\tau_{cc}$ は $\tau_{bg}$ に等しいとする。乾燥面が現れると二次気泡成長速度が減少するので、$\tau_{bg}$ は $\Delta T_{ws}$ の関数である。したがって、この場合 $\Gamma_{ls,t}$ は次式で表される。

$$\Gamma_{ls,t} = \frac{\tau_{do}}{\tau_{cc}} = \frac{\tau_{do}}{\tau_{bg}\left[\Delta T_{ws}\right]}$$ 【8.2.6】

---

### §8.2.2 固液接触の存在を限定する諸機構に関する研究小史

---

Westwater and Santangelo(1955)は写真観察により、狭義の遷移沸騰領域では沸騰面表面は激しい運動を伴う蒸気膜に覆われ固液接触は発生しないことを主張した。しかし、Borishanski(1953)は、飽和膜沸騰領域においても気泡離脱時の液体進入時に固液接触が発生することを先駆的に報告しており、さらに Berenson(1962)は、遷移沸騰熱伝達の定常実験を行い、遷移沸騰熱伝達が沸騰面表面の濡れ特性にかかわる因子に依存することから、遷移沸騰領域でも固液接触が発生することを示した。彼の論文の中には、以下のような先駆的表現が示されている。

〝In summary, the author concludes that transition boiling is a c
ombination of unstable film boiling and unstable nucleate boili
ng, each of which alternately exists at a given location on the
heating surface. The variation of average heat-transfer rate w
ith temperature difference is concluded to be primary a result
of the change in the fraction of time with which each boiling r
egime exists at a given location.‥‥If the liquid spreads suff
iciently fast upon contacting the surface a vapor film may not
reform. Therefore, under these condition the location of the mi
nimum would depend upon spreading rate.〟

## 【Ⅰ】 遷移沸騰領域における固液接触の発生の確認

Berenson のこの研究以後、西川ら(1968a,b)を初めとする濡れに関連する因子の影響に関する実験、飯田ら(1978)による探針式ボイド計による沸騰面表面近傍のボイド率の測定、石谷・久野(1965)、西川ら(1971)による沸騰面表面温度変動の測定などにより狭義の遷移沸騰領域でも固液接触が発生することが確認された。

また、例えば Gaertner(1965)、石谷・久野(1965)、甲藤・横谷(1971)が報告しているように、固液接触は限界熱流束より過熱度の低い領域（即ちDNB点）から減少し始めることが示された。さらに、Bradfield(1966)による液体と沸騰面との電気抵抗の測定により、極小熱流束点より過熱度の高い領域においても固液接触が発生する可能性が実験的に示されて以来、Yao and Henry(1978)、西尾・平田(1977)による電気抵抗測定、Swanson ら(1975)、Seki ら(1978)による表面温度変動の測定、西

尾・平田(1978)による伝熱面裏面からの観察などにより、極小熱流束点を越える過熱度領域(即ちDFB点まで)においても固液接触が発生することが示されている。

以上の研究により、現在では、§1.3で示したようにDNB点とDFB点との間の過熱度領域＝広義の遷移沸騰領域では固液接触が発生すると考えられている。

## 【Ⅱ】 乾燥面出現機構

甲藤ら(1966, 1968, 1971, 1972ab, 1975)は、限界熱流束および遷移沸騰領域における気泡挙動などの一連の研究において、マクロ液膜の消耗による乾燥面出現機構を実験的に提示し、原村・甲藤(1983)は、マクロ液膜厚さおよびその消耗時間を前項のように定式化し、気泡サイクルに注目した乾燥面出現機構を提案した。

この乾燥面出現機構ではマクロ液膜厚さが重要な値であるが、これについては、Bhatら(1983a, b)は §6.4.3 および§6.5.2で示したように沸騰面表面に正方格子状に存在する気泡発生点から発生する気泡の合体によるモデルを提案している。マクロ液膜厚さについては、Gaertner(1965)、Iida and Kobayashi(1969)、および Bhat ら(1983, 1986)は、それぞれ大気圧水に関する以下の式を実験より求めている。

$$\delta_{ma0} = \frac{0.485 \times 10^5}{q_w^{1.42}} \tag{8.2.7a}$$

$$\delta_{ma0} = \frac{3.23 \times 10^5}{q_w^{1.51}} \tag{8.2.7b}$$

$$\delta_{ma0} = \frac{1.59 \times 10^5}{q_w^{1.53}} \tag{8.2.7c}$$

一方、原村・甲藤(1983)は(8.2.3)式における$A_v/A$に関する経験式を、後述する限界熱流束モデルより

$$\frac{A_v}{A} = 0.0584 \left(\frac{\rho_v}{\rho_l}\right)^{0.2} \tag{8.2.8a}$$

と定め、$\delta_{ma0}$に関する次式を提案している。

$$\delta_{ma0} = 0.00536 \rho_v \sigma \left(\frac{\rho_v}{\rho_l}\right)^{0.4} \left(1 + \frac{\rho_v}{\rho_l}\right) \left(\frac{h_{lv}}{q_w}\right)^2 \tag{8.2.8b}$$

原村(1987)は、水平細線における限界熱流束近傍での熱流束変動を測定し、この式が測定値に近いことを報告している。これに対し、Pasamehmetoglu and Nelson (1987)は、(8.2.8a)式を次のように修正すると実験整理式である(8.2.7)式と近くなることを示している。

$$\frac{A_v}{A} = 6.21 \times 10^{-4} q_w^{1/4} \tag{8.2.8c}$$

こうしたマクロ液膜消耗による乾燥面出現機構は、Serizawa(1983)により過渡沸騰における乾燥面出現機構として拡張されている。

一方、Rohsenow and Griffith(1956)は、気泡の充満による乾燥面出現機構を提案している。彼らは、過熱度の増大とともに気泡発生点密度が増大し、やがて気泡が離脱する以前に沸騰面表面で気泡が最密状態＝気泡充満状態となることにより気泡合体が発生し、乾燥面が出現すると考えた。この考え方は、以後、過渡沸騰におけ

る乾燥面出現機構として Kawamura ら(1970)により拡張されている。戸田(1973)は一次気泡底部のミクロ液膜に注目し、過熱度の増大とともにミクロ液膜内で沸騰核生成が開始する状況になると、一次気泡底部が乾燥し乾き面が発生するとする機構を提案している。

## 【Ⅲ】 濡れの抑制機構と固液接触限界

　濡れの抑制機構については、よく知られていない。Segev and Bankoff(1980)は、液相の静的および動的拡張について考察し、液相が拡張するためにはバルク液相を導く一次液膜の形成が必要であり、このためには沸騰面表面に吸着がある程度起きていることが必要であるとしている。即ち、過熱度の増大とともに吸着が起きていない表面吸着サイトが増大し、これが濡れ抑制を起こすとしている。

　一方、濡れの動的過程には注目せず、固液接触時間の限定に注目した機構がいくつか提案されている。まず、Spiegler ら(1963)は、伝熱に有意な固液接触は、液相の過熱限界温度以上では発生しないとして、過熱限界を濡れ抑制機構として想定している。この機構は、Okuyama ら(1985, 1988)により自発核生成と気泡力学とを用いて過渡沸騰における乾燥面出現機構として拡張されている。Kostyuku ら(1986)は、Rhosenow and Griffith(1956)の乾燥面出現機構を固液接触寿命時間の評価に拡張し、気泡充満機構を固液接触の寿命限定機構として想定している。

　固液接触発生限界については、気液界面が沸騰面表面に向かって接近してくる過程の解析が、Iloeje ら(1974)、Inoue and Bankoff(1981)により報告されているが、固液接触限界を明確に記述するには至っていない。また、実験的研究としては、液体表面に衝突する液滴の状況観察により接触限界を測定した Henry and Fauski (1979)の研究、過熱限界温度から前進接触角の減少とともに低下することを示した Ramilison and Lienhard(1987)の研究がある。

## 【Ⅳ】 固液接触確率

　固液接触確率については、既に述べたように、

① 飯田・小林(1968)、本田・西川(1972)の探針ボイド計による測定、
② 石谷・久野(1965)、西川ら(1971)、Swanson ら(1975)、Lee ら(1985)、Chang and Witte(1990)の表面温度変動の測定、
③ Bradfield(1966)、Yao and Henry(1978)、西尾・平田(1977)、Ragheb ら (1978, 1979)、Dhuga and Winterton(1985)の液相・沸騰面間の電気抵抗やインピーダンスの測定
④ 西尾・平田(1978)、Neti ら(1986)、鳥飼ら(1989)の沸騰面裏面からの観察
⑤ Kalinin ら(1975)の遷移沸騰曲線からの推定

による測定が行われている。⑤の方法は、

$$\Gamma_{ls} = \frac{q_{TB} - q_{FB}}{q_{NB} - q_{FB}} \qquad\qquad 【8.2.9】$$

により推定するもので、$q_{TB}$ は遷移沸騰熱流束の測定値、$q_{NB}$、$q_{FB}$ はそれぞれその過熱度における純粋核沸騰曲線、純粋膜沸騰曲線の外挿熱流束値である。しかし、④の方法以外ではいかなる信号を固液接触とみなすかに問題を残しており、測定方法自体を開発する必要がある。図 8.2.2 は、Kalinin ら(1987)が示した遷移沸騰領域における沸騰面表面温度変動である。温度変動中で、温度上昇スパイクは乾燥面

– 201 –

の出現に、温度降下スパイクは固液接触面の出現に対応している。

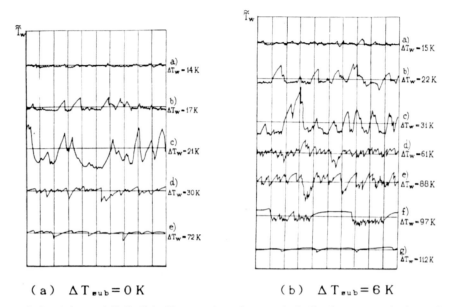

(a)　$\Delta T_{sub} = 0\,K$　　　　　(b)　$\Delta T_{sub} = 6\,K$

図 8.2.2　大気圧水の遷移沸騰領域における表面温度変動（Kalininら(1987)より）

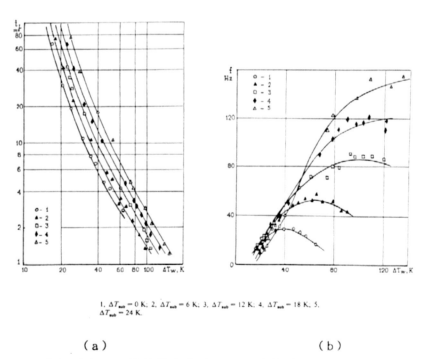

1, $\Delta T_{sub} = 0\,K$; 2, $\Delta T_{sub} = 6\,K$; 3, $\Delta T_{sub} = 12\,K$; 4, $\Delta T_{sub} = 18\,K$; 5, $\Delta T_{sub} = 24\,K$.

(a)　　　　　　　　　　(b)

図 8.2.3　大気圧水の固液接触寿命時間と周波数（Kalininら(1987)より）

【固液接触寿命】
　Bankoff and Mehra(1962)は、固液接触周期については Zuber ら(1959,1963)の流体力学的不安定モデルを用い、固液接触時には二体接触時における非定常熱伝導により熱流束が定まるとし、遷移沸騰熱伝達の実験から固液接触寿命を推定した。

以後、上述した方法により固液接触寿命の測定が行われている。図8.2.3(a)および図8.2.4は Kalininら(1987)および Yao and Henry(1978)による大気圧水の固液接触寿命の測定結果を示したものであるが、固液接触寿命は過熱度の上昇とともに急速に減少し、大気圧水の極小熱流束点(飽和沸騰では$\Delta T_{ws}$がおおよそ100K)近傍では1ms程度のオーダーとなっている。また、固液接触寿命とサブクール度の関係については、ほとんど測定値が存在しないが、図8.2.3(a)によれば固液接触寿命はサブクール度の増大とともに増大する。

【固液接触面積】
単一の固液接触における固液接触面積については、これもほとんど測定例がないが、西尾(1980)は固液接触面積の時間変化を図8.2.5のように報告している。

【固液接触周期】
図8.2.3(b)は、Kalininら(1987)による固液接触周波数の測定例を示したものである。彼らの測定結果によれば、固液接触周波数はある過熱度において極大値をとり、周波数および極大値をとる過熱度はサブクール度の増大とともに増大する。

【固液接触面積割合】
固液接触面積割合は、Yao and Henry(1978)、Dhuga and Winterton(1985)により測定されているが、過熱度の増大とともに面積割合が減少すること以外は、一般的結果が得られていない。ちなみに、図8.2.4は Yao and Henry(1978)の測定結果を示したものである。

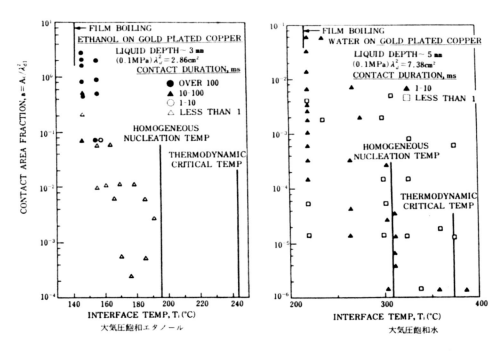

図8.2.4 大気圧水の固液接触割合 (Yao and Henry(1978)より)

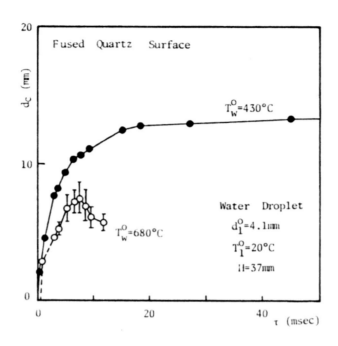

図 8.2.5 固液接触面積の時間変化

【固液接触時間割合】
　固液接触時間割合については、既に述べた測定方法による測定例が比較的多い。これらの測定結果についても定量な一般的傾向を指摘するのは難しいが、Yao and Henry(1978)、Ragheb and Cheng(1978)、Lee ら(1985)、および Neti ら(1986)の測定結果は、

$$\Gamma_{ls} = C_{TB} \exp[-\Delta T_{ws}] \qquad 【8.2.10】$$

なる関係を示している（ここで $C_{TB}$ は定数である）。

$$\boxed{\S 8.3\quad 遷移沸騰熱伝達モデル}$$

　ここでは、遷移沸騰熱伝達のモデル（§8.3.1）、限界熱流束のモデル（§8.3.2）、および極小熱流束点のモデル（§8.3.3）について述べる。

$$\boxed{\S 8.3.1\quad 遷移沸騰熱伝達モデル}$$

　遷移沸騰熱伝達のモデルについては、既に述べたように固液接触確率や固液接触時の熱伝達に関する知見が十分に集積されているとはいい難く、十分なモデルは構築されていない。次に述べる乾燥面出現機構に注目した遷移沸騰熱伝達モデルも、さらに検討が必要な段階であることを付言しておく。

### 【Ⅰ】　乾燥面出現機構に注目したモデル

　いま、水平上向き平面を考え、以下の仮定をおく。即ち、

① 固液接触の存在を限定する機構は、乾燥面出現機構のみである。
② 固液接触割合は固液接触時間割合に等しい（$\Gamma_{1s} = \Gamma_{1s,t}$）。
③ 沸騰面表面温度は一様かつ一定である。
④ 固液接触時の熱流束は、その表面過熱度における純粋核沸騰曲線の延長線上の値に等しい（$q_{wet,m} = q_{NB}$）。
⑤ 乾燥面における熱流束は、その表面過熱度における純粋膜沸騰曲線の延長線上の値に等しい（$q_{dry,m} = q_{FB}$）。
⑥ ＤＮＢ点では、マクロ液膜の消耗時間と二次気泡の離脱周期とが等しい（$\tau_{do} = \tau_{bg}$）。

### 【蒸気ジェット断面積の評価】

　ここで、マクロ液膜の消耗時間 $\tau_{do}$ に関する(8.2.4)式において、$A_v/A \ll 1$、マクロ液膜厚さに関する(8.2.3)式の係数を $C_{ma} = 1/4$、マクロ液膜への液体供給に関する係数を $K = 0$ とすると、$\tau_{do}$ に関する次式が得られる。

$$\tau_{do} = \frac{\pi}{2}\left(\frac{A_v}{A}\right)^2 \sigma \frac{\rho_1 + \rho_v}{\rho_1 \rho_v}\left(\frac{\rho_v h_{lv}}{q_{NB}}\right)^3 \qquad 【8.3.1】$$

ここで、$\tau_{do}$ を評価するには $A_v/A$ の値が必要である。そこで、いま、二次気泡の寸法は図8.2.1のように(4.2.1)式の危険波長 $\lambda_d$ に等しいとすると、乾燥面出現以前の状況における二次気泡の成長は次式で与えられる。

$$V = C_{sb}t = \left(\frac{\lambda_{d,2}^{\ 2} q_{NB}}{\rho_v h_{lv}}\right)t$$

したがって、二次気泡離脱周期 $\tau_{bg}$ は(6.3.11b)式より次式で与えられる。

$$- 205 -$$

$$\tau_{\mathrm{bg}} = \left(\frac{3}{4\pi}\right)^{1/5} \left\{\frac{4\left[(11/16)\rho_1 + \rho_v\right]}{g(\rho_1 - \rho_v)}\right\}^{3/5} \left(\frac{\lambda_{\mathrm{d,2}}{}^2 q_{\mathrm{NB}}}{\rho_v \mathrm{h}_{\mathrm{lv}}}\right)^{1/5} \qquad \text{【8.3.2】}$$

ＤＮＢとＣＨＦとが同じであるとすると、仮定より、限界熱流束 $q_{\mathrm{CHF}}$ では $\tau_{\mathrm{do}} = \tau_{\mathrm{bg}}$ であるから (8.3.1) 式と (8.3.2) 式とを等置して、

$$\frac{\pi}{2}\left(\frac{A_v}{A}\right)^2 \sigma \frac{\rho_1 + \rho_v}{\rho_1 \rho_v}\left(\frac{\rho_v \mathrm{h}_{\mathrm{lv}}}{q_{\mathrm{NB}}}\right)^3 = \left(\frac{3}{4\pi}\right)^{1/5}\left\{\frac{4\left[(11/16)\rho_1 + \rho_v\right]}{g(\rho_1 - \rho_v)}\right\}^{3/5}\left(\frac{\lambda_{\mathrm{d,2}}{}^2 q_{\mathrm{NB}}}{\rho_v \mathrm{h}_{\mathrm{lv}}}\right)^{1/5}$$

【8.3.3】

この式の $\lambda_{\mathrm{d,2}}$ に (4.2.1) 式を、$q_{\mathrm{CHF}}$ に水平上向き平面における限界熱流束に関する Kutateladze (1951) の整理式

$$q_{\mathrm{CHF}} = 0.131 \rho_v \mathrm{h}_{\mathrm{lv}}\left\{\frac{\sigma g(\rho_1 - \rho_v)}{\rho_v^2}\right\}^{1/4} \qquad \text{【8.3.4】}$$

を代入すると、

$$\frac{A_v}{A} = 0.0654\left\{\frac{\left[(11\rho_1/16\rho_v) + 1\right]^{3/5}}{(\rho_1/\rho_v) + 1}\right\}^{1/2} \qquad \text{【8.3.5】}$$

を得る。この式は、$\rho_v \ll \rho_1$ の場合には (8.2.8a) 式になる。

**【乾燥面出現機構に注目した遷移沸騰熱伝達モデル】**

(8.1.3) 式と (8.2.6) 式を用いると、遷移沸騰領域における熱流束は次のように表される。

$$q_w = q_{\mathrm{NB}}\left[\Delta \mathrm{T}_{\mathrm{ws}}\right]\frac{\tau_{\mathrm{do}}\left[\Delta \mathrm{T}_{\mathrm{ws}}\right]}{\tau_{\mathrm{cc}}\left[\Delta \mathrm{T}_{\mathrm{ws}}\right]} + q_{\mathrm{FB}}\left[\Delta \mathrm{T}_{\mathrm{ws}}\right]\left(1 - \frac{\tau_{\mathrm{do}}\left[\Delta \mathrm{T}_{\mathrm{ws}}\right]}{\tau_{\mathrm{cc}}\left[\Delta \mathrm{T}_{\mathrm{ws}}\right]}\right) \qquad \text{【8.3.6】}$$

$\tau_{\mathrm{do}}$ は (8.3.1) 式と (8.3.5) 式より定まり、$\tau_{\mathrm{cc}}\left[\Delta \mathrm{T}_{\mathrm{ws}}\right]$ を (8.3.2) 式で $q_{\mathrm{NB}} = q_{\mathrm{TB}}$ と置いた $\tau_{\mathrm{bg}}$ と膜沸騰気泡の離脱周期 $\tau_{\mathrm{FB}}$ との平均として計算すると、(8.3.6) 式より遷移沸騰熱伝達が計算できるのみならず、$\tau_{\mathrm{do}} > \tau_{\mathrm{bg}}$ では $\Gamma_{\mathrm{1s,t}} = 1$ とすることにより沸騰曲線全体が計算できる。

## 【Ⅱ】　遷移沸騰熱伝達モデルに関する研究小史

現在のところ、濡れの抑制機構を想定した遷移沸騰熱伝達モデルは提案されておらず、乾燥面出現機構に注目したモデルがいくつか報告されている。

**【マクロ液膜の消耗過程に注目したモデル】**

甲藤・横谷 (1968) は、限界熱流束近傍における沸騰面表面および気泡挙動を詳細に観察し、マクロ液膜の乾燥による乾燥面出現機構に注目して遷移沸騰熱伝達をモデル化した。彼らがモデル化に用いた仮定は、以下のものである。

①　遷移沸騰領域でも二次気泡離脱周期は限界熱流束におけるそれと同じである。

$$\tau_{\mathrm{cc}}\left[\Delta \mathrm{T}_{\mathrm{ws}}\right] = \tau_{\mathrm{cc}}\left[\Delta \mathrm{T}_{\mathrm{CHF}}\right] = \tau_{\mathrm{do}}\left[\Delta \mathrm{T}_{\mathrm{CHF}}\right]$$

②　マクロ液膜が消耗するまでの期間の熱流束は、その表面過熱度に相当する純粋核沸騰曲線の延長線上の値をとる。

③　乾燥期間中の伝熱は無視する。

$$q_{FB}[\Delta T_{ws}] = 0$$

この仮定より、遷移沸騰熱伝達における熱流束 $q_w$ は、マクロ液膜乾燥機構を想定することにより、

$$q_w = q_{NB}[\Delta T_{ws}]\frac{\tau_{do}[\Delta T_{ws}]}{\tau_{cc}[\Delta T_{ws}]} = q_{NB}[\Delta T_{ws}]\frac{\tau_{do}[\Delta T_{ws}]}{\tau_{do}[\Delta T_{CHF}]}$$
$$= q_{NB}[\Delta T_{ws}]\left(\frac{\delta_{ma0}[\Delta T_{ws}]}{q_{NB}[\Delta T_{ws}]}\right)\left(\frac{q_{CHF}}{\delta_{ma0}[\Delta T_{CHF}]}\right) = q_{CHF}\frac{\delta_{ma0}[\Delta T_{ws}]}{\delta_{ma0}[\Delta T_{CHF}]}$$
(8.3.7a)

として、マクロ液膜厚さ $\delta_{ma0}$ の測定値を用いてこの式が遷移沸騰熱伝達の測定結果に近いことを示し、(8.3.6)式の基本を提案した。甲藤・横谷の研究を受けて、Panら(1989)は、固液接触が発生して沸騰核生成が開始するまでの待ち時間 $\tau_{sa}$ 内の非定常熱伝導における平均熱流束 $q_{hc}$ を考慮した次式を提案した。

$$q_w = \frac{q_{hc}\tau_{sa} + q_{NB}\tau_{do} + q_{FB}(\tau_{cc} - \tau_{sa} - \tau_{do})}{\tau_{cc}}$$
(8.3.7b)

なお、彼らの解析では、伝熱面表面温度変化も考慮されている。

**【沸騰核生成気泡の充満過程に注目したモデル】**

Kostyuk(1986)は、乾燥面出現機構として沸騰核生成により生成される気泡の充満機構を想定し、次式を提案している。

$$q_w = \frac{q_{hc}\tau_{sa} + q_{bg}\tau_{bm} + q_{FB}(\tau_{cc} - \tau_{sa} - \tau_{bc})}{\tau_{cc}}$$
(8.3.7c)

ここで、$q_{bg}$ は沸騰核生成が開始してから気泡充満が起きるまでの時間 $\tau_{bm}$ 内の平均熱流束である。沸騰面表面過熱度が小さくなると気泡は充満する以前に離脱するようになるが、彼らのモデルでは気泡充満が起こる限界条件によりDNB点が規定されている。

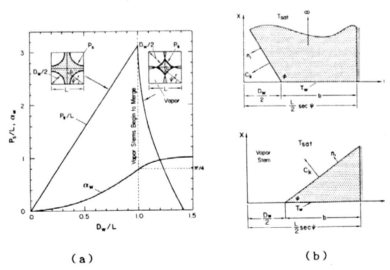

図 8.3.1 Dhir and Liaw(1989)の遷移沸騰熱伝達モデル

**【気泡付着部に注目したモデル】**

鳥飼・秋山(1969)は、過熱度が増大すると気泡付着面積の総計が沸騰面表面に占める割合が増大し、その結果遷移沸騰領域が出現するとしている。戸田(1973)は、一次気泡底部のミクロ液膜に注目し、ミクロ液膜内に沸騰核生成が起こる過熱度となるとミクロ液膜が乾燥しレンズ状の気泡が形成され遷移沸騰領域が開始し、遷移沸騰領域の熱伝達はミクロ液膜厚さの統計分布にしたがうとした遷移沸騰熱伝達モデルを提案している。また、Dhir and Liaw(1989)は、二次気泡底部に形成される蒸気ジェットの付着面積割合に注目した遷移沸騰熱伝達モデルを提案している。即ち、沸騰面表面過熱度の増大とともに気泡発生点密度は増大するので、蒸気ジェット密度が気泡発生点密度に対応するとすると、表面過熱度の増大とともに、蒸気ジェット付着部面積割合$A_v/A$は図 8.3.1(a)に示したように増大し、固液接触面積割合は減少する。しかし、蒸気ジェット間の固液接触部の伝熱が図 8.3.1(b)のように沸騰面表面から蒸気ジェット界面への伝導伝熱であるとすると、これは表面過熱度の増大とともに増大する。この両者の兼ね合いにより遷移沸騰熱伝達が定まるとするモデルである。

## §8.3.2 限界熱流束モデル

限界熱流束は広義の遷移沸騰領域に含まれるので、(8.3.6)式と沸騰曲線における極大値条件(1.3.6a)式より限界熱流束を定めることができる。しかし、限界熱流束は蒸発器などの熱機器の作動上限界を意味する重要な条件であるので、限界熱流束について少し立ち入って述べる。

さて、前項で述べた遷移沸騰熱伝達のモデルでは、乾燥面出現機構に注目して限界熱流束を、$\tau_{do} = \tau_{bg}$と規定した。即ち、(8.3.3)式において$A_v/A$が独立に定まると、この式により限界熱流束が定まる。しかし、現在のところ$A_v/A$を求める方法が存在しないので、前項で定めた$A_v/A$を基礎とする。したがって、水平上向き平面での限界熱流束は(8.3.4)式で与えられる。

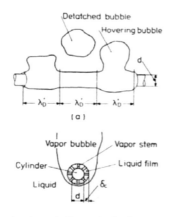
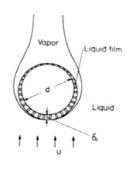

(a) 自然対流沸騰　　　　　　　(b) 強制対流沸騰
図 8.3.2 水平円柱系における限界熱流束

## 【I】　水平円柱における自然対流飽和沸騰での限界熱流束

前項では水平上向き平面について述べたが、ここでは図8.3.2(a)のような水平円柱系の限界熱流束を考える。この場合、水平円柱系における気液界面に関する危険波長を$\lambda_{d,cyl}$とすると、二次気泡成長速度は水平上向き平面の場合と同様に次式で表される。

$$V = C_{sb}t = \frac{\pi D \lambda_{d,cyl} q_w}{\rho_v h_{lv}} t$$

ここで、$\lambda_{d,cyl}$は(4.2.29b)式で与えられる。上式と(6.3.11b)式より、まず二次気泡離脱周期$\tau_{bc} = \tau_{bg}$が定まる。次に、マクロ液膜消耗時間$\tau_{do}$は、水平円柱系の場合(8.2.4)式と同様に次式により与えられる。

$$\tau_{do} = \frac{\rho_l h_{lv}}{q_w} \left( \frac{A - A_v + A\delta_{ma0}/D}{A} \right) \delta_{ma0}$$

但し、二次気泡成長期間中におけるマクロ液膜への液体供給はないとした。この式に$\delta_{ma0}$に関する(8.2.3)式(但し$C_{ma} = 1/4$)と$A_v/A$に関する(8.2.8a)式を代入し、$\tau_{do} = \tau_{bg}$とすると、水平円柱系の自然対流飽和沸騰における限界熱流束$q_{CHF,cyl}$の式が次のように得られる。

$$\frac{q_{CHF,cyl}}{q_{CHF,hup}} = \left( \frac{3^{1/2}}{R^+} \right)^{1/16} \left( 1 + \frac{1}{2R^{+2}} \right)^{1/32} \qquad 【8.3.8】$$

ここで、$R^+ = \dfrac{D}{2\lambda_{LL}}$であり、$\lambda_{LL}$は(4.2.15)式のラプラス長さ、$q_{CHF,hup}$は(8.3.4)式で与えられる水平上向き平面における限界熱流束である。

## 【II】　水平円柱における強制対流飽和沸騰での限界熱流束

次に、図8.3.2(b)のような水平円柱における強制対流飽和沸騰における限界熱流束を考える。いま、蒸気がシート状になって上方に流出するとする程度の液体流速を考える。この場合、二次気泡は形成されないので上で述べてきたような二次気泡離脱周期とマクロ液膜消耗時間とのバランスといった時間スケールにより限界熱流束が定まる状況ではない。

この場合は、限界熱流束は次のようにして定まると考えられる。いま、円柱前面におけるマクロ液膜厚さ$\delta_{ma0}$を(8.2.3)式で、$A_v/A$を(8.2.8a)で与え、$C_{ma} = 1/4$として得られる値で評価する。この液膜は、図8.3.2(b)のように円柱表面に沿って流れる間に消耗され厚さが減少するが、この液膜には円柱前面より液体流速$u$で液体が供給されているので、マクロ液膜の厚さ分布は定常に保たれる。こうした状況では、円柱背面でマクロ液膜厚さが0となると乾燥面が出現する。そこで、この状況を限界熱流束と考えると、

$$q_{CHF,fc} = \frac{\rho_l h_{lv} \delta_{ma0} u}{\pi (D/2)}$$

となる。この式に、上述のように定めた$\delta_{ma0}$を代入して$q_{CHF,fc}$について解くと、強制対流飽和沸騰における限界熱流束$q_{CHF,fc}$は、次のように計算される。

$$q_{CHF,fc} = 0.151 \rho_l h_{lv} u \left(\frac{\rho_v}{\rho_l}\right)^{0.467} \left(1 + \frac{\rho_v}{\rho_l}\right)^{1/3} \left\{\frac{\sigma \rho_l}{(\rho_l u)^2 D}\right\}^{1/3} \quad 【8.3.9】$$

## 【Ⅲ】 強制対流サブクール沸騰における限界熱流束

次に、図8.3.3に示したような強制対流サブクール沸騰における限界熱流束を考える。いま、この系におけるマクロ液膜と蒸気スラグ（二次気泡）相対速度を$u_r$とし、蒸気スラグの長さ$L_{sb}$がこの相対速度におけるKelvin-Helmholtz不安定波長で定まるとすると、(4.2.17b)式より

$$L_{sb} = \frac{2\pi\sigma(\rho_l + \rho_v)}{\rho_l \rho_v u_r^2}$$

ここで、沸騰面表面のある場所を蒸気スラグが通過する時間は、$\tau = L_{sb}/u_r$となる。したがって、マクロ液膜の消耗による乾燥面出現機構を想定すれば、この$\tau$の間にマクロ液膜が消耗されれば限界熱流束となることになる。即ち、限界熱流束は次のように与えられる。

$$q_{CHF,fc} = \rho_l h_{lv} \delta_{ma0} \frac{u_r}{L_{sb}} + q_{fc} \quad 【8.3.10】$$

ここで、$q_{fc}$は液体単相の対流による熱流束である。(8.3.10)式において$\delta_{ma0}$は(8.2.3)および(8.2.8a)式により、また$L_{sb}$は既に述べた式により定まるので、$u_r$を例えば$z = \delta_{ma0}$における液体単相あるいは実クオリティにおける均質流の乱流速度分布などにより定めると、強制対流下におけるサブクール沸騰での限界熱流束が定まる。

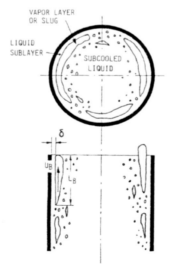

図8.3.3 強制対流サブクール沸騰における二次気泡（甲藤・吉原(1989)より）

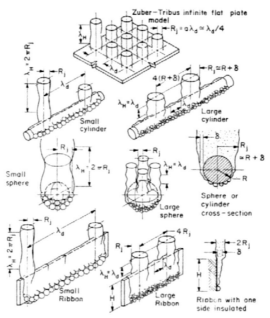

図 8.3.4 流体力学的不安定モデルが想定する限界熱流束状況
(Lienhard and Dhir(1973)より)

## 【Ⅳ】 限界熱流束モデルに関する研究小史

　以上では、マクロ液膜の消耗による乾燥面出現機構に注目した限界熱流束モデルについて述べた。しかし、限界熱流束モデルについてはその他の多くのモデルが提案されている。

　§8.2.2で乾燥面出現機構に関連して述べたように、Rohsenow and Griffith (1956)は、乾燥面出現機構として気泡充満機構を提案し、これに注目した限界熱流束モデルを提案した。このモデルは、Chang and Snyder(1960)によりさらに展開された。

　また、Kutateladze(1952)は、図 8.3.4 に示したように、沸騰面表面から離脱する蒸気流と沸騰面表面に向かう液体供給流とが形成する気液界面が不安定となることにより沸騰面表面で液体が欠乏し、乾燥面が出現するとして次元解析より整理式として(8.3.4)式を導出した。この考え方は流体力学的不安定モデルと呼ばれ、Chang and Snyder(1960)、Zuber ら(1959, 1963)により水平上向き平面における限界熱流束について理論化され、次式が理論的に導出された。

$$q_{CHF,Z} = \frac{\pi}{24} \rho_l h_{lv} \left\{ \frac{g\sigma(\rho_l - \rho_v)}{\rho_v^2} \right\}^{1/4} \qquad 【8.3.11】$$

　その後、このモデルは、自然対流飽和沸騰における限界熱流束に対して、Sun and Lienhard(1970)により水平円柱系に、Ded and Lienhard(1972)により球系に、また Lienhard and Dhir(1973)により様々な形状の沸騰面へと拡張された。さらに、Lienhard and Eichhorn(1976)および Lienhard and Hasan(1979)により機械エネルギー的安定性を導入することにより、強制流動沸騰へと拡張された。このモデルは、様々な条件における飽和沸騰における限界熱流束の実験値をよく整理するが、次節で述べるように限界熱流束の発生機構として問題を含んでおり、現在では整理式と

理解するのが妥当であろう。

一方、 原村と甲藤（1983a,b）は、マクロ液膜の消耗に注目し、マクロ液膜厚さを Kelvin-Helmholtz 不安定より定めた限界熱流束のモデルを提案し、先述したような様々な形状の沸騰面、自然対流および強制対流下における限界熱流束の定式化を行った。さらにこのモデルは、Mudawar and Maddox(1989)および甲藤・吉原(1989)により、サブクール条件下の強制対流沸騰における限界熱流束(8.3.10)式へと拡張された。

---

### §8.3.3 極小熱流束点モデル

---

極小熱流束 $q_{MHF}$ あるいはその表面過熱度 $\Delta T_{MHF}$ については、過熱度に注目するモデル、熱流束に注目するモデル、および（1.3.5）と(1.3.6b)式から定めようとするモデルが提案されているが、一般性のあるモデルは提案されていない。

**【流体力学的不安定モデル】**

Berenson(1961)は、極小熱流束が蒸気の質量の釣合により定まると考えた。即ち、例えば水平上向き平面における膜沸騰熱伝達では、前章で述べたように気液界面不安定により蒸気が離脱する。この離脱頻度は熱流束の減少とともに低下するが、§4.2.1で示したように（伝熱がない場合の）Rayleigh-Taylor 不安定における離脱頻度が下限界となる。即ち、熱流束がいかに減少してもこの不安定により規定される頻度で蒸気が蒸気膜から離脱する。一方、飽和膜沸騰では沸騰面表面から伝わる熱量はすべて蒸発に費やされる。即ち、蒸気膜には熱流束に見合った蒸気が供給される。したがって、熱流束の減少とともに、いずれは蒸気供給量が離脱蒸気量の下限界に到達する。Berensonはこの状況が極小熱流束に対応するとして、これを以下のように定式化した。まず、上述の説明より、

$$q_{MHF} = Q \times N \times f$$

ここで、 Q ： 離脱気泡1コ当たりの熱量
N ： 気液界面が1回振動する間に単位面積の沸騰面から離脱する気泡数
f ： 伝熱がない場合の気液界面振動数
である。

前章で述べたように、膜沸騰における離脱気泡径は(4.2.1)式の危険波長 $\lambda_{d,2}$ に比例するので、この比例定数を $C_{db}$ とすると、

$$Q = \rho_{vf} h_{1v}' \left\{ \frac{4\pi}{3} \left( C_{db} \lambda_{d,2} \right)^3 \right\}$$

ここで、 $h_{1v}' = h_{1v}(1 + Sp/2)$ である。また、

$$N = \frac{2}{\lambda_{d,2}^2}$$

である。さらに、危険波長の成長速度 $v_{d,2}$ は、蒸気膜、液相厚さともに無限大とすると、(4.2.16)式を(4.2.13)式に代入して、

- 212 -

$$\mathbf{v}_{d,2} = \left\{ \frac{4\pi}{3} \left( \frac{\rho_l - \rho_v}{\rho_l + \rho_v} \right) \frac{g}{\lambda_{d,2}} \right\}^{1/2} = \frac{f}{C_d}$$

したがって、

$$q_{MHF} = \rho_{vf} h_{lv}' \left\{ \frac{4\pi}{3} \left( C_{db} \lambda_{d,2} \right)^3 \right\} \frac{2}{\lambda_{d,2}{}^2} \times C_d \left\{ \frac{4\pi}{3} \left( \frac{\rho_l - \rho_v}{\rho_l + \rho_v} \right) \frac{g}{\lambda_{d,2}} \right\}^{1/2}$$

$$= C_d C_{db}{}^3 \left( \frac{4\pi}{3} \right)^{3/2} \rho_v h_{lv}' \left( \frac{\rho_l - \rho_v}{\rho_l + \rho_v} \right)^{1/2} \lambda_{d,2}{}^{1/2} = C_d \left( \frac{3^{1/2} \pi^2}{6^{3/2}} \right) \rho_v h_{lv}' \left\{ \frac{g \sigma (\rho_l - \rho_v)}{(\rho_l + \rho_v)^2} \right\}^{1/4}$$

【8.3.12】

Berenson によれば、上式において比例係数を 0.09 とすると実験値をよく説明する（解析値は 0.127）。Lienhard and Wong(1964)は、（4.2.29b)式を用いて Berenson のモデルを水平円柱系に拡張し、次式を得ている。

$$q_{MHF} = 0.153 \rho_v h_{lv}' \left\{ \frac{1}{D^+ \left( 1 + 2/D^{+2} \right)^{1/4}} \right\} \left\{ \frac{g \sigma (\rho_l - \rho_v)}{(\rho_l + \rho_v)^2} \right\}^{1/4}$$

【8.3.13】

Lienhard and Dhir(1980)は（8.3.12）および(8.3.13)式の比例係数について詳細な解析を行い、水平上向き平面については 0.091、水平円柱については 0.06 を得ている。これらの解析では、気液界面の不安定波長を定めるに際し§4.2で述べたように蒸気膜厚さを無限大としているが、庄司・高木(1982)は蒸気膜厚さの有限性を考慮して極小熱流束を解析している。上述のモデルは、限界熱流束と同様に流体力学的不安定モデルと呼ばれているが、このモデルでは固液接触については全く考慮されていない。これについては、Gunnerson and Cronenberg(1980)が、固液接触時の伝熱と液体サブクール度の効果を考慮したモデルを提案している。

【温度支配型モデル】

温度支配型モデルでは、一般に濡れ限界を表す温度 $T_{mw}$ を用いることにより、極小熱流束点温度を次式で表す。

$$T_{MHF} = (1 + \beta) T_{mw} - \beta T_{lb}$$

【8.3.14】

ここで、

$$\beta = \left\{ (k\rho c)_l / (k\rho c)_w \right\}^{1/2}$$

である。濡れ限界温度 $T_{mw}$ としては、Spiegler ら(1966)は§3.3で述べた過熱限界温度をとり、Segev and Bankoff(1980)は吸着限界温度をとっている。

（8.3.14)式は、固液接触時の固液界面温度が $T_{mw}$ となる接触前沸騰面表面温度を極小熱流束点温度とする考えを基本とし、固液接触時の界面温度を二体接触時の非定常熱伝導解析より与えている。一方、Baumeister and Simon(1973)は固液接触時の温度降下を限界熱流束における熱伝達率で評価するモデルを、西尾・平田(1978)は固液接触面の過熱度における核沸騰熱流束（純粋核沸騰曲線の延長線）により評価するモデルを提案している。

## §8.4 遷移沸騰熱伝達の特性

　液体の種類を特定した場合の遷移沸騰熱伝達に影響を及ぼし得る因子としては、以下の因子が挙げられる。

【系にかかわる因子】
①　系の圧力
②　系の重力加速度 g
③　系に加わる（重力以外の）外力場

【液体にかかわる因子】
①　液体温度 $T_{lb}$（液体サブクール度 $\Delta T_{sub}$）
②　液体速度 u
③　液層厚さ $\delta_{lb}$

【沸騰面にかかわる因子】
①　沸騰面のマクロな幾何学的条件（形状・寸法・姿勢）
②　沸騰面表面のミクロな幾何学的条件（粗さ、キャビティ分布）
③　沸騰面表面の濡れ性（接触角 $\theta$ など）
④　沸騰面の材料（母材材料、被覆層など）や熱容量
⑤　過渡沸騰

　以下では、遷移沸騰熱伝達を特徴づける限界熱流束点と極小熱流束点に注目しながら、これらの因子との関連を述べる。

## §8.4.1 系にかかわる因子の影響

### 【Ⅰ】　系の圧力の影響
### 【限界熱流束】

　水平上向き平面に関する Lyon ら（1964）の実験、水平円柱に関する Lienhard and Schrock（1963）、Park ら（1966）、Sciance ら（1967）、Hesse（1973）、Bier ら（1977）の実験によれば、限界熱流束は、(8.3.4)式が予測するように換算圧力 $\Pi = 0.3$ 程度で最大値をとる。図 8.4.1 はこの様子を示したもので、図中の実線は (8.3.4) 式に修正を加えた Noyes（1963）の次式である。

$$q_{CHF} = 0.144 \left\{ \rho_v h_{lv} \left[ \frac{g\sigma(\rho_l - \rho_v)}{\rho_v^2} \right]^{1/4} \right\} \left\{ \left( \frac{\rho_l - \rho_v}{\rho_v} \right)^{1/4} Pr_l^{-0.245} \right\} \qquad 【8.4.1】$$

Bier ら（1977）は、限界熱流束の測定値と Zuber の (8.3.11) 式および Noyes の (8.4.1) 式を比較し、Noyes の式がより正確に限界熱流束の圧力依存性を予測することを示している。Ponter and Heigh（1969）も、水の実験より (8.3.4) 式が $p \geqq 13 \mathrm{kPa}$ で成立することを示した。

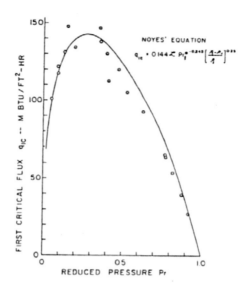

図 8.4.1　限界熱流束の圧力依存性（Scianceら(1967)より）

　一方、甲藤・横谷(1971)は、水の実験により限界熱流束が大気圧近傍では圧力が小さくなるにつれて減少し p＜10kPa では一定値に漸近すること、この圧力領域ではマクロ液膜内の気泡生成が停止しミクロ液膜となることを報告している。

**【極小熱流束点】**

　極小熱流束と系圧力との関係は、Lienhard and Wong(1964)、Kovalev(1966)、Grigull and Abadic(1967)、Merte and Lewis(1968)、Nikolayev and Skripov(1970)、Science and Colver(1970)、Hesse(1973)、Nikolayevら(1974)、Bierら(1977)、Yao and Henry(1978)、Sakuraiら(1980,1983)、Heinら(1984)、庄司・長野(1986)などにより測定されている。こうした報告によれば、限界熱流束と同様に極小熱流束も換算圧力 $\Pi=0.3$ 程度で最大値に到達する。

　Sakuraiら(1983)は、水平円柱系の水の極小熱流束点条件を測定し、Lienhard and Wong(1964)の流体力学的不安定モデルと比較し、流体力学的不安定モデルは圧力の影響を過大評価することを報告している。同様の報告が、水平上向き平面系について庄司・長野(1986)によってなされている。

　極小熱流束点の過熱度 $\Delta T_{MHF}$ と圧力との関係に関しては、Science and Colver(1970)は、有機液体の沸騰実験を行い、極小熱流束と同様にある $\Pi$ で最大となることを示す実験結果を報告している。一方、Sakuraiら(1980)は（$\Pi<0.1$ 程度までの）水の沸騰実験を行い、系圧力の増大とともに極小熱流束点温度が §3.3 で述べた(3.2.1)式の均質核生成温度に漸近することを示した。Nishio(1987)は、極小熱流束点に関する多くの測定値を概観し、

　　低圧域：極小熱流束点温度 $T_{MHF}$ が圧力に依存しない領域
　　中圧域：極小熱流束点過熱度 $\Delta T_{MHF}$ が圧力に依存しない領域
　　高圧域：極小熱流束点温度 $T_{MHF}$ が過熱限界温度に等しくなる領域

の3領域があることを指摘し、図 8.4.2 に示したように中・高圧域の整理を試みている。中圧、高圧域の整理式はそれぞれ以下の式である。

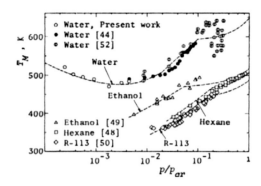

図 8.4.2　極小熱流束点過熱度の圧力依存性

中圧域
$$T_{MHF} = T_{sat} + 3.45 \times 10^{-4} \langle T \rangle \exp[4.94\Theta_{sat}] \tag{8.4.2a}$$
$$\langle T \rangle = \left(\frac{T_{cr} - T_{sat}}{T_{cr} - T_{sat}*}\right)\left(\frac{h_{lv}*}{c_{pl}*}\right) \rho_r *^{0.6302} \Pr_l *^{1.008} \lambda_r *^{0.2056}$$
$$\lambda_r = \frac{\sigma}{g(\rho_l - \rho_v)^3 \nu_l^4}, \quad \Theta_{sat} = \frac{T_{sat}}{T_{cr}}$$

高圧域
$$T_{MHF} = 0.905 + 0.095\Theta_{sat}^8 \tag{8.4.2b}$$

ここで、*は$\Theta_{sat}=0.7$の状態を意味し、(8.4.2b)式は熱力学的過熱限界温度に関する(3.3.4a)式である。

**【遷移沸騰熱伝達】**

Hesse(1974)は、系圧力をパラメータとして遷移沸騰領域全域の定常実験値を報告している。図 8.4.3 は彼の測定結果を図示したものであるが、図 8.4.2 にも示されているように、狭義の遷移沸騰領域が受け持つ過熱度・熱流束範囲は系圧力の増大ととも減少する。また、限界熱流束が最大となる圧力以下の系圧力では狭義の遷移沸騰熱伝達の圧力依存性は小さく、それ以上の圧力では遷移沸騰熱伝達は圧力の増大とともに劣化するように考えられる。

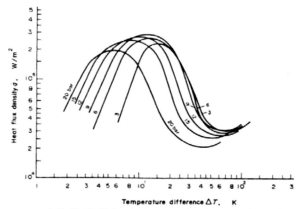

図 8.4.3　遷移沸騰熱伝達と系圧力（Hesse(1974)より）

一方、いま水平上向き平面を考え、限界熱流束 $q_{CHF}$ を(8.3.4)式、極小熱流束 $q_{MHF}$ を(8.3.12)式で与えると、次式が得られる。

$$\frac{q_{MHF}}{q_{CHF}} \sim \left(\frac{\rho_v}{\rho_l + \rho_v}\right)^{1/2} \quad 【8.4.3】$$

この式は、気液の密度比が小さい流体ほど限界熱流束と極小熱流束の差が大きいことを示している。したがって、同一液体で圧力が高くなると、限界熱流束と極小熱流束との差が小さくなり、遷移沸騰熱伝達が受け持つ熱流束範囲が狭くなる。但し、このような関係に対し、Bier ら(1977)はむしろ極小熱流束と限界熱流束との比は圧力によらず一定であると主張している。

### 【Ⅱ】　重力加速度
### 【限界熱流束】

限界熱流束の理論式、例えば(8.3.4)式によれば、

$$q_{CHF} \sim g^{1/4} \quad (8.4.4a)$$

なる関係がある。重力加速度が標準値より低い場合については、Merte and Clark (1964)が液体窒素を用いた実験を行っている。彼らの加速度 $g = 0.01 \sim 0.1 g_0$ における測定値は、上述の関係が成立していることを示唆している。

一方、標準値より高い重力加速度については、Lienhard and Sun(1970)が水平円柱について、Dhir and Lienhard(1974)、Lienhard ら(1973)は鉛直平面および水平上向き平面について(8.4.4a)式が成立することを報告しており、Lienhard(1968)の詳細な議論もある。

### 【極小熱流束】

極小熱流束点条件に対する重力加速度の影響については、(8.3.12)式のような流体力学的不安定モデルによれば、限界熱流束と同様に、

$$q_{MHF} \sim g^{1/4} \quad (8.4.4b)$$

となる。極小熱流束点に対する重力加速度の影響に関しては研究が極めて少ないが、Merte and Clark(1964)の実験によれば上式の関係が成立している。さて、前章で述べたように、膜沸騰熱伝達率 $\alpha$ は $g^{1/4}$ に比例する。したがって、いま温度支配型モデルにより極小熱流束点過熱度が重力加速度に依存しないとすると、$q_{MHF}$ は

$$q_{MHF} = \alpha \Delta T_{ws} \sim g^{1/4} \tag{8.4.4c}$$

となり、(8.4.4b)と同様の式が得られる。

---

## §8.4.2 液体にかかわる因子の影響

---

　液相側因子 $\Delta T_{sub}$ および u は、高熱流束核沸騰熱伝達には有意な影響を与えないが、限界熱流束を増大し、また膜沸騰熱伝達を増大させるので結果的に極小熱流束を増大させ、遷移沸騰熱伝達を上昇させる。

### 【Ｉ】　液体温度あるいは液体サブクール度
### 【限界熱流束】
　サブクール条件下の自然対流沸騰における限界熱流束については、理論的にはZuber ら(1963)が簡単に触れているに過ぎない。
　一方、これまでの実験によれば、一般に自然対流沸騰熱伝達における限界熱流束は、水平上向き平面、水平円柱系においてサブクール度 $\Delta T_{sub}$ の増大とともに線形に増大する。Kutateladze(1952)は、サブクール度の影響を次の整理式により表している。

$$q_{CHF,sub} = q_{CHF,sat}\left\{1 + 0.065\left(\frac{\rho_l}{\rho_v}\right)^{0.8} Sb\right\} \tag{8.4.5a}$$

ここで、

$$Sb = \frac{c_{pl}\Delta T_{sub}}{h_{lv}}$$

Ivey and Morris(1962a)は、多くの液体と広い圧力にわたる測定値を基に、上の整理式を次の形に拡張した。

$$q_{CHF,sub} = q_{CHF,sat}\left\{1 + 0.102\left(\frac{\rho_l}{\rho_v}\right)^{3/4} Sb\right\} \tag{8.4.5b}$$

Ponter and Haigh(1969)は、13 k Pa までの減圧沸騰を行い、減圧下においても限界熱流束と $\Delta T_{sub}$ は次式のような線形関係にあることを示した。

$$q_{CHF,sub} = q_{CHF,sat}\left\{1.06 + 1.015\frac{\Delta T_{sub}}{p^{0.474}}\right\} \tag{8.4.5c}$$

最近、Elkassabgi and Lienhard(1988)は、水平細線についてサブクール度を広く変化させた実験を行い、図8.4.4のようにサブクール度に比例して限界熱流束が増大する小サブクール域、限界熱流束がサブクール度に依存せずほぼ一定値となる大サブクール域、およびその中間遷移域があることを報告している。

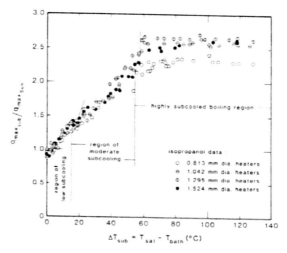

図 8.4.4　限界熱流束と液体サブクール度
（Elkassabgi and Lienhard(1987)より）

　外部流沸騰における限界熱流束と$\Delta T_{sub}$との関係については(8.3.10)式のような理論的検討が加えられている。さて、Kutateladze and Burakov(1969)は、平面沸騰面上における強制流動（u＜5m/s）沸騰の限界熱流束を調べ、限界熱流束と$\Delta T_{sub}$とが線形関係にあることを示した。Vliet and Leppert(1964a,b)は、水平円柱系における限界熱流束では、低流速域（$u_b$＜0.38m/s）では上述の線形関係が成立するが、高流速域（$u_b$＞0.71m/s）では線形関係が成立しないことを報告している。甲藤・谷口(1985)も水平円柱系の外部流沸騰熱伝達における限界熱流束を測定し、限界熱流束と$\Delta T_{sub}$との間に線形関係が成立する範囲には限定があることを報告している。Mudawar and Maddox(1989)は、外部流サブクール沸騰での限界熱流束モデルを提示するとともに、実験値を報告している。

### 【極小熱流束】

　極小熱流束点（$\Delta T_{MHF}$, $q_{MHF}$）に対する$\Delta T_{sub}$の影響については、Bradfield(1967)、Witte and Henningson(1969)、Farahat(1977), Dhir and Purohit(1978)、庄司ら(1982,1983)、西尾・上村(1983)などにより大気圧水について実験的に検討されている。

　サブクール度$\Delta T_{sub}$が増大すると膜沸騰熱伝達率が増大するので、少なくとも$\Delta T_{MHF}$が$\Delta T_{sub}$に対して減少しない限り極小熱流束も増大することは当然である。問題は極小熱流束点の温度条件と$\Delta T_{sub}$との関係である。上述の報告で示されている関係を、大気圧水について比較して示したのが図8.4.5であるが、極小熱流束点温度あるいは過熱度も一般にサブクール度と線形関係にある。こうした線形関係については、Farahatら(1974)は液体ナトリウムについて同様の報告をしている。

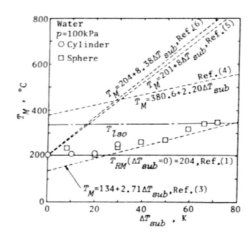

図 8.4.5　大気圧水の極小熱流束点過熱度とサブクール度

　後述するように、膜沸騰蒸気膜の「崩壊様式（collapse mode）」によっても極小熱流束点過熱度とサブクール度との関係は相違する。西尾ら(1983,1986,1987)によれば、（後述する）伝播的崩壊が発生する場合には、$\Delta T_{sub}$の増大とともに$T_{MHF}$は形式上液体の過熱限界温度をも越えて上昇する。Dhir and Purohit(1978)が提案した次の整理式はこの場合の典型的整理式である。

$$\Delta T_{MHF} = 101 + 8 \Delta T_{sub} \qquad 【8.4.6】$$

一方、膜沸騰蒸気膜の斉時的崩壊が発生する場合には、図8.4.6に示されているように$\Delta T_{MHF}$のサブクール度依存性は極めて小さくなる。類似した報告が奈良崎ら(1989)によっても報告されている。

【遷移沸騰熱伝達】
　以上述べたように、サブクール度に対して、核沸騰熱伝達はほとんど依存せず、限界熱流束、極小熱流束はともに増大するので、遷移沸騰熱伝達もサブクール度の増大とともに向上することが西川ら(1971)の自然対流沸騰実験、Chengら(1978)の強制対流沸騰実験により確認されている。
　また、最近、強サブクール液では、いわゆる「気泡の微細化」が起こり、限界熱流束に関する(8.4.5)式の値を越える熱流束においても核沸騰が残留するという実験結果が稲田ら(1981)や藤林ら(1985)により報告されている。

【Ⅱ】　液体流速の影響
　液体流速の影響は、表面的にはサブクール度の影響と類似している。
【限界熱流束】
　外部流沸騰熱伝達系の代表として水平円柱系を考えよう。水平円柱系での外部流沸騰熱伝達における限界熱流束近傍での蒸気離脱状況は、液体流速により二つの形に大別される。即ち、流速が低い場合には、自然対流沸騰と同様に蒸気は気泡となって離脱し、液体流速が高い場合には、蒸気は円柱後流に形成されるシート状流れとなって離脱する。甲藤・原村(1983)は、蒸気離脱が気泡形態で起きる場合の限界熱流束式として次式を、シート状となる場合のそれを(8.3.9)式で与えている。

$$S = S_{ncb} \Psi_1^{5/16} \left\{ 1 + 1.68 S^3 \frac{u_{lb} \Psi_1}{\left[ g\sigma(\rho_1 - \rho_v)/\rho_v^2 \right]^{1/4} \Psi_2} \right\} \qquad 【8.4.7】$$

$$S = \frac{q_{CHF}}{q_{CHF,Z}}$$

$$\Psi_1 = \frac{(11/16) + (\rho_v/\rho_1)}{(\rho_v/\rho_1)^{0.4} \{1 + (\rho_v/\rho_1)\}} , \quad \Psi_2 = 1 + 0.312 \left( \frac{\rho_v}{\rho_1} \right)^{0.4} \left( 1 + \frac{\rho_v}{\rho_1} \right) \frac{\lambda_{LL}}{D} \left( \frac{1}{S} \right)^2$$

ここで、$q_{CHF,Z}$ は (8.3.11) 式、$S_{ncb}$ は (8.3.8) 式でそれぞれ与えられる。後者のシート状流れの領域については、Hasan ら (1981) によっても検討されている。彼らはまず、水平円柱に直交する流れでの限界熱流束に対する重力加速度の影響、つまり上昇流と下降流との差を Froude 数 Fr と Weber 数 We によりスケーリングしている。ここで、

$$Fr = \left\{ \frac{\rho_v u_{lb}^2}{gD(\rho_1 - \rho_v)} \right\}^{1/2} , \qquad We = \frac{\rho_1 u_{lb}^2 D}{\sigma}$$

フルード数は液相の運動量と浮力の比を表す無次元数であるから、Fr > 10 程度では重力の影響を無視することができる。また、We < 10 程度とウェーバー数が小さい場合は、離脱蒸気は気泡状となるので重力効果が現れる。Hasan らはこうした検討に基づき、水平円柱系における限界熱流束を上昇流、下降流について測定し、上昇流と下降流における限界熱流束が同一となる条件、即ち水平円柱系の限界熱流束において重力効果に対して対流効果が卓越する条件を次のように定めている。

$$\xi = We^{1/4} Fr^{1/2} = \left( \frac{\rho_1 u_{lb}}{g\sigma} \right)^{1/4} > 10 \qquad 【8.4.8】$$

水平円柱系の外部流沸騰での限界熱流束の測定は、Vliet and Leppert (1964a)、Mckee and Bell (1969)、Cochran and Andracchio (1974)、Lienhard and Eichhorn (1976)、Yilmatz and Westwater (1980) により行われているが、これらの実験の大半は重力効果が無視できない条件において行われている。

Lienhard and Eichhorn (1976)、Lienhard and Hasan (1979) は、例えば水平円柱系の外部流沸騰における限界熱流束に関して、蒸気離脱流 1 本あたりの機械的エネルギー生成速度が、蒸気離脱流を含む検査面から流出する機械的エネルギーの速度より大きい限りは系は安定である、すなわち「系に対する正味の機械的エネルギー輸送が負である限り安定である」とする「機械的エネルギー安定性条件 (mechanical energy stability criterion)」を提案し、この系の限界熱流束の整理を行っている。モデルより得られた整理式は、

$$q_{CHF,fc} = \frac{\beta}{\pi} \rho_v h_{lv} \left\{ 1 + \left( \frac{4}{\beta We} \right)^{1/3} \right\} u_{lb} \qquad (8.4.9a)$$

の形となっている。この式の中の $\beta$ は、水平円柱から離脱する蒸気流がシート状である場合のシート厚さと円柱直径との比である。Hasan ら (1981) は (8.4.8) 式を基に、$\xi$ が 10 以上の測定値について $\beta$ を整理し、次式を整理式として提案している。

$$\beta = 0.000919 \frac{\rho_l}{\rho_v} \tag{8.4.9b}$$

甲藤・三明(1984)は、水平円柱系の外部流沸騰の限界熱流束を測定し、(8.4.9a)と(8.4.9b)式から予測される限界熱流束は、密度比が大きくなると測定値よりかなり小さくなること、(8.3.9)式を導出した考え方が測定値をよく説明することを報告している。

【極小熱流束点】

極小熱流束点条件に関しては、液体サブクール度と同様に、液体流速が増大すると膜沸騰熱伝達率が増大するため極小熱流束点過熱度が流速の増大とともに減少しない限り極小熱流束は増大する。ここでも問題は過熱度であろう。外部流沸騰における極小熱流束点過熱度については、数m／s程度の比較的低流速域に限定すれば流速の影響は極めて小さいとする報告が、Dhir and Purohit(1978)ら、Yilmaz and Westwater(1980)により外部流沸騰、Groeneveld and Stewart(1982)および井上ら(1989)により内部流沸騰について報告されている。

【遷移沸騰熱伝達】

堀田・一色(1969)は外部流沸騰における液体流速の効果を実験的に検討している。また、Cheng ら(1978)、Ragheb ら(1981)は短い流路内での遷移沸騰実験を行い、液体流速の増大とともに遷移沸騰熱伝達が向上することを示している。さらに、Groeneveld and Fung(1976)は、遷移沸騰熱伝達の予測式同士の比較を行い、予測式の間に大きな差があることを示している。

【Ⅲ】 液層厚さ

図6.6.6に示したように、一般に限界熱流束は隙間間隔がある値以下になると隙間間隔の減少とともに減少するようになる。減少の傾向は、隙間形状、姿勢、開口隙間か否かなどにより相違するが、例えば下端解放の鉛直隙間の限界熱流束については門出ら(1981)の次式がある。

$$q_{CHF} = \frac{0.16}{1 + 6.7 \times 10^{-4} \left( \rho_l / \rho_v \right)_{0.6} (H/w)} \rho_v h_{lv} \left\{ \frac{g\sigma(\rho_l - \rho_v)}{\rho_v^2} \right\}^{1/4} \tag{8.4.10a}$$

ここで、Hは流路高さ、wは隙間間隔である。但し、上式は液体ヘリウムについては限界熱流束を過大に評価する。液体ヘリウムについては、Lehongre ら(1968)あるいはChristensen(1982)などが整理式を報告しており、後者の整理式は次式で与えられる。

$$q_{CHF} = 2.41 \left( \frac{w}{H} \right)^{1/2} \tag{8.4.10b}$$

さらに、下端閉鎖条件における限界熱流束については、甲藤(1978)および Imura ら(1983)、水平隙間については、高庄・甲藤(1979)が整理を行っている。

---

§8.4.3 沸騰面にかかわる因子の影響

---

【Ⅰ】 沸騰面のマクロな幾何学的条件の影響

沸騰面のマクロな幾何学的形状は、核沸騰熱伝達には顕著な影響を及ぼさないが、

限界熱流束および極小熱流束には影響を及ぼす。

## 【限界熱流束】

沸騰面形状などの影響を考える際に水平上向き平面を基準にとって考える。水平上向き平面の限界熱流束については、Kutateladze(1952)が気液界面不安定を想定することにより無次元数を導出し、飽和沸騰について（8.3.4)式、サブクール沸騰について(8.4.5a)式を提案した。また、Borishansky(1956)は液体の粘性を考慮して次元解析を行い、限界熱流束に対する液体粘性の効果は小さいことを示した。Zuber(1959)は、こうした研究を背景として以下のような「流体力学的不安定モデル」を提案している。このモデルでは、限界熱流束近傍の状況として図8.2.1のような状況の代わりに図8.3.4の状況を想定する。即ち、蒸気は気泡として離脱するのではなく蒸気ジェット（マクロ液膜内の蒸気ジェットでない）として離脱し、このマクロな蒸気ジェット間を液体供給流が沸騰面に向かう。この場合、§4.2あるいは§8.3.1で述べたKelvin-Helmholtz不安定が気液界面に発生し、あらゆる波長の擾乱が存在するとするとこの気液界面は常に不安定である。そこで、この系には流体ジェットに関するRayleigh不安定波長に相当する擾乱のみが卓越して存在するとし、蒸気離脱ジェット－液体供給流系は、この擾乱に対して気液界面が不安定となる状況で不安定化し崩壊するとし、これが限界熱流束状態に対応すると考える。こうして、彼は以下のような水平上向き平面での限界熱流束表示式(8.3.11)を得ている。

Zuberの流体力学的不安定モデルは、Sun and Lienhard(1970)により水平円柱系に、Ded and Lienhard(1972)により球系に、またLienhard and Dhir(1975)により極めて多くの形状の沸騰面に拡張された。Bakhu and Kienhard(1972)は、極細細線における限界熱流束について、$D/\lambda_{LL}<0.1$では沸騰開始とともに膜沸騰遷移が発生し、Sun and Lienhardの式が成立しないことを報告している。さらに、Lienhardら(1973)は、沸騰面表面の隔壁と限界熱流束との関係を調べている。いずれにしても、こうしたモデルは限界熱流束の沸騰面形状・寸法依存性をかなりよく整理するが、

① マクロな蒸気ジェットは観察されないこと、

② 例え想定している系があるとしても、この系の気液界面は熱流束によらず不安定であること、

③ 低液位の限界熱流束を全く説明できないこと、

④ 限界熱流束に不連続的な現象変化を持ち込んでいるため、遷移沸騰熱伝達の説明が困難なこと、

など不十分な点が多く存在し、ここでは整理法の一つと考えておきたい。

## 【極小熱流束】

膜沸騰熱伝達は、沸騰面の形状・寸法・姿勢に依存するので、一般に極小熱流束はこれらに依存すると考えるのが妥当である。

さて、西尾ら(1986,1987)は大気圧水の極小熱流束点について実験し、極小熱流束点と蒸気膜の崩壊様式の間には密接な関係があることを示し、蒸気膜の崩壊様式には、「斉時的崩壊(coherent collapse)」と「伝播的崩壊(Propagative collapse)」とがあることを示した。ここで、伝播的崩壊とは、沸騰面表面と周囲断熱材との接合部や沸騰面表面に存在するエッジ部など膜沸騰蒸気膜における特異点で蒸気膜の部分的先行崩壊が発生し、これが沸騰面表面に伝播することにより蒸気膜の全体的崩壊が発生する過程を意味する。一方、斉時的崩壊とは、沸騰面表面全体においてほぼ一斉に蒸気膜が崩壊する過程を意味し、この崩壊様式では崩壊の伝播を伴わないことから、彼らは斉時的崩壊が発生する状況では沸騰面表面全体で崩壊条件が満

たされていると考え、これを真の極小熱流束点条件としている。伝播的崩壊のトリガを形成する蒸気膜における特異点は、例えば水平円柱系では通電電極と円柱との接合部でもみられ、Kovalev(1966)はこうした接合部が試験液体中にあると（電極は円柱温度によらず液体温度にあるので）円柱軸方向に温度勾配を生じ、高い熱流束で蒸気膜が崩壊することを示している。図 8.4.6 は、西尾ら(1987)が測定した蒸気膜崩壊伝播速度を極小熱流束点過熱度との関係である。伝播速度が高くなると、極小熱流束点過熱度はサブクール度にほぼ依存しない一定値に漸近する傾向にある。また、真の極小熱流束点条件については、Cheng ら(1985)の測定結果もある。

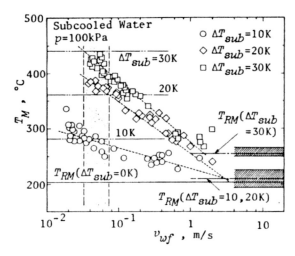

図 8.4.6 蒸気膜崩壊伝播速度と極小熱流束点過熱度

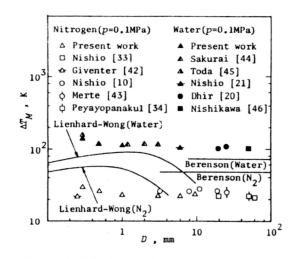

図 8.4.7 極小熱流束点過熱度と沸騰面の形状・寸法（図中の○は球系、△は水平円柱系、□は水平上向き平面系であり、白抜き印は液体窒素、黒印は水の測定値である）

一方、Nishio(1987)は、液体窒素および水の水平上向き平面、水平円柱、球系での極小熱流束点過熱度について、斉時的崩壊と見なせる測定値を図 8.4.7 のように沸騰面代表寸法に対して図示し、

① 沸騰面形状が同一である場合には（沸騰面代表寸法が極端に小さくなり沸騰面の熱容量が問題とならない限り）、$\Delta T_{MHF}$ は沸騰面寸法に依存しない一定値となること、

② 沸騰面形状により定まる $\Delta T_{MHF}$ は、少なくとも水平上向き平面、水平円柱、球系では同一の値であり、形状に対する依存性も小さいこと、

を示した。こうした認識から、彼は極小熱流束 $q_{MHF}$ を次式で評価することを提案し、極小熱流束の圧力依存性、寸法依存性が実験値とよく一致することを報告している。

$$q_{MHF} = \alpha_{FB}[\Delta T_{MHF}]\Delta T_{MHF} \hspace{2cm} 【8.4.11】$$

ここで、$\alpha_{FB}$ は純粋膜沸騰熱伝達率である。この式は当然の式であるが、上述の認識では $\Delta T_{MHF}$ が支配因子である。ここで、$\Delta T_{MHF}$ は(8.4.2)式で与えられる。

　一方、水平上向き平面に関する(8.3.12)式、水平円柱に関する(8.3.13)式の流体力学的不安定モデルでは (8.4.12)式の $q_{MHF}$ が支配因子とみなすが、水平上向き平面については Berenson(1961)および庄司・長野(1986)が(8.3.12)式が大気圧下において成立することを示しており、水平円柱については Lienhard and Wong(1964)および Sakurai ら(1983)が(8.3.12)式が大気圧近傍の直径依存性をよく表現することを報告している。但し、既に述べたように、これらの式は圧力依存性を過大評価し過ぎる。

## 【II】　沸騰面表面のミクロな幾何学的条件の影響

　Berenson(1962)は、沸騰面表面粗さを変化させて沸騰曲線を測定し、図 6.6.8 のような結果を報告している。この結果によれば、

① 沸騰面表面の粗さなどミクロな幾何学的条件は限界熱流束に大きな影響は及ぼさない。

② 粗さの増大により気泡発生点密度が増大するとすれば核沸騰熱伝達は増大することと①のことから、粗さの増大とともに限界熱流束点過熱度は減少する。

③ 粗さなど沸騰面表面のミクロな幾何学的条件は極小熱流束点条件に大きな影響は及ぼさない。

④ 以上のことから、遷移沸騰熱伝達は表面粗さなどミクロな幾何学的構造の増大とともに劣化する。

同様の結果は、石谷・久野(1965)、西川ら(1968a) および堀田・一色(1969)によっても報告されている。

## 【III】　沸騰面表面の濡れ性の影響

　Berenson(1962)および西川ら(1968a)は、 沸騰面表面の汚損について実験し、限界熱流束は汚損に対して鈍感であるが、限界熱流束近くの熱流束を維持する過熱度幅、遷移沸騰熱伝達および極小熱流束点条件はいずれも汚損の進行とともに増大することを示した。

　しかし、限界熱流束自体も濡れ性の影響を受けることが報告されている。鳥飼・山崎(1966)および西川ら(1971)は、沸騰面を濡れ難く表面処理することにより限界熱流束が減少することを示している。Liaw and Dhir(1988)は、限界熱流束を接触角の関数として測定しており、図 8.4.8 のように、限界熱流束の上限界は流体力学的不安定限界により規定され、接触角の増大すなわち沸騰面が濡れ難くなると

- 225 -

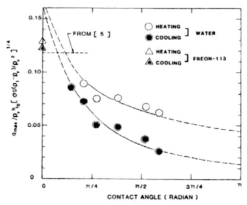

図 8.4.8　限界熱流束と沸騰面表面濡れ性（Liaw and Dhir(1988)より）

ともに限界熱流束は低下することを示している。

　沸騰面表面汚損の進行が極小熱流束点条件を増大させることは、Bergles and Thompson(1963)やVeres and Florschuetz(1971)によっても報告されている。また西川ら(1971)は、沸騰面表面を濡れ難く処理することにより大気圧水の膜沸騰を30K程度まで維持している。極小熱流束点過熱度と接触角との関係は、最近、Choudhury and Winterton(1985)、Liaw and Dhir(1988)、大久保・西尾(1989)などにより測定され、接触角の増大とともに極小熱流束点が減少することが報告されている。

【Ⅳ】　沸騰面材料および熱容量などの影響

　固液接触が局所的あるいは間欠的となると、沸騰面表面の温度・熱流束は時間的・空間的に変動・分布するようになる。こうした分布・変動は、沸騰面内部から表面への熱供給能力に依存しており、これは沸騰面材料や熱容量により定まる。

　Houchin and Lienhard(1966)は、限界熱流束に対する沸騰面熱容量の影響について実験し、沸騰面熱容量が一定値を下回ると、限界熱流束が熱容量の減少とともに減少することを示す図8.4.9の結果を報告している。

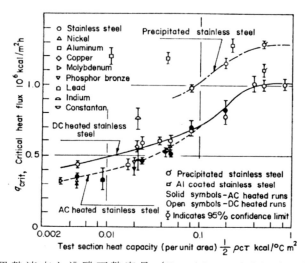

図 8.4.9　限界熱流束と沸騰面熱容量（Houchin and Lienhard(1966)より）

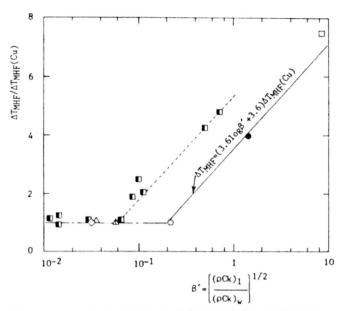

図 8.4.10　極小熱流束点過熱度と沸騰面熱慣性比

これは、限界熱流束が沸騰面表面温度変動と関係を持っていることを示しているが、Nishio(1983)および Chandratilleke and Nishio(1989)は、沸騰面表面に被覆したテフロン層厚さをパラメータとして液体窒素、液体ヘリウムの沸騰曲線を測定し、限界熱流束が被覆層厚さにほとんど依存しないことを示している。

　一方、極小熱流束点条件については、沸騰面材料や熱容量が強い影響を持つことが、Berenson(1962)、Berlin ら(1973)、Dhir and Purohit(1978)、Lin and Westwater(1982)、西尾ら(1983,1985,1987,1989)により報告されている。沸騰面の材料の影響については、次の熱慣性比を用いて整理するのが通常である。

$$\beta = \frac{k_w \rho_w c_w}{k_l \rho_l c_l}$$

図 8.4.10 は、液体窒素、液体ヘリウムについて Chandratilleke and Nishio(1989)がまとめた結果である。

　こうした沸騰面熱的性格と極小熱流束点条件との関係については、既に述べたように等温面における濡れ限界温度を想定し、これに固液接触時の沸騰面表面温度降下を上乗せすることによる解析および整理式が提案されている。Baumeister and Simon(1973)、平田・西尾(1978)、Kikuchi ら(1985)は沸騰面表面温度変動を解析することにより、極小熱流束点温度と沸騰面材料、熱容量あるいは被覆層厚さの関係を予測するモデルを提案している。固液接触時の伝熱については Seki ら(1978)がライデンフロスト系で測定しており、彼らの結果によれば水滴－ステンレス鋼系では固液接触時に 100K 程度もの温度降下が発生している。また、Ramilison and Lienhard(1987)は、固液接触時の熱流束の整理式の提示を試みている。一方、Henry(1974)は、Berenson の流体力学的不安定モデルによる $\Delta T_{MHF}$ の予測値を表面温度変動を考慮して修正した整理式を提案している。

## 【V】　過渡沸騰の影響と遷移沸騰ヒステリシス

Veres and Florschuetz(1971)は、熱容量の大きい同一球を用いて定常、クエンチ実験を行い、限界熱流束および極小熱流束点条件に関する定常実験値とクエンチ実験値とが一致することを示している。また、桜井ら(1984)は水平細線について、同様の結果を報告している。一方、Peyayopanakul and Westwater(1978)および西尾(1985)は水平上向き平面について沸騰面厚さをパラメータとして実験し、沸騰面厚さが減少するにつれ（極小熱流束点過熱度は変化しないが）極小熱流束が減少することを示した。

一方、Witte and Lienhard(1982)は、Berenson(1962)の遷移沸騰に関する実験結果を基に、

> ①　遷移沸騰熱伝達は、膜沸騰領域から温度降下して実現される場合と核沸騰領域から温度上昇して実現される場合とでは熱流束が異なり、後者の方が高い熱流束を示すこと、
>
> ②　したがって、遷移沸騰熱伝達にはヒステリシスがあること、

を骨子とする考えを示した。これに対し、近年、Bui and Dhir(1985)、Liaw and Dhir(1988)は図8.4.8に示したように遷移沸騰熱伝達にヒステリシスがあることを水について報告し、原村(1990)はフロンについてヒステリシスが確認できないことを報告している。

# 記 号 表

A ：面積（沸騰面表面積）

$A_{cr}$：限界面積

$A_{dry}$ ：乾燥面面積

$A_{wet}$ ：濡れ面面積

B ：$1-(p_{ve}-p_{lb})/3p_{ve}$

C ：

$c_p$ ：定圧比熱

D ：直径、あるいは拡散係数

$D_{db}$ ：気泡離脱直径

E ：内部エネルギー

e ：比内部エネルギー

$e^*$ ：モル内部エネルギー

F ：（ヘルムホルツ）自由エネルギー

f ：速度分布関数、あるいは比自由エネルギー

$f_{bc}$ ：気泡サイクルの周波数

G ：質量流束

Gr ：グラスホフ数

g ：重力加速度

H ：エンタルピー

h ：比エンタルピー

$h_{lv}$ ：蒸発潜熱

$h_{lv,m}$ ：修正蒸発潜熱＝$h_{lv}+Sp/2$

$I_x$ ：X分子を含む分子集団$S_x$の非定常統計過程における数密度

$I[x]$ ：連続関数とみなした$I_x$

J ：定常過程における核生成頻度

$J_i$ ：液液界面でのJ（液液界面での自発核生成頻度）

$Ja$ ：ヤコブ数＝$\rho_l c_{pl}\Delta T_{sat}/\rho_v h_{lv}$

$J_s$ ：固体表面でのJ（固体表面での自発核生成頻度）

k ：熱伝導率

$k_B$ ：ボルツマン定数

L ：代表長さ

$L_{ss}$ ：代表的空間スケール

$L_{cu}$ ：固液接触ユニット代表寸法

$L_{bu}$ ：気泡ユニット代表寸法

M ：分子量

m ：分子1コの質量、あるいは擾乱波数

N ：分子の数密度

$N_A$ ：アボガドロ数

$N_{ns}$ ：気泡発生点密度

$N_x$ ：X分子を含む分子集団$S_x$の平衡状態における数密度

$N[x]$ ：連続関数とみなした$N_x$

$n_x$ ：X分子を含む分子集団$S_x$の定常状態における数密度

$n[x]$ ：連続関数とみなした$n_x$

$Nu$ ：ヌセルト数

$P$ ：確率

$Pr$ ：プラントル数

$p$ ：圧力

$Q$ ：熱量

$Q'$ ：単位時間あたりの伝熱量

$q$ ：熱流束

$q_{bg}$ ：気泡成長中の熱流束

$q_{dry}$ ：乾燥面における熱流束

$q_{FB}$ ：膜沸騰熱流束

$q_{hc}$ ：伝導熱流束

$q_{NB}$ ：膜沸騰熱流束

$q_w$ ：沸騰面表面熱流束

$q_{wet}$ ：濡れ面における熱流束

$R$ ：気泡半径

$R_E$ ：ガス定数

$R_G$ ：一般ガス定数

$R_p$ ：表面粗さの中心線深さ

$R_z$ ：平均表面粗さ

$r$ ：半径

$S$ ：エントロピー

$S_b$ ：サブクール数＝$c_{pl}\Delta T_{sub}/h_{lv}$

$S_p$ ：過熱度数＝$c_{pv}\Delta T_{sat}/h_{lv}$

$S_p^*$ ：$S_p/(1+0.5S_p)$

$s$ ：比エントロピー

$T$ ：温度

$T_{kls}$ ：運動論的過熱限界温度

$T_{tls}$ ：熱力学的過熱限界温度

$T_{sat}$ ：飽和温度

$T_{lb}$ ：バルク液相温度

$T_w$ ：沸騰面表面温度

$t$ ：時間

$U$ ：マクロ平均速度

$u$ ：速度、あるいは速度変動

$v$ ：速度、あるいは速度変動

$W$ ：モル流束

$W_x$ ：X分子を含む分子集団を形成するに要する最小仕事

$w$ ：速度、あるいは速度変動

$X$ ：分子数

$x$ ：モル数、あるいは座標軸

$y$ ：座標軸

$Z$ ：Zeldohvich factor

$z_c$ ：圧縮係数

ギリシャ文字

$\alpha$ ：熱伝達率、あるいは分子流束

$\beta$ ：

$\Gamma_{ls}$ ：固液接触割合

$\Gamma_{ls,s}$ ：固液接触の空間割合

$\Gamma_{ls,t}$ ：固液接触の時間割合

$\gamma$ ：界面張力、あるいはバルク粘性に関する粘性係数

$\Delta T_{ws}$ ：沸騰面表面過熱度

$\Delta T_{sat}$ ：過熱度

$\delta$ ：温度境界層厚さ

$\delta_{ma0}$ ：マクロ液膜の初期厚さ

$\delta_{mi0}$ ：ミクロ液膜の初期厚さ

$\delta_v$ ：蒸気膜厚さ

$\varepsilon$ ：放射率

$\varepsilon_{vl}$ ：気液の密度比＝$\rho_v / \rho_l$

$\zeta$ ：曲率

$\eta$ ：気液界面位置

$\Theta$ ：換算温度＝$T / T_{cr}$

$\theta$ ：接触角

$\kappa$ ：温度伝導率

$\lambda$ ：波長、あるいは応力テンソル

$\lambda_{cr}$ ：臨界波長

$\lambda_d$ ：危険波長

$\lambda_{LL}$ ：ラプラス長さ＝$\{\sigma / g(\rho_l - \rho_v)\}^{1/2}$

$\mu$ ：化学ポテンシャル、あるいは粘性係数

$\mu_r$ ：気液の粘性係数比

$\nu$ ：動粘性係数

$\xi$

$\Pi$ ：換算圧力

$\pi$

$\rho$ ：密度

$\rho_r$ ：気液の密度比

$\sigma$ ：表面張力

$\sigma_c$ ：凝縮係数

$\sigma_e$ ：蒸発係数

$\sigma_{ec}$ ：蒸発・凝縮係数

$\tau$ ：時間

$\tau_{cc}$ ：固液接触サイクル周期

$\tau_{sa}$ ：気泡核活性化の待ち時間

$\tau_{ts}$ ：代表的時間スケール

$\tau_{bc}$ ：気泡サイクル周期

$\tau_{bg}$ ：気泡離脱時間

$\upsilon$ ：

$\Phi$ : 換算比容積、あるいは粘性散逸関数

$\phi$ : 角度、傾斜核

$\phi_{ca}$ : キャビティ半頂角

$\Psi$ : 速度ポテンシャル、あるいは関数

$\phi$ : 速度ポテンシャルの変動

$\Omega$ : 擾乱成長速度

$\omega$ : 擾乱角周波数

# 参 考 文 献

## 第1章

Collier, J.G.:1973, "Convective Boiling and Condensation", McGraw-Hill.


## 第2章

Eberhart, J.G. and Schnyders, H.C.:1973, "Application of the Mechanical
Stability Condition to the Prediction of the Limit of Superheat for
Normal Altanes, Ether, and Water", J. Phys. Chem., 77-23,
pp.2730-2736.

Gambill, W.R. and Lienhard, J.H.:1989, "An Upper Bound for the Critical Boiling
Heat Flux", J. of Heat Transfer, 111, pp.815-818.

Labuntsov, D.A. and Kryukov, A.P.:1979, "Analysis of Intensive Evaporation and
Condensation", Intern. J. Heat Mass Transfer, 22-7, pp.989-1002.


## 第3章 (§3.1, §3.2, §3.3)

Apfel, R.E.:1971a, "A Novel Technique for Measuring the Strength of Liquids",
J. Acoustical Soc. Am., 49-1(pt 2), pp.145-155.

Apfel, R.E.:1971b, "Vapor Nucleation at a Liquid-Liquid Interface", J. Chem.
Phys., 54-1, pp.62-63.

Alamgir, Md. and Lienhard, J.H.:1981, "Correlation of Pressure Undershoot
During Hot-Water Depressurization", Trans. ASME, Series C, 103-1,
pp.52-55.

Avedisian, C.T. and Glassman, I.:1981, "High Pressure Homogeneous Nucleation
of Bubbles within Superheated Binary Liquid Mixtures", Trans. ASME,
Series C, 103-12, pp.272-280.

Bankoff, S.G.:1957, "Ebullition from Solid Surfaces in the Absence of a
Pre-Existing Gaseous Phase", Trans. ASME, 79, pp.735-740.

Becker, R. and Doering, W.:1935, "The Kinetic Treatment of Nuclear Formation
in Supersaturated Vapors", Ann. Phys., 24, p.719.

Biney, P.O., Dong, W.-G. and Lienhard, J.H.:1986, "Use of a Cubic Equation to
Predict Surface Tension and Spinodal Line", Trans. ASME, Series C,
108-2, pp.405-410.

Blander, M., Hengstenberg, D. and Katz, J.L.:1971, "Bubble Nucleation in
n-Pentane, n-Hexane, n-Pentane + Hexadecane Mixtures and Water", J.
Phys. Chem., 75-23, pp.3613-3619.

Blander, M. and Katz, J.L.:1975, "Bubble Nucleation in Liquids", AIChE J., 21-5,

pp. 833-848.

Briggs, L. J.: 1955, "Maximum Superheating of Water as a Measure of Negative Pressure", J. Appl. Phys., 26-8, pp. 1001-1003.

Brodie, L. C., Sinha, D. N., Semura, J. S. and Sanfold, C. E.: 1977, "Transient Heat Transfer into Liquid Helium I", J. Appl. Phys., 48-7, pp. 2882-2885.

Doering, W.: 1937, "Die Ueberhitzungsgrenze und Zerreissfestigkeit von Fluessigkeiten", Z. Phys. Chem., Abt.B, 36, pp. 371-386.

Doering, W.: 1938, "Berichtigung zu der Arbeit die Ueberhitzungsgrenze und Zerreissfestigkeit von Fluessigkeiten", Z. Phs. Chem, Abt. B, 38, pp. 292-294.

Derewnicki, K.: 1983, "Vapor Bubble Formation During Fast Transient Boiling on a Wire", J. Heat Mass Transfer, 26-9, pp. 1405-1408.

Derewnicki, K.: 1985, "Experimental Studies of Heat Transfer and Vapor Formation in Fast Transient Boiling", Intern. J. Heat Transfer, 28-11, pp. 2085-2092.

Eberhart, J. G. and Schnyders, H. C.: 1973, "Application of the Mechanical Stability Condition to the Prediction of the Limit of Superheat for Normal Alkanes, Ether and Water", J. Phys. Chem., 77-23, pp. 2730-2736.

Eberhart, J. G.: 1976, "The Thermodynamic and the Kinetic Limits of Superheat of a Liquid", J. Colloid & Interface Sci., 56-2, pp. 262-269.

Fisher, J. C.: 1948, "The Fracture of Liquids", J. Apply, Phs., 19, pp. 1062-1067.

Flint, E., Cleve, J. Van, Jekins L. and Guernsey, R.: 1982, "Heat Transfer to He I from a Polished Silicon Surface", Adv. Cryog. Engng., 27, pp. 283-292.

Forest, T. W. and Ward, C. A.: 1977, "Effect of a Dissolved Gas on the Homogeneous Nucleation Pressure of a Liquid", J. Chem. Phys., 66-6, pp. 2322-2330.

Forest, T. W. and Ward, C. A.: 1978, "Homogeneous Nucleation of Bubbles in Solutions at Pressures above the Vapor Pressure of the Pure Liquid", J. Chem. Phys., 69-5, pp. 2221-2230.

Frenkel, J.: 1955, "Kinetic Theory of Liquids", Dover Publication.

Frisch, H. L.: 1957, "Time Lag in Nucleation ", J. Chem. Phys., 27, p. 90.

Hirth, D. and Pound, G.: 1963, "Condensation and Evaporation. Nucleation and Growth Kinetics"; in "Progr. in Materials Science" Vol. 11, McMillan.

Jarvis, T., Donohue, M. D. and Katz, J. L.: 1975, "Bubble Nucleation Mechanism of Liquid Droplets Superheated in Other Liquids", J. Colloid Interface Sci., 50-2, pp. 359-368.

Kagan, Yu.: 1960, "The Kinetics of Boiling of a Pure Liquid", Russ. J. Phys. Chem., 34-1, pp. 42-46.

Katz, J. L. and Blander, M.: 1973, "Condensation and Boiling: Corrections to Homogeneous Nucleation Theory for Nonideal Gases", J. Colloid & Interface Sci., 42-3, pp. 496-502.

Kenrick, F. B., Gilbert, C. S. and Wismer, K. L.: 1924, "The Superheating of Liquids", J. Phys. Chem., 28, pp. 1297-1307.

Lienhard, J. H.: 1976, "Correlation for the Limiting Liquid Superheat", Chem. Engng. Sci., 31-9, pp. 847-849.

Lienhard, J. H. and Karimi, A.:1981, "Homogeneous Nucleation and the Spinodal Line", Trans. ASME, Series C, 103-1, pp.61-64.

Moore, G.R.:1959, "Vaporization of Superheated Drops in Liquids", AlChE J., 5-4, pp.458-466.

Mori, Y., Hijikata, K. and Nagatani, T.:1977, "Fundamental Study of Bubble Dissolution in Liquid", Intern. J. Heat Mass Transfer, 20-1, pp.41-50.

森・小茂鳥・水本・中川:1974, "溶け合わない液体中における過熱液滴の沸騰(第1 報, 水滴-シリコン油系の場合)", 日本機械学会論文集, 40-330, pp.507-521.

森・小茂鳥:1975a, "溶け合わない液体中における過熱液滴の沸騰（沸騰開始の統計的性質）", 日本機械学会論文集, 41-341, pp.282-293.

森・小茂鳥:1975b, "溶け合わない液体中における過熱液滴の沸騰(第2報, 水滴シリコン油径およびエーテル滴ベンタン滴グリセリン系)", 日本機械学会 論文集, 41-343, pp.919-930.

成合:1967, "水滴による過熱限界の研究", 第4回日本伝熱シンポジウム講演論文集, pp.177-180.

Nishigaki, K. and Saji, Y.:1981, "The Superheat Limit of Liquid Oxygen and Nitrogen at 1atm", Japanese J. Appl. Phys., 20, pp.849-853.

Nishigaki, K.:1982, "An Empirical Law of the Critical Superheating of Liquids", J. Phys. Soc. Japan, 51-6, pp.1703-1704.

Nishigaki, K. and Saji, Y.:1983, "On the Limit of Superheat of Cryogenic Liquids", Cryogenics, 23, pp.473-476.

Pavlov, P.A. and Skripov, V.P.:1970, "Kinetics of Spontaneous Nucleation in Strongly Heated Liquids", High Temp., 8, pp.540-545.

Sinha, D.N., Semura, J.S. and Brodie, L.C.:1982, "Homogeneous Nucleation in $^4$He: A Corresponding-States Analysis", Phys. Rev. A, 26-2, pp.1048-1061.

Skripov, V.P. and Pavlov, P.A.:1970, "Explosive Boiling of Liquids and Fluctuation Nucleus formation", High Temp., 8, pp.782-787.

Skripov, V.P.:1974, "Metastable Liquids", John Wiley & Sons.

Skripov, V.P., Baidakov, V.G. and Kaverin, A.M.:1979, "Nucleation in Superheated Argon, Krypton and Xenon Liquids", Physica A, 95-1, pp.169-180.

鈴木・西脇・秋山:1978a, "過熱水滴の崩壊に関する実験", 日本機械学会論文集, 44-377, pp.200-208.

鈴木・西脇・秋山:1978b, "過熱水滴の突沸に関する実験と解析(過熱度が時間的に変化する場合)", 日本機械学会論 文集, 44-381, pp.1663-1668.

鈴木・西脇:1985, "固体面上におかれた過熱水滴の突沸挙動（固体面ぬれ性の影響）", 日本機械学会論文集(B編), 51-467, pp.2428-2435.

鈴木・西脇:1986, "伸張状態におかれた水滴の突沸挙動に及ぼす水滴保持面ぬれ性の影響", 日本機械学会論文集(B編), 52-481, pp.3328-3334.

Takagi, S.:1953, "Theory of the Formation of Bubbles", J. Appl. Phys., 24-12, pp.1453-1462.

Temperley, H.N.V. and Chambers, LL.G.:1946, "The Behaviour of Water under Hydrostatic Tension:1", Proc. Phys. Soc. London. 58, pp.420-436.

Temperley, H.N.V.:1946, "The Behaviour of Water under Hydrostatic Tension: II",

Proc. Phys. Soc. London, 58, pp. 436-443.

Temperley, H. N. V. :1947, "The Behaviour of Water under Hydrostatic Tension:
III", Proc. Phys. Soc. London, 59, pp. 199-208.

Trefethen, L. :1957, "Nucleation at a liquid-liquid interface", J. Appl. Phys,
pp. 923.

Turnbull, D. :1950, "Kinetics of Heterogeneous Nucleation", J. Chem. Phys.,
18-2, pp. 198-203.

Volmer, M. and Weber, A. :1925, "Nucleus Formation in Superheated Systems", Z.
Phys. Chem., 119, p. 277.

Wakeshima, H. and Takata, K. :1958, "On the Limit of Superheat", J. Phys. Soc.
Japan, 13-11, pp. 1398-1403.

Ward, C. A., Balakrishnan, A. and Hooper, F. C. :1970, "On the Thermodynamics
of Nucleation in Weak Gas-Liquid Solutions", Trans. ASME, Series D.
92-4, pp. 695-701.

Wismer, K. L. :1922, "The Pressure-Volume Relation of Superheated Liquids", J.
Phys. Chem., 26, pp. 301-315.

Zeldovich, Ya. B. :1943, "On the Theory of New Phase Formation: Cavitation", Acta
Physicochem. USSR, 18, p. 1.


第 3 章 （§ 3.4）


Apfel, R. :1970, "The Role of Impurities in Cavitation-Threshold Determination",
J. Acoust. Soc. of Am., 48-5(Pt. 2), pp. 1179-1186.

Bankoff, S. G. :1956, "The Contortional Energy Requirement in the Spreading of
Large Drops", J. Phys. Chem., 60-7, pp. 952-955.

Bankoff, S. G. :1958, "Entrapment of Gas in the Spreading of a Liquid over a
Rough Surface", AlChE J., 4-1, pp. 24-26.

Cornwell, K. :1982, "On Boiling Incipience due to Contact Angle Hysteresis",
Intern. J. Heat Mass Transfer, 25-2, pp. 205-211.

Eddington, R. I. and Kenning, D. B. R. :1979, "The Effect of Contact Angle on
Bubble Nucleation", Intern. J. Heat Mass Transfer, 22-8, pp. 1231-1236.

Faw, R. E., Vanvleet, R. J. and Schmidt, D. L. :1986, "Pre-Pressurization Effects
on Initiation of Subcooled Pool Boiling during Pressure and Power
Transients", Intern. J. Heat Mass Transfer, 29-9, pp. 1427-1437.

Forest, T. W. :1982, "The Stability of Gaseous Nuclei at Liquid-Solid
Interfaces", J. Appl. Phys., 53-9, pp. 6191-6201.

Forest, T. W. :1984, "A Photographic Investigation of the Stability of a Vapor
Nucleus in a Glass Cavity", Trans. ASME, Series C, 106-2, pp. 402-406.

Gallagher, J. P. and Winterton, R. H. S. :1983, "Effect of Pressure on Boiling
Nucleation", J. Phys. (D: Appl. Phys.), 16-3, pp. L57-L61.

Griffith, P. and Wallis, J. D. :1960, "The Role of Surface Conditions in Nucleate
Boiling", Chem. Engng Progr. Symp. Series. 56-30, pp. 49-63.

Harvey, E. N., Barnes, D. K., McElroy, W. D., Whiteley, A. H. and Pease, D. C. :1945,
"Removal of Gas Nuclei from Liquids and Surfaces", J. Am. Chem. Soc.,

- 236 -

67-1, pp. 156-157.

Harvey, E. N., McElroy, W. D. and Whiteley, A. H.:1947, "On Cavity Formation in Water", J. Appl. Phys., 18-2, pp. 162-172.

Holland, P. K. and Winterton, R. H. S.:1973, "Nucleation of Sodium Boiling from Surface Cavities Containing Gas", Intern. J. Heat Mass Transfer, 16-7, pp. 1453-1458.

Holtz, R. E and Singer, R. M.:1969, "A STUDY OF THE INCIPIENT BOILING OF SODIUM", ANL-7608, ARGONNE NATIONAL LABORATORY, IL.


Knapp, R. T.:1958, "Cavitation and Nuclei", Trans. ASME, 80, pp. 1315-1324.

Lorenz, J. J., Mikic, B. B. and Rohsenow, W. M.:1974, "The Effect of Surface Conditions on Boiling Characteristics", Proc. 5th Intern. Heat Transfer Conf., 4, pp. 35-39.

Mizukami, K.:1975, "Entrapment of Vapor in Reentrant Cavities", Lett. Heat and Mass Transfer, 2-3, pp. 279-284.

Mizukami, K.:1977, "The Effect of Gases on the Stability and Nucleation of Vapor Bubble Nuclei", Lett. Heat and Mass Transfer, 4-1, pp. 17-24.

Mori, Y., Hijikata, K. and Nagatani, T.:1977, "Fundamental Study of Bubble Dissolution in Liquid", Intern. J. Heat Mass Transfer, 20-1, pp. 41-50.

西尾:1981, "沸騰核生成(初気泡発生)に関する一考察", 生産研究, 33-10, pp. 409-412.

西尾: 1988, "均一温度場における既存気泡核の安定性", 日本機械学会論文集(B編), 54-503, pp. 1802-1807.

Sabersky, R. H. and Gates, C. W.:1955, "On the Start of Nucleation in Boiling Heat Transfer", Jet Propul., 25, p. 67.

Schultz, R. R., Kasturirangan, S. and Cole, R.:1975, "Experimental Studies of Incipient Vapor Nucleation", Can. J. Chem. Engng., 53, pp. 408-413.

Winterton, R. H. S.: 1977, "Nucleation of Boiling and Cavitation", J. Phys. (D: Appl. Phys.), 10-15, pp. 2041-2056.


第4章(§4.1)

Birkoff, G., Margulies, R. S. and Horning, W. A.:1958, "Spherical Bubble Growth", Physics of Fluids, 1-3, pp. 201-204.

Board, S. J. and Duffey, R. B.:1971, "Spherical Vapour Bubble Growth in Superheated Liquids", Chem. Engng. Sci., 26-3, pp. 263-274.

Borhorst, W. J.:1967a, "Analysis of a Liquid Vapor Phase Change by the Methods of Irreversible Thermodynamics", Trans. ASME. Series E, 34-4, pp. 840-846.

Bornhorst, W. J. and Hatsopoulos, G. N.:1967b, "Bubble-Growth Calculation without Neglect of Interfacial Discontinuities", Trans. ASME, Series E, 34-4, pp. 847-853.

Dalle Donne, M. and Ferranti, M. P.:1975, "The Growth of Vapor Bubble in Superheated Sodium", Intern. J. Heat Mass Transfer, 18, pp. 477-493.

Dergarabedian, P.:1953, "The Rate of Growth of Vapor Bubbles in
  Superheated Water", J. Appl. Mech., 20-4, pp.537-545.

Dergarabedian, P.:1960, "Observations on Bubble Growths in Various
  Superheated Liquids", J. Fluid Mech., 9-1, pp.39-48.

Florschuetz, L.W., Henry, C.L. and Khan, A.R.:1969, "Growth Rates of
  Free Vapor Bubbles in Liquids at Uniform Superheats under Normal and Zero
      Gravity Conditions", Intern. J. Heat Mass Transfer, 12- 11,
      pp.1465-1489.

Forster, H.K. and Zuber, N.:1954, "Growth of a Vapor Bubble in a
  Superheated Liquid", J. Appl. Phys., 25-4, pp.474-478.

Hewitt, H.C. and Parker, J.D.:1968, "Bubble Growth and Collapse in
  Liquid Nitrogen", Trans. ASME, Series C, 90-1, pp.22-26.

Hooper, F.C. and Abdelmessih, A.H.:1966, Proc. 3rd Intern. Heat Transfer Conf.,
      4, p.44.

Hsieh, D.-Y.:1965, "Some Analytical Aspects of Bubble Dynamics", Trans.    ASME,
      Series E, 87-4, pp.991-1005.

Judd, A.M.:1969, Bri. J. Appl. Phys., Series 2, 261.

Kosky, P.G.:1968, "Bubble Growth Measurements in Uniformly Superheated
  Liquids", Chem. Engng Sci., 23-7, pp.695-706.

Labountzov, D.A., Kol'chugin, B.A., Golovin, V.S., Zakharova, E.A. and
  Vladimirova, L.N.:1964, Teplo. Vsyok. Temp., 2-3, 446.

Mikic, B.B., Rohsenow, W.M. and Griffith, P.:1970, "On Bubble Growth
  Rates", Intern. J. Heat Mass Transfer, 13, pp.657-666.

宮武,田中:1982a, "低圧下の均一過熱水中における気泡成長（第1報,数値解析と
      簡便式の誘導）", 日本機械学会論文集(B編), 48-426, pp.355-363.

宮武,田中:1982b, "低圧下の均一過熱水中における気泡成長（第2報,実験結果な
      らびに数値解析及び簡便式との比較）", 日本機械学会論文集(B編),
      48-426,   pp.364-372.

長坂:1977, "気ほう成長に及ぼす非平衡効果の影響", 日本機械学会論文集, 43-
      366, pp.668-675.

Plesset, M.S. and Zwick, S.A.:1952, "A Nonsteady Heat Diffusion Problem
  with Spherical Symmetry", J. Appl. Phys., 23-1, pp.95-98.

Plesset, M.S. and Zwick, S.A.:1954, "The Growth of Vapor Bubbles in
  Superheated Liquids", J. Appl. Phys., 25-4, pp.493-500.

Prosperetti, A. and Plesset, M.S.:1978, "Vapor-Bubble Growth in a
  Superheated Liquid", J. Fluid Mech., 85-2, pp.349-368.

Rayleigh, L.:1917, Phil. Mag., 34, p.94.

斉藤,島:1974, "過熱液体中の気泡成長問題数値解法",日本機械学会講演論文集,
      No.740-17, pp.157-160.   →   未確認

Scriven, L.E.:1959, "On the Dynamics of Phase Growth", Chem. Engng.Sci., 10,
      pp.1-13.

新野,戸田,江草:1973, "レーザビームによる単一気ほうの発生と成長に関する研
      究", 日本機械学会論文集, 39-319, pp.955-961.

Theofanous, T., Biasi, L., Isbin, H.S. and Fauske, H.:1969, "A
  Theoretical Study on Bubble Growth in Constant and Time-

Dependent Pressure Fields", Chem. Engng. Sci., 24-5, pp. 885-897.

Theofanous, T. G. and Patel, P. D.:1976, "Universal Relations for Bubble Growth", Intern. J. Heat Mass Transfer, 19, pp. 425-429.


第 4 章 (§4.2)

Bellman, R. and Pennington, R. H.:1954, "Effects of Surface Tension and Viscosity on Taylor Instability", Quart. Appl. Math., 12-2, pp. 151-162.

Hosler, E. R. and Westwater, J. W.:1962, "Film Boiling on a Horizontal Plate", ARS J., 32-4, pp. 553-558.

ランダウ・リフシッツ(竹内均訳):1971, ランダウ・リフシッツ理論物理学教程, 「流体力学 2」, (東京図書), pp. 531-534.

Lewis, D. J.:1950, "The Instability of Liquid Surfaces When Accelerated in a Derection Perpendicular to Their Planes, II", Proc. Roy. Soc. London, Series A, 202, p. 81.

Lienhard, J. H. and Wong, P. T. Y.:1964, "The Dominant Unstable Wavelength and Minimum Heat Flux during Film Boiling on a Horizontal Cylinder", Trans. ASME, Series C, 86-2, pp. 220-226.

Lord Rayleigh:1900, "Investigation of the Character of the Equilibrium of an Incompressible Heavy Fluid of Variable Density", Scientific Papers, ii, 200-7, Cambridge, England.

Miller, C. A. and Jain, K:1973a, "Stability of Moving Surfaces in Fluid Systems with Heat and Mass Transport-I, Stability in the Absence of Surface Tension Effects", Chem. Eng. Sci., 28-1, pp. 157-165.

Miller, C. A.:1973b, "Stability of Moving Surfaces in Fluid Systems with Heat and Mass Transport-II, Conbined Effects of Transport and Density Difference between Phases", AIChE J., 19-5, pp. 909-915.

Palmer, H. J.:1976, "The Hydrodynamic Stability of Rapidly Evaporating Liquids at Reduced Pressure", J. Fluid Mech. 75-3, pp. 487-511.

Pomerantz, M. L.:1964, "Film Boiling on a Horizontal Tube in Increased Gravity Fields", Trans. ASME, Series C, 86-2, pp. 213-219.

Prosperetti, A. and Plesset, M.:1984, "The Stability of an Evaporating Liquid Surface", Phys. Fluids, 27-7, pp. 1590-1602.

Sakurai, A., Shiotsu, M. and Hata, K.:1983, "Effect of System Pressure on Film Boiling Heat Flux and Minimum Temperature", Thermal-Hydraulics of Nuclear Reactor, ASME, 1, pp. 280-285

庄司・岡元:1985, "水平細線の飽和沸騰極小熱流束に関する研究", 第 22 回日本伝熱シンポジウム講演論文集, pp. 55-57.

Taylor, G. I.:1950, "The instability of Liquid Surfaces When Accelerated in a Derection Perpendicular to Their Planes, 1", Proc. Roy. Soc. London, Series A, 201, p. 192.

第5章

Bergles, A. E. and Rohsenow, W. M. : 1964, "The Determination of Forced-Convection Surface-Boiling Heat Transfer", Trans. ASME, Series C, 86, pp. 365-372.

Clark, H. B., Strenge, P. S. and Westwater, J. W. : 1959, "Active Sites for Nucleate Boiling", Chem. Engng Progr. Symp. Ser., 55-29, pp. 103- 110.

Corty, C. and Foust, A. S. : 1955, "Surface Variables in Nucleate Boiling", Chem. Engng Progr. Symp. Ser., 51-17, pp. 1-12.

Davis, E. J. and Anderson, G. H. : 1966, "The Incipience of Nucleate Boiling in Forced Convection Flow", AlChE J., 12-4, pp. 774-780.

Frost, W. and Dzakowic, G. S. : 1967, ASME Paper, No. 72-HF-61.

Gaddis, E. S. and Hall, W. B. : 1967-68, "The Equilibrium of a Bubble Nucleus at a Solid Surface", "Thermodynamic and Fluid Mechanics Convection", Proc. Instn Mech. Engrs, 182(Pt. 3H).

Gaddis, E. S. : 1972, "The Effects of Liquid Motion Induced by Phase Change and Thermocapillarity on the Thermal Equilibrium of a Vapour Bubble", Intern. J. Heat Mass Transfer, 15, pp. 2241-2250.

Han, C. -Y. and Griffith, P. : 1965, "The Mechanism of Heat Transfer in Nucleate Pool Boiling-Part 1", Intern. J. Heat Mass Transfer, 8, pp. 887-904.

Hatton, A. P., James D. D. and Lien, T. L. : 1970, "Measurement of Bubble Characteristics for Pool Boiling from Single Cylindrical Cavities", Proc. 4th Intern. Heat Transfer conference, 4, B1.2.

Heled, Y. and Orell, A. : 1967, "Characteristics of Active Nucleation Sites in Pool Boiling", Intern. J. Heat Mass Transfer, 10, pp. 553-554.

Howell, J. R. and Siegel, R. : 1966, "Incipience, Growth, and Department of Boiling Bubbles in Saturated Water from Artificial Nucleation Sites of Known Geometry and Size", Proc. 3rd Intern. Heat Transfer Conf., pp. 12-23.

Hsu, Y. Y. : 1962, "On the Size Range of Active Nucleation Cavities on a Heating Surface", Trans. ASME, Series C. 84, pp. 207-213.

Kenning, D. B. R. and Cooper, M. G. : 1965, "Flow Patterns near Nuclei and the Initiation of Boiling during Forced Convection Heat Transfer Proc. Instn Mech. Engng, 180-Pt. 3C, pp. 112-123.

Madjeski, J. : 1966, "Activation of Nucleation Cavities on a Heating Surface with Temperature Gradient in Superheated Liquid", Intern. J. Heat Mass Transfer, 9, pp. 295-300.

長坂, 小茂鳥:1975, "温度環境界を伴う加熱面上のくぼみからの気泡発生条件", 日本機械学会論文集, 41-345, pp. 1517-1529.

佐藤, 松村:1963, "強制対流を伴う表面沸騰開始条件について", 日本機械学会論文集, 29-204, pp. 1367-1373.

Shoukri, M. and Judd, R. L. : 1975, "Nucleation Site Activation in

Saturated Boiling", Trans. ASME, Series C, 97-1, pp.93-98.

Schultz, R.R., Kastrurirangan, S. and Cole, R.:1975, "Experimental
Studies of Incipient Vapor Nucleation", Can. J. Cham. Engng, 53, pp.408-413.


第6章

Adelberg, M. and Schwartz, S.H.:1968, Chem. Engng Progr. Symp. Ser., 64-82,
pp.3-11.

秋山:1968, "飽和核沸騰における単気ほうの挙動(第1報気ほうの成長)", 日本機械
学会論文集, 34-264, pp.1460-1468.

秋山:1971, "飽和核沸騰における単気ほうの挙動(第3報伝熱面の熱的性質の影響)
", 日本機械学会論文集, 37-296, pp.757-764.

Ali, A. and Judd, R.L.:1981, "An Analytical and Experimental Investigation of
Bubble Waiting Time in Nucleate Boiling", Trans. ASME Series C, 103-4,
pp.673-678.

Anderson, T.M. and Mudawar, I.:1989, "Microelectronic Cooling by Enhanced Pool
Boiling of a Dielectric Fluorocarbon Liquid", Trans. ASME, Series C,
111-3, pp.752-759.

Aoki, S., Inoue, A., Aritomi, M. and Sakamoto, Y.:1982, "Experimental Study
on the Boiling Phenomena within a Narrow Gap", Intern. J. Heat Mass
Transfer, 25-7, pp.985-990.

Bankoff, S.G.:1959, "The Prediction of Surface Temperature at Incipient
Boiling", Chem. Eng. Progr. Symp. Ser., 55-29, p.87

Bankoff, S.G.:1961, Chem. Engng Progr. Symp. Ser., 57-32, p.156.

Berenson, P.J.:1962, "Experiments on Pool-Boiling Heat Transfer", Intern. J.
Heat Mass Transfer, 5, pp.985-999.

Bergles, A.E. and Chyu, M.C.:1982, "Characteristics of Nucleate Pool Boiling
from Porous Metallic Coatings", Trans. ASME, Series C, 104-2,
pp.279-285.

Best, R., Burow, P. and Beer, H.:1975, "Die Warmeubertragung beim Sieden unter
dem Einfluss Hydrodynamischer Vorgange", Intern. J. Heat Mass
Transfer, 18, pp.1037-1047.

Bhat, A.M., Prakash, R. and Saini, J.S.:1983a, "On the Mechanism of Macrolayer
Formation in Nucleate Pool Boiling at High Heat Flux", Intern. J. Heat
Mass Transfer, 26-5, pp.735-740.

Bhat, A.M., Prakash, R. and Saini, J.S.:1983b, "Heat Transfer in Nucleate Pool
Boiling at High Heat Flux", Intern. J. Heat Mass Transfer,26-6,
pp.833-840.

Bier, K., Gorenflo, D., Salem, M. and Tanes, Y.:1978, "Pool Boiling Heat
Transfer and Size of Active Nucleation Centers for Horizontal Plates
with Different Surface Roughness", Proc. 6th Intern.Heat Transfer
Conf., 1, pp.151-156.

Bier, K., Gorenflo, D. and Wickenhaeuser, G.:1977, "Pool Boiling Heat Transfer
at Saturation Pressures up to Critical", Heat Transfer in Boiling,

Ed. E. Hahne and U. Grigull, Hemisphere Pub. Co., pp. 137-158.

Borishanskii, V.M. et al.:1981, Heat Transfer-Soviet Res., 13-1, p. 100.

Brown, W.T.:1967, "Study of Flow Surface Boiling", Ph.D. Thesis (MIT).

Calka, A. and Judd, R.L.:1985, "Some Aspects of the Interaction among Nucleation Sites during Saturated Nucleate Boiling", Intern. J. Heat Mass Transfer, 28-12, pp. 2331-2342.

Chandratilleke, 西尾:1988, "被覆面における飽和液体ヘリウムのプール沸騰熱伝達", 低温工学, 23-3, pp. 128-133.

Chen, L.T.:1978, "Heat Transfer to Pool-Boiling Freon from Inclined Heating Plate", Lett. Heat Mass Transfer, 5-2, pp. 111-120.

Cole, R. and Rohsenow, W.M.:1969, Chem. Eng. Prog. Symp. Ser., 65-92, p. 211.

Cooper, M.G. and Lloyd, A.J.P.:1969, "The Microlayer in Nucleate Pool Boiling", Intern. J. Heat Mass Transfer, 12, pp. 895-913.

Cooper, M.G.:1969, "The Microlayer and Bubble Growth in Nucleate Pool Boiling", Intern. J. Heat Mass Transfer, 12, pp. 915-933.

Cooper, M.G., Judd, A.M. and Pike, R.A.:1978, "Shape and Departure of Single Bubbles Growing at a Wall", Proc. 6th Intern. Heat Transfer Conf., 1, pp. 115-120.

Cooper, M.G. and Chandratilleke, T.T.:1981, "Growth of Diffusion-Controlled Vapour Bubbles at a Wall in a Known Temperature Gradient", Intern. J. Heat Mass Transfer, 24-9, pp. 1475-1492.

Cooper, M.G.:1984, "Heat Flow Rates in Saturated Nucleate Pool Boiling - A Wide-Ranging Examination Using Reduced Properties", in "Adv. Heat Transfer", 16, pp. 157-239.

Cornwell, K.:1982, "The influence of diameter on nucleate boiling", Proc. 7th Intern. Heat Transfer Conf., 4, pp. 47-53.

Davidson, J.F. and Schueler, B.O.G.:1960, "Bubble formation at an orifice in an inviscid liquid", Trans. Inst. Chem. Eng., 38, p. 335.

Del Valle M., V.H. and Kenning, D.B.R.:1985, "Subcooled Flow Boiling at High Heat Flux", Intern. J. Heat Mass Transfer, 28-10, pp. 1907-1920.

Dhir, V.K. and Liaw, S.P.:1989, "Framework for a Unified Model for Nucleate and Transition Pool Boiling", Trans. ASME, Series C, 111-3, pp. 739-746.

Dhir, V.K. et al.:1988, "A Thermal Model for Fully Developed Nucleate Boiling of Saturated Liquids", Collected Papers in Heat Transfer 1988, (ASME), 2, pp. 153-164.

Eddington, R.I., Kenning, D.B.R. and Korneichev, A.:1978, "Comparison of Gas and Vapour Bubble Nucleation on a Brass Surface in Water", Intern. J. Heat Mass Transfer, 21-7, pp. 855-862.

Fand, R.M. et al.:1976, "Simultaneous Boiling and Forced Convection Heat Transfer from a Horizontal Cylinder to Water", Trans. ASME, Series C, 98-3, pp. 395-400.

Foltz, G.E. and Mesler, R.B.:1970, "The Measurement of Surface Temperatures with Platinum Films during Nucleate Boiling of Water", AIChE J., 16-1, pp. 44-48.

Forster, K.E.:1961, "Growth of a Vapor-filled Cavity near a Heating Surface and some Related Questions", Phys. Fluids, 4-4, pp.448-455.

Forster, H.K. and Zuber, N.:1955, "Dynamics of Vapor Bubbles and Boiling Heat Transfer" AIChE J. 1, pp. 531-535.

Forster, K.E. and Greif, R.:1959, "Heat Transfer to a Boiling Liquid-Mechanism and Correlation", Trans. ASME, Series C, 81-1, pp.43-53.

Fritz, W.:1935, Phys. Z., 36-11, pp.379-384.

藤田, 西川:1976, "核沸騰熱伝達の整理式における圧力補正項について", 日本機械学会論文集, 42-361, pp.2871-2878.

藤田, 西川, 大田, 日高:1982, "核沸騰熱伝達に及ぼす表面粗さの影響に関する研究", 日本機械学会論文集 (B編), 48-432, pp.1528-1538.

藤田, 内田, 大田, 村田, 西川:1985, "狭い間隙における核沸騰熱伝達", 第22回日本伝熱シンポジウム講演論文集, pp.34-36.

藤田, 大田, 内田:1986, "狭い間隙における核沸騰熱伝達 (第2報)", 第23回日本伝熱シンポジウム講演論文集, pp.187-189.

藤田, 大田, 内田:1987, "狭い間隙における核沸騰熱伝達 (第3報)", 第24回日本伝熱シンポジウム講演論文集, pp.374-376.

Fyodorov, M.V. and Klimenko, V.V.:1989, "Vapour Bubble Growth in Boiling under Quasi-Stationary Heat Transfer Conditions in a Heating Wall", Intern. J. Heat Mass Transfer, 32-2, pp.227-242.

Gaertner, R.F. and Westwater, J.W.:1960, "Population of Active Sites in Nucleate Boiling Heat Transfer", Chem. Engng Progr. Symp. Ser., 56-30, pp.39-48.

Gaertner, R.F.:1965, "Photographic Study of Nucleate Pool Boiling on a orizontal Surface", Trans. ASME, Series C, 87-1, pp.17-27.

Githinji, P.M. and Sabersky, R.H.:1963, "Some Effects of the Orientation of the Heating Surface in Nucleate Boiling", Trans. ASME, Sereis C. 84-4, p.379.

Gorenflo, D., Knabe, V. and Bieling, V.:1986, "Bubble Density on Surfaces with Nucleate Boiling:Its Influence on Heat Transfer and Burnout Heat Flux at Elevated Saturation Pressures", Proc. 8th Intern. Heat Transfer Conf., 4, pp.1995-2000.

Graham, R.W. and Hendricks, R.C.:1967, "Assessment of Convection, Conduction, and Evaporation in Nucleate Boiling", NASA TN D-3943.

Griffith, P.:1958, "Bubble Growth Rates in Boiling", Trans. ASME, 80, pp.721-727.

Griffith, P. and Wallis, J.D.:1960, "The Role of Surface Conditions in Nucleate Boiling", Chem. Engng Progr. Symp. Ser., 56-30, pp.49-63.

Grigoriev, V.A., Pavlov, Yu. M. and Ametistov, E.V.:1973, "Correlation of Experimental Data on Heat Transfer with Pool Boiling of Several Cryogenic Liquids", Thermal Engng, 20-9, pp.81-89.

Han, C.-Y. and Griffith, P.:1965a, "The Mechanism of Heat Transfer in Nucleate Boiling-Part 1", Intern. J. Heat Mass Transfer, 8, pp.887-904.

Han, C.-Y. and Griffith, P.:1965b, "The Mechanism of Heat Transfer in Nucleate Boiling-Part II", Intern. J. Heat Mass Transfer, 8, pp.905-914.

原村,甲藤:1983, "限界熱流束に対する新しい流体力学的モデル［プール沸騰・強制流動沸騰(飽和液中に沈められた加熱面)の限界熱流束発生機構]", 日本機械学会論文集(B編), 49-445, pp.1919-1927.

長谷川,越後,古賀:1968, "ぬれ難い場所を持った面での沸騰熱流束の限界値について(第1報, 沸騰状態および伝熱面の温度分布)", 日本機械学会論文集, 34-268, pp.2182-2190.

長谷川,越後,竹川:1972, "ぬれ難い場所を持った面での沸騰熱流束の限界値について(第2報, 主として過熱度の大きな核沸騰について)", 日本機械学会 論文集, 38-315, pp.2927-2934.

Hatton, A.P. and Hall, I.S.:1966, "Photographic Study of Boiling on Prepared Surfaces", Proc. 3rd Intern. Heat Transfer Conf., 4, pp.24-37.

Hsu, Y.Y.:1962, "On the Size Range of Active Nucleation Cavities on a Heating Surface", Trans. ASME, Series C, 84-3, pp.207-213.

Ibrahim, E.A. and Judd, R.L.:1985, "An Experimental Investigation of the Effect of Subcooling on Bubble Growth and Waiting Time in Nucleate Boiling", Trans. ASME, Series C, 107-1, pp.168-174.

Ishibashi, E. and Nishikawa, K.:1969, "Saturated Boiling Heat Transfer in Narrow Spaces", Intern. J. Heat Mass Transfer, 12, pp.863-894.

石橋,岩崎:1982a, "太陽熱利用吸収式冷凍機に関する沸騰実験(第1報)", 冷凍, 57-653, pp.231-238.

石橋,岩崎:1982b, "太陽熱利用吸収式冷凍機に関する沸騰実験(第2報)", 冷凍, 57-654, pp.333-339.

一色,玉木:1962, "光学的観察による沸騰熱伝達機構の考察", 日本機械学会誌, 65-525, pp.1393-1403.

Ivey, H.J.:1967, "Relationships between Bubble Frequency, Departure Diameter and Rise Velocity in Nucleate Boiling", Intern. J. Heat Mass Transfer, 10-8, pp.1023-1040.

Jakob, M.:1939, Proc. 5th Intern. Congr. Appl. Mech., p. 561.

Jawurek, H.H.:1969, "Simultaneous Determination of Microlayer Geometry and Bubble Growth in Nucleate boiling", Intern. J. Heat Mass Transfer, 12, pp.843-848.

Joosten, J.G.H., Zijl, W. and Stralen, S.J.D.van:1978, "Growth of a Vapour Bubble in Combined Gravitaional and Non-Uniform Temperature Fields", Intern. J. Heat Mass Transfer, 21, pp.15-23.

Judd, R.L. and Shoukri, M.:1975, "Nucleate Boiling on Oxide Coated Glass Surface", Trans. ASME, Ser.C, 97, pp.494-495.

Judd, R.L. and Hwang, K.S.:1976, "A Comprehensive Model for Nucleate Pool Boiling Heat Transfer Including Microlayer Evaporation", Trans. ASME, Series C. 98, pp. 623-629.

Judd, R.L. and Lavdas, C.H.:1980, "The Nature of Nucleation Site Interaction", Trans. ASME, Series C, 102-3, pp.461-464.

Judd, R.L.:1988, "On Nucleation Site Interaction", Trans. ASME, Series C, 110-2, pp.475-478.

甲藤,横谷:1966, "干渉板を加熱面に近づけた場合の核沸騰の実験的研究", 日本機械学会論文集, 32-238, pp.948-958.

甲藤,横谷:1975, "飽和プール核,遷移沸騰における蒸気塊の挙動", 日本機械学会
　　　論文集, 41-341, pp. 294-305.

Keshock, E. G. and Siegel, R.:1964, "Forces Acting on Bubbles in Nucleate
　　　Boiling under Normal and Reduced Gravity Conditions", NASA TN D-2299.

Kocamustafaogullari, G. and Ishii, M.:1983, "Interfacial Area and Nucleation
　　　Site Density in Boiling Systems", Intern. J. Heat Mass Transfer, 26-9,
　　　pp. 1377-1387.

小茂鳥,森,乾,梶:1975, "沸騰気泡離脱後のクボミ内への液の侵入挙動", 第12回
　　　日本伝熱シンポジウム講演論文集, 12, pp. 329-332.

Kosky, P. G.:1968, "Nucleation Site Instability in Nucleate Boiling", Intern.
　　　J. Heat Mass Transfer, 11, pp. 929-932.

Kotake, S.:1970, "On the Liquid Film of Nucleate Boiling", Intern. J. Heat
　　　Mass Transfer, 13, pp. 1595-1609.

楠田,西川:1968, "液膜内における核沸騰の研究 (第2報, 伝熱機構)", 日本機械学
　　　会論文集, 34-261, pp. 944-949.

Kutateladze, S. S.:1952, AEC-tr-3770.

Kutateladze, S. S.:1961, "Boiling Heat Transfer", Intern. J. Heat Mass Transfer,
　　　4-1, pp. 31-45.

Labuntsov, D. A. et al:1964, High Temperature, 2-3, pp. 404.

Lienhard, J. H.:1985, "On the Two Regimes of Nucleate Boiling", Trans. ASME,
　　　Series C, 107-1, pp. 262-264.

Magrini, U. and Nannei, E.:1975, "On the Influence of the Thickness and Thermal
　　　Properties of Heating Walls on the Heat Transfer Coefficients in
　　　Nucleate Pool boiling", Trans. ASME, Series C, 97-2, pp. 173-178.

Marcus, B. D. and Dropkin, D.:1963, "The Effect of Surface Configuration on
　　　Nucleate Boiling Heat Transfer", Intern. J. Heat Mass Transfer, 6-9,
　　　pp. 863-866.

Marto, P. J. and Rohsenow, W. M.:1966, "Nucleate Boiling Instability of Alkali
　　　Metals", Trans. ASME, Series C, 88-2, pp. 183-195.

Marto, P. J. and Lepere, V. J.:1982, "Pool Boiling Heat Transfer from Enhanced
　　　Surfaces to Dielectric Fluids", Trans. ASME, Series C, 104-2,
　　　pp. 292-299.

McAdams, W. H.:1954, "Heat Transmission", McGraw Hill.

McFadden, P. W. and Grassmann, P.:1962, "The Relation between Bubble Frequency
　　　and Diameter during Nucleate Pool Boiling", Intern. J. Heat Mass
　　　Transfer, 5, p. 169.

Merte, H. and Clark, J. A.:1964, "Boiling Heat Transfer with Cryogenic Fluids
　　　at Standard, Fractional, and Near-Zero Gravity", Trans. ASME, Series
　　　C, 86-3, pp. 351-358.

Mikic, B. B. and Rohsenow, W. M.:1969a, "Bubble Growth Rates in Nonuniform
　　　Temperature Field", Progr. Heat Mass Transfer, 2, pp. 283-293.

Mikic, B. B. and Rohsenow, W. M.:1969b, "A New Correlation of Pool-Boiling Data
　　　Including the Effect of Heating Surface Characteristics", Trans. ASME,
　　　Series C, 91-2, pp. 245-250.

Moissis, R. and Berenson, P. J.:1963, "On the Hydrodynamic Transitions in

Nucleate Boiling", Trans. ASME, Series C, 85-3, pp. 221-226.

門出, 三原:1987, "狭い垂直長方形流路内の沸騰熱伝達(通過気泡周期と熱伝達率について)", 日本機械学会論文集(B編), 53-490, pp. 1788-1792.

門出, 三原, 野間:1988, "狭い垂直長方形流路内を通過する気泡による熱伝達の促進(気泡長さと流路する間幅の影響について)", 日本機械学会論文集 (B編), 54-507, pp. 3214-3218.

門出, 光武:1989, "狭い垂直長方形流路内を通過する気泡による熱伝達の促進(気液界面で蒸発を伴う場合の理論解析)", 日本機械学会論文集(B編), 55-519, pp. 3441-3448.

Moore, F.D. and Mesler, R.B.:1961, "The Measurement of Rapid Surface Temperature Fluctuations during Nucleate Boiling of Water", AlChE J., 7-4, pp. 620-624.

西川, 楠田, 山崎, 田中:1966, 日本機械学会論文集, 32-240, pp. 1255-1264.

西川, 藤田:1974, "核沸騰", 伝熱工学の進展, 2, pp. 1-115.

西川, 藤田, 縄田:1976, "飽和核沸騰熱伝達に及ぼす圧力の影響に関する研究", 日本機械学会論文集, 42-361, p. 2879-2891.

Nishikawa, K. and Ito, T.:1983, "Augmentation of Nucleate Boiling Heat Transfer by Prepared Surfaces", Heat Transfer in Energy Problems (Japan-U.S. Joint Seminar 1983), p. 119.

Nishikawa, K. Fujita, Y., Uchida, S. and Ohta, H.:1983, "Effect of Heating Surface Orientation on Nucleate Boiling Heat Transfer", Proc. 1983 ASME-JSME Thermal Engng. Joint Conf., 1, pp. 129-136.

Nishikawa, K. and Fujita, Y.:1990, "Nucleate Boiling Heat Transfer and Its Augmentation", Adv. Heat Transfer, 20, pp. 1-82.

西尾:1988, "均一温度場における既存気泡核の安定性", 日本機械学会論文集(B編), 54-503, pp. 1802-1807.

Park, K. -A. and Bergles, A.E.:1986, "Boiling Heat Transfer Characteristics of Simulated Microelectronic Chips with Detachable Heat Sinks", Proc. 8th Intern. Heat Transfer Conf., 4, pp. 2099-2104.

Paul, D.D. and Abdel-Khalik, S.I.:1983, "A Statistical Analysis of Saturated Nucleate Boiling along a Heated Wire", Intern. J. Heat Mass Transfer, 26-4, pp. 509-519.

Rogers, T.F. and Melser, R.B.:1964, "An Experimental Study of Surface Cooling by Bubble during Nucleate Boiling of Water", AlChE J. 10 -5, pp. 656-660.

Rohsenow, W.M.:1952, "A Method of Correlating Heat Transfer Data for Surface Boiling of Liquids", Trans. ASME, 74, pp. 969-976.

Rohsenow, W.M.:1953, "Heat transfer associated with nucleate boiling", Proc. Heat Transfer and Fluid Mechanics Institute, (Stanford Univ. Press), pp. 123.

Sernas, V. and Hooper, F.C.:1969, "The Initial Vapor Bubble Growth on a Heated Wall during Nucleate Boiling", Intern. J. Heat Mass Transfer, 12, pp. 1627-1639.

Sgheiza, J.E. and Myers, J.E.:1985, "Behavior of Nucleation Sites in Pool Boiling", AIChE J., 31-10, pp. 1605-1613.

Sharp, R.R.:1964, "The Nature of Liquid Film Evaporation during Nucleate Boiling", NASA TN D-1997.

Shoukri, M. and Judd, R.L.:1975, "Nucleation Site Activation in Saturated Boiling", Trans. ASME, Series C, 97, pp.93-98.

Shoukri, M. and Judd, R.L.:1978, "A Theoretical Model for Bubble Frequency in Nucleate Pool Boiling Including Surface Effects", Proc. 6th Intern. Heat Transfer Conf., 1, pp.145-150.

Siegel, R. and Keshock, E.G.:1964, "Effects of Reduced Gravity on Nucleate Boiling Bubble Dynamics in Saturated Water", AIChE J., 10-4, p.509.

Singh, A., Mibic, B.B. and Rohsenow, W.M.:1974, "Effects of Surface Condition on Nucleation and Boiling Characteristics", Ph.D.Thesis(MIT).

Singh, A., Mikic, B.B. and Rohsenow, W.M.:1976, "Active Sites in Boiling", Trans. ASME, Series C, 98, pp.401-406.

Singh, R.L., Saini, J.S. and Varma H.K.:1983, "Effect of Crossflow in Boiling Heat Transfer of Water", Intern. J. Heat Mass Transfer, 26-12, pp.1882-1885.

Skinner, L.A. and Bankoff, S.G.:1964a, "Dynamics of Vapor Bubbles in Spherically Symmetric Temperature Fields of General Variation", Phys.Fluids, 7-1, pp.1-6.

Skinner, L.A. and Bankoff, S.G.:1964b, "Dynamics of Vapor Bubbles in Binary Liquids with Spherically Symmetric Initial Conditions", Phys. Fluids. 7-5, pp.643-648.

Skinner, L.A. and Bankoff, S.G.:1965, "Dynamics of Vapor Bubbles in General Temperature Fields", Phys, Fluids, 8-8, pp.1417-1420.

Staniszewski, B.E.:1959, "Nucleate Boiling Bubble Growth and Departure", MIT TR No.16.

Stephan, K.:1963, "Mechanismus und Modellgesetz des Waermeuebergangs bei der Blasenverdampfung", Chemie Ing. Tech., 35, pp.775-784.

Stephan, K. and Abdelsalam, M.:1980, "Heat-Transfer Correlations for Natural Convection Boiling", Intern. J. Heat Mass Transfer, 23-1, pp.73-87.

Sultan, M. and Judd, R.L.:1978, "Spatial Distribution of Active Sites and Bubble Flux Density", Trans. ASME, Series C, 100-1, pp.56-62.

竹川,長谷川,越後:1973, "ぬれ難い面における沸騰熱伝達 (気ほうの挙動について)", 日本機械学会論文集, 39-320, pp.1288-1297.

鳥飼:1966a, "沸騰時の気ほう付着面の伝熱", 日本機械学会論文集, 32-240, pp.1265-1274.

鳥飼,山崎:1966b, "沸騰気泡付着面のかわき状態", 日本機械学会論文集, 32-240, pp.1275-1281.

Turton, J.S.:1968, "The Effects of Pressure and Acceleration on the Pool Boiling of Water and Arcton 11", Intern. J. Heat Mass Transfer, 11-9, pp.1295-1310.

van Ouwerkerk, H.J.:1971, "The Rapid Growth of a Vapour Bubble at a Liquid-Solid Interface", Intern, J. Heat Mass Transfer, 14, pp.1415-1431.

van Stralen, S.J.D. and Sluyter, W.M.:1969, "Local Temperature Fluctuation in Saturated Pool Boiling of Pure Liquids and Binary Mixtures", Intern,

J. Heat Mass Transfer, 12, pp. 187-198.

van Stralen, S. J. D., Cole, R., Sluyer, W. M. and Sohal, M. S. :1975a, "Bubble Growth Rates in Nucleate Boiling of Water at Subatmospheric Pressures", Intern. J. Heat Mass Transfer, 18, pp. 655-669.

van Stralen, S. J. D., Sohal, M. S, Cole, R. and Sluyter, W. M. :1975b, "Bubble Growth Rates in Pure and Binary Systems: Combined Effect of Relaxation and Evaporation Microlayers", Intern. J. Heat Mass Transfer, 18, pp. 453-467.

Wei, C. -C. and Preckshot, G. W. :1964, "Photographic Evidence of Bubble Departure from Capillaries during Boiling", Chem. Engng Sci., 19, pp. 838-839.

Yang, S. R. and Kim, R. H. :1988, "A Mathematical Model of the Pool Boiling Nucleation Site Density in terms of the Surface Characteristics" Intern. J. Heat Mass Transfer, 31-6, pp. 1127-1135.

Yao, S. -C. and Chang, Y. :1983, "Pool Boiling Heat Transfer in a Confined Space", Intern. J. Heat Mass Transfer, 26-6, pp. 841-848.

Yilmaz, S. and Westwater, J. W. :1980, "Effect of Velocity on Heat Transfer to Boiling Freon-113", Trans. ASME, Series C, 102-1, pp. 26-31.

Young, R. K. and Hummel, R. L. :1964, "Improved Nucleate Boiling Heat Transfer", Chem. Engng Progr. 60-7, pp. 53-58.

Zijl, W. and Moalem-Maron, D. :1978, "Formation and Stability of a Liquid Micro-Layer in Pool Boiing and Growth of a Dry Area", Chem. Engng Sci., 33, pp. 1331-1337.

Zijl, W., Ramakers, F. J. M. and Stralen, S. J. D. van:1979, "Global Numerical Solutions of Growth and Departure of a Vapour Bubble at a Horizontal Superheated Wall in a Pure Liquid and a Binary Mixture", Intern. J. Het Mass Transfer, 22, pp. 401-420.

Zuber, N. :1964, "Recent trends in boiling heat-transfer research", Appl. Mech. Rev., 17-9, pp. 663.


第 7 章

Andersen, J. G. M. :1976, "Low-Flow Film Boiling Heat Transfer on Vertical Surfaces, Part 1:Thoeretical Model", AIChE Symp. Ser., 73-164, pp. 2-6.

Banchero, J. T., Barker, G. E. and Boll, R. H. :1955, "Stable Film Boiling of Liquid Oxygen outside Single Horizontal Tubes and Wires", Chem. Eng. Prog. Symp. Ser., No. 17, 51, pp. 21-31.

Bankoff, S. G. :1960, "Approximate Theory for Film Boiling on Vertical Surfaces", Chem. Eng. Prog. Symp. Ser., 30, 24.

Barron, R. F. and Dergham, A. R. :1987, "Film Boiling to a Plate Facing Downward", Advan. Cryog. Eng., 33, pp. 355-362.

Baumeister, K. J. and Hamill, T. D. :1967, "Laminar Flow Analysis of Film Boiling from a Horizontal Wire", NASA TN D-4035.

Berenson, P. J. :1961, "Film Boiling Heat Transfer from a Horizontal Surface",

Trans. ASME, Series C, J. Heat Transfer, 83-3, pp. 351-358.

Borishanskii, V. M. and Fokin, B. S. : 1965, "Semi-Empirical Heat Exchange
Theory for Film Boiling of Liquids with Free Convection about
Vertical Heating Surface", Heat & Mass Transfer, Minsk, 3,
p. 109.

Breen, B. P. and Westwater, J. W. : 1962, "Effect of Diameter of Horizontal Tubes
on Film Boiling Heat Transfer", Chem. Eng. Prog., 58-7, pp. 67-72.

Bromley, L. A. : 1950, "Heat Transfer in Stable Film Boiling", Chem. Eng. Prog.,
46-5, pp. 221-227.

Bui, T. D. and Dhir, V. K. : 1985, "Film Boiling Heat Transfer on an Isothermal
Vertical Surface", Trans. ASME, Series C, J. Heat Transfer, 107-4,
pp. 764-771.

Cess, R. D. and Sparrow, E. M. : 1961a, "Film Boiling in a
Forced-ConvectionBoundary-Layer Flow", Trans. ASME, Series C, J. Heat
Transfer, 83-3, pp. 370-375.

Cess, R. D. and Sparrow, E. M. : 1961b, "Subcooled Forced-Convection Film Boiling
on a Flat Plate", Trans. ASME, Series C, J. Heat Transfer, 83-3,
pp. 377-379.

Cess, R. D. : 1962, "Forced Convection Film Boiling on a Flat Plate with Uniform
Surface Heat Flux", Trans. ASME, Series C, J. Heat Transfer,
84-4, p. 395.

Chang, Y. P. : 1959, "Wave Theory of Heat Transfer in Film Boiling", Trans. ASME,
Series C, J. Heat Transfer, 81-1, pp. 1-12.

Clements, L. D. and Colver, C. P. : 1972, "Generalized Correlation for Film
Boiling", Trans. ASME, Series C, J. Heat Transfer, 94-3, pp. 324-326.

Coury, G. E. and Dukler, A. E. : 1970, "Turbulent Film Boiling on Vertica Surfaces",
Proc. 4th Int. Heat Transfer Conf., Paris., vol5, B3. 6., pp. 1-13.

Dhir V. K. and Purohit, G. P. : 1978, "Subcooled Film-Boiling Heat Transfer from
Spheres", Nucl. Eng. Des., 47-1, pp. 49-66.

Epstein, M. and Hauser, G. M. : 1980, "Subcooled Forced-Convection Film Boiling
in the Forward Stagnation Region of a Sphere or Cylinder", Int. J.
Heat Mass Transfer, 23-2, pp. 179-189.

Farahat, M. M. and Madbouly, E. E. : 1977, "Stable Film Boiling Heat Transfer from
Flat Horizontal Plates Facing Downwards", Int. J. Heat Mass Transf.,
20-3, pp. 269-277.

Fodemski, T. R. : 1985, "The Influence of Liquid Viscosity and System Pressure
on Stagnation Point Vapour Thickness during Forced-Convection Film
Boiling", Int. J. Heat Mass Transfer, 28-1, pp. 69-80.

Frederking, T. H. K. : 1963, "Laminar Two-Phase Boundary Layers in Natural
Convection Film Boiling", Z. Angew. Math. Phys., 14-3, pp. 207-218.

Frederking, T. H. K. and Clark, J. A. : 1963, "Natural Convection Film Boiling on
a Sphere", Advan. Cryog. Eng. 8, pp. 501-505.

Frederking, T. H. K. and Hopenfeld, J. : 1964, "Laminar Two-Phase Boundary Layers
in Natural Convection Film Boiling of Subcooled Liquid",  Z. Angew,
Math. Phys., 15, pp. 388-399.

Frederking, T.H.K., Wu, Y.C. and Clement, B.W.:1966, "Effects of Interfacial Instability on Film Boiling of Saturated Liquid Helium I above a Horizontal Surface", AlChE J., 12-2, pp.238-244.

Greitzer, E.M. and Abernathy, F.H.:1972, "Film Boiling on Vertical Surfaces", Int. J. Heat Mass Transfer, 15-3, pp.475-491.

Grigoriev, V.A., Klimenko, V.V. and Shelepen, A.G.:1982, "Pool Film Boiling from Submerged Spheres", Proc. 7th Int. Heat Transfer Conf. Munich., 1, pp.387-392.

Hahne, E. and Feuerstein, G.:1977, "Heat Transfer in Pool Boiling in theThermodynamic Critical Region: Effect of Pressure and Geometry", Heat Transfer in Boiling, (E. Hahne and U Grigull, eds.), Chap.8, Academic Press, New York., pp.159-206.

Hamill, T.D. and Baumeister, K.J.:1966, "Film Boiling Heat Transfer froma Horizontal Surface as an Optimal Boundary Value Process", Proc.  3rd Intern. Heat Transfer Conf., 4, pp.59-65.

Hamill, T.D. and Baumeister, K.J.:1967, "Effect of Subcooling and Radiation on Film-Boiling Heat Transfer from a Flat Plate", NASA TN D-3925.

Hendricks, R.C. and Baumeister, K.J.:1969, "Film Boiling from Submerged Spheres", NASA TN D-5124.

Hesse, G., Sparrow, E.M. and Goldstein, R.J.:1976, "Influence of Pressure on Film Boiling Heat Transfer", Trans. ASME, Series C, J. Heat Transfer, 98-2, pp.166-172.

Hsu, Y.Y. and Westwater, J.W.:1960, "Approximate Theory for Film Boilingon Vertical Surface", Chem. Eng. Prog. Symp. Ser., vol.56-30, pp.15-24.

Ito, T. and Nishikawa, K.:1966, "Two-Phase Boundary-Layer Treatment of Forced-Convection Film Boiling", Int. J. Heat Mass Transfer, 9-2, pp.117-130.

伊藤,西川,茂地:1981, "水平円柱まわりの強制対流膜沸騰熱伝達（第 1 報,飽和液の 場合）", 日本機械学会論文集（B 編）, 47-416, pp.666-674.

Jacobs, H.R. and Boehm, R.F.:1970, "An Analysis of the Effect of Body Force and Forced convection on Film Boiling", Proc. 4th Int. Heat Transfer Conf. Paris., 4, B3.9. pp.1-11.

菊地,永瀬,岐美:1988, "サブクール膜沸騰下限界に関する研究",日本機械学会論文 集（B 編）, 54-506, pp.2830-2837.

Klimenko, V.V.:1981, "Film Boiling on a Horizontal Plate-New Correlation", Int. J. Heat Mass Transfer, 24-1, pp.69-79.

Koh, J.C.Y.:1962, "Analysis of Film Boiling on Vertical Surfaces", Trans.ASME, Series C. J. Heat Transfer, 84-1, pp.55-62.

Lao, Y.-J. Barry R.E., and Baizhiser, R.E.:1970, "A Study of Film Boiling on a Horizontal Plate", Proc. 4th Int. Heat Transfer Conf. Paris., 5, B3.10. pp.1-10.

Leonard, J.E., Sun, K.H. and Dix, G.E.:1976, "Low Flow Film Boiling HeatTransfer on Vertical Surfaces, Part Ⅱ:Empirical Formulations and Application to BWR-LOCA Analysis", AIChE Symp. Ser., 73-164, pp.7-13.

McFadden, P.W. and Grosh, R.J.:1961, "An Analysis of Laminar Film Boiling with

Variable Properties", Int. J. Heat Mass Transfer, 1-4, pp. 325-335.

Motte, E. I. and Bromley, L. A.:1957, "Film Boiling of Flowing Subcooled Liquids", Ind. Eng. Chem., 49-11, pp. 1921-1928.

Ito, T. and Nishikawa, K.:1966, "Two-Phase Boundary-Layer Treatment of Forced-Convection Film Boiling", Int. J. Heat Mass Transfer, 9-2, pp. 117-130.

Nishikawa, K., Ito, T., Kuroki, T. and Matsumoto, K.:1972, "Pool Film Boiling Heat Transfer from a Horizontal Cylinder to Saturated Liquids", Int. J. Heat Mass Transfer, 15, pp. 853-862.

Nishikawa, K., Ito, T. and Matsumoto, K.:1976, "Investigation of Variable Thermophysical Property Problem Concerning Pool Film Boiling from Vertical Plate with Prescribed Uniform Temperature", Int. J. Heat Mass Transfer, 19-10, pp. 1173-1182.

西尾,上村:1986, "サブクール沸騰における膜沸騰熱伝達と極小熱流束条件に関する研究（第1報, 白金球－大気圧水のプール沸騰系）", 日本機械学会論文集（B編）, 52-476, pp. 1811-1816.

西尾,坂口:1987, "サブクール沸騰における膜沸騰熱伝達と極小熱流束条件に関する研究（第2報, 水平白金円柱－減圧水のプール沸騰系）", 日本機械学会論文集（B編）, 53-490, pp. 1781-1787.

Nishio, S., Uemura, M. and Sakaguchi, K.:1987, "Film Boiling Heat Transfer and Minimum-Heat-Flux (MHF)-Point Condition in Subcooled Pool Boing", JSME Int. J., 30-266, pp. 1274-1281.

西尾, Chandratilleke:1988, "大気圧飽和液体ヘリウムの定常プール沸騰熱伝達", 日本機械学会論文集（B編）, 54-501, pp. 1104-1109.

西尾, Chandratilleke, 小津:1990, "自然対流膜沸騰に関する研究（第1報,長い蒸気膜を有する飽和膜沸騰）", 日本機械学会論文集（B編）, 56-525, pp. 1484-1492.

西尾, 姫路, Dhir:1991, "自然対流膜沸騰に関する研究（第2報,水平下向き平面における膜沸騰）", 日本機械学会論文集（B編）. 57-536, pp. 1359-1364.

西尾, 大竹:1991, "自然対流膜沸騰に関する研究（第3報, 中・小直径領域の水平円柱系における膜沸騰）", 日本機械学会論文集（B編）. 57-538, pp. 2124-2131.

Orozco, J. A. and Witte, L. C.:1986, "Flow Film Boiling from a Sphere to Subcooled Freon-11", Trans. ASME, Series C, J. Heat Transfer, 108-4, pp. 934-938.

Pitschmann, P. and Gkigull, U.:1970, "Filmverdampfung as Waagerechten Zylindern", Wärme Stofffüebrtragung., 3-2, pp. 75-84.

Pomerantz, M. L.:1964, "Film oBoiling on a Horizontal Tube in Increased Gravity Fields", Trans. ASME, Series C, J. Heat Transfer, 86-2, pp. 213-218.

Ruckenstein, E.:1967, "Film Boiling on a Horizontal Surface", Int. J. Heat Mass Transfer, 10, pp. 911-919.

Sakurai, A., Shiotsu, M. and Hata, K.:1984, "Effect of System Pressure on Film Boiling Heat Transfer, Minimum Heat Flux and Minimum Temperature", Nucl. Sci. Eng., 88-3, pp. 321-330.

桜井,塩津,畑:1984, "水平円柱膜沸騰熱伝達(II)", 第21回日本伝熱シンポジウム講演論文集, pp. 466-468.

Sakurai, A., Shiotsu, M. and Hata, K.:1990a, "A general Correlation for Pool

Film Boiling Heat Transfer from a Horizontal Cylinder to Subcooled Liquid, Part 1:A Theoretical Pool Film Boiling Heat Transfer Model Including Radiation Contribution and Its Solution", Trans. ASME, Series C, J. Heat Transfer, 112-2, pp.430-440.

Sakurai, A., Shiotsu, M. and Hata, K.:1990b, "A general Correlation for Pool Film Boiling Heat Transfer from a Horizontal Cylinder to Subcooled Liquid, Part 2:Experimental Data for Various Liquid and Its Correlation", Trans. ASME, Series C, J. Heat Transfer, 112-2, pp. 441-150.

Shih, C. and El-Wakil, M.M.:1981, "Film Boiling and Vapor Explosions from Small Spheres", Nucl. Sci. Eng., 77-4, pp.470-479.

茂地,伊藤,西川:1982,"水平円柱まわりの強制対流膜沸騰熱伝達（第2報,過冷液の場合)", 日本機械学会論文集(B編), 48-432, pp.1539-1546.

茂地,伊藤,西川:1983,"膜沸騰熱伝達に及ぼす放射伝熱の影響（垂直上流に平行な平板)", 日本機械学会論文集(B編), 49-455, pp.1912-1918.

茂地,伊藤,西川:1985,"膜沸騰熱伝達に及ぼす放射伝熱の影響（第2報,垂直上昇流に直交する水平円柱および球)", 日本機械学会論文集(B編), 51-466, pp.1851-1856.

茂地,川江,金丸,山田:1988,"有限の下向き水平面からの飽和液体への膜沸騰熱伝達", 日本機械学会論文集(B編), 54-503, pp.1808-1813.

Sparrow, E.M. and Cess, R.D.:1962, "The Effect of Subcooled Liquid on Laminar Film Boiling", Trans. ASME, Series C, J. Heat Transfer, 84, pp.149-156.

Sparrow, E.M.:1964, "The Effect of Radiation on Film-Boiling Heat Transfer", Int. J. Heat Mass Transfer, 7, pp.229-238.

Suryanarayana, N.V. and Merte, H. Jr.:1972, "Film Boiling on Vertical Surfaces", Trans. ASME, Series C, J. Heat Transfer, 94, pp.377-384.

Tachibana, F. and Fukui, S.:1961, "Heat Transfer in Film Boiling to Subcooled Liquids", Int. Develop. Heat Transfer, 2, pp.219-223.

Wang, B.-X. and Shi, D.-H.:1984, "Film Boiling in Laminar Boundary-LayerFlow along a Horizontal Plate Surface", Int. J. Heat Mass Transfer, 27-7, pp.1025-1029.

Wang, B.-X. and Shi, D.-H.:1985, "A Semi-Empirical Theory for Forced-Flow Turbulent Film Boiling of Subcooled Liquid along a Horizontal Plate", Int. J. Heat Mass Transfer, 28-8, pp.1499-1505.

Wang., B.-X. and Shi, D.-H.:1987, "An Advance on the Theory of Forced Turbulent-Flow Film Boiling Heat Transfer for Subcooled Liquid Flowing along a Horizontal Flat Plate", Int. J. Heat Mass Transfer, 30-1, pp.137-141.

Witte, L.C. and Orozco, J.:1984, "The Effect of Vapor Velocity Profile Shape on Flow Film Boiling from Submerged Bodies", Trans. ASME, Series C, J. Hear Transfer 106-1, pp.191-197.

Yilmaz, S. and Westwater, J.W.:1980, "Effect of Velocity on Heat Transfer to Boiling Freon-113", Trans. ASME, Series C, J. Heat Transfer, 102-1, pp. 26-31.

第 8 章

Bakhru, N. and Lienhard, J. H. : 1972, "Boiling from Small Cylinders", Intern.
   J. Heat Mass Transfer, 15-11, pp. 2011-2025.

Bankoff, S. G. and Mehra, V. S. : 1962, "A Quenching Theory for Transition Boiling",
   I & EC Fund., 1-1, pp. 38-40.

Baumeister, K. J., Hendricks, R. C. and Hamill, T. D. : 1966, "Metastable
   Leidenfrost States", NASA TN D-3226.

Baumeister, K. J. and Simon, F. F. : 1973, "Leidenfrost Temperature -Its
   Correlation for Liquid Metals, Cryogens, Hydrocarbons and Water",
   Trans. ASME, J. Heat Transfer, 95-2, pp. 166-173.

Berenson, P. J. : 1961, "Film Boiling Heat Transfer from a Horizontal Surface",
   Trans. ASME, J. Heat Transfer, 83-3, pp. 351-356.

Berenson, P. J. : 1962, "Experiments on Pool-Boiling Heat Transfer", Intern. J.
   Heat Mass Transfer, 5-10, pp. 985-999.

Bergles, A. E. and Thompson, W. G. : 1970, "The Relationship of Quench Data to
   Steady-State Pool Boiling Data", Intern. J. Heat Mass Transfer, 13-1
   pp. 55-68.

Bhat, A. M., Prakash, R. and Saini, J. S. : 1983a, "On the Mechanism of Macrolayer
   Formation in Nucleate Pool Boiling at High Heat Flux", Intern. J. Heat
   Mass Transfer, 26-5, pp. 735-740.

Bhat, A. M., Prakash, R. and Saini, J. S. : 1983b, "Heat Transfer in Nucleate Pool
   Boiling at High Heat Flux", Intern. J. Heat Mass Transfer, 26-6,
   pp. 833-840.

Bhat, A. M., Saini, J. S. and Prakash, R. : 1986, "Role of Macrolayer Evaporation
   in Pool Boiling at High Heat Flux", Intern. J. Heat Mass Transfer,
   29-12, pp. 1953-1961.

Bier, K., Engelhorn, H. R. and Gorenflo, D. : 1977, "Heat Transfer at Burnout and
   Leidenfrost Points for Pressures up to Critical", Heat Transfer in
   Boiling, (Hemisphere Pub. Co.), pp. 85-97.

Borishanskii, V. M. : 1953, "Heat Transfer to a Liquid Freely Flowing over a
   Surface Heated to a Temperature above the Boiling Point", in Problems
   of Heat Transfer during a Change of State (ed. S. S. Kutateladze),
   USAEC-TR-3405, pp. 109-144.

Borishanskii, V. M. : 1956, "An Equation Generalizing Experimental Data on the
   Cessation of Bubble Boiling in a Large Volume of Liquid", Zhurnal
   Tekhnicheski Fiziki, 25, p. 252.

Bradfield, W. S. : 1966, "Liquid-Solid Contact in Stable Film Boiling", I & EC
   Fund., 5-2, pp. 200-204.

Bradfield, W. S. : 1967, "On the Effect of Subcooling on Wall Superheat in Pool
   Boiling", Trans. ASME, J. Heat Transfer, 89-3, pp. 269-270.

Bui, T. D. and Dhir, V. K. : 1985, "Transition Boiling Heat Transfer on a Vertical
   Surface", Trans. ASME, J. Heat Transfer, 107-4, pp. 756-763.

Chandratilleke, G. R., Nishio, S. and Ohkubo, H. : 1989, "Pool Boiling Heat

Transfer to Saturated Liquid Helium from Coated Surfaces", Cryogenics, 29-6, pp. 588-592.

Chang, K.H. and Witte, L.C.:1990, "Liquid-Solid Contact in Pool Film Boiling from a Cylinder", Trans. ASME, J. Heat Transfer, 112-1, pp. 263-266.

Chang, Y.-P.:1957, "A Theoretical Analysis of Heat Transfer in Natural Convection and in Boiling", Trans. ASME, 79-7, pp. 1501-1513.

Chang, Y.-P. and Snyder, N.W.:1960, "Heat Transfer in Saturated Boiling", Chem. Engng Progr. Symp. Ser., 56-30, pp. 25-38.

Cheng, S.C., Ng, W.W.L. and Heng, K.T.:1978, "Measurements of Boiling Curves of Subcooled Water under Forced Convective Conditions", Intern. J. Heat Mass Transfer, 21-11, pp. 1385-1392.

Cheng, S.C., Lau, P.W.K. and Poon, K.T.:1985, "Measurements of True Quench Temperature of Subcooled Water under Forced Convective Conditions", Intern. J. Heat Mass Transfer, 28-1, pp. 235-243.

Chowdhury, S.K.R. and Winterton, R.H.S.:1985, "Surface Effects in Pool Boiling", Intern. J. Heat Mass Transfer, 28-10, pp. 1881-1889.

Christensen, E.H.:1983, "Pool Boiling Helium Heat Transfer from Magnet Conductor Surface", AIChE Symp. Ser., 79-224, pp. 120-125.

Cichelli, M.T. and Bonilla, C.F.:1945, "Heat Transfer to Liquids Boiling under Pressure", Trans. AIChE, 41-6, pp. 755-787.

Cochran, T.H. and Andracchio, C.R.:1974, "Forced-Convection Peak Heat Flux on Cylindrical Heaters in Water and Refrigerant 113", NASA TN D-7553.

Ded, J.S. and Lienhard, J.H.:1972, "The Peak Pool Boiling Heat Flux from a Sphere", AIChE J., 18-2, pp. 337-342.

Dhir, V.K. and Lienhard, J.H.:1974, "Peak Pool Boiling Heat Flux in Viscous Liquids", Trans. ASME, J. Heat Transfer, 96-1, pp. 71-78.

Dhir, V.K. and Purohit, G.P.:1978, "Subcooled Film-Boiling Heat Transfer from Spheres", Nucl. Engng Des., 47-1, pp. 49-66.

Dhir, V.K. and Liaw, S.P.:1989, "Framework for a Unified Model for Nucleate and Transition Pool Boiling", Trans. ASME, J. Heat Transfer, 111-3, pp. 739-746.

Dhuga, D.S. and Winterton, R.H.S.:1985, "Measurement of Surface Contact in Transition Boiling", Intern. J. Heat Mass Transfer, 28-10, pp. 1869-1880.

Elkassabgi, Y. and Lienhard, J.H.:1988, "Influences of Subcooling on Burnout of Horizontal Cylindrical Heaters", Trans. ASME, J. Heat Transfer, 110-2, pp. 479-486.

Farahat, M.M., Armstrong, D.R. and Eggen, D.T.:1977," Transient Heat Transfer between Hot Metal Spheres and Subcooled Water" Atomkernenergie, 29-1, pp. 17-22.

Farahat, M.M.K., Eggen, D.T. and Armstrong, D.R.:1974, "Pool Boiling in Subcooled Sodium at Atmospheric Pressure", Nucl. Sci. Engng, 53-2, pp. 240-254.

藤林,熊谷,武山:1985, "姿勢と流動の組合せによる四つの強サブクール沸騰系の熱伝達", 日本機械学会論文集(B編), 51-463, pp. 919-927.

船渡,庄司:1980,″高温加熱水平円柱の急冷に関する研究″,第 17 回日本伝熱シンポジウム講演論文集, pp. 229-231.

Gaertner, R. F.:1965, ″Photographic Study of Nucleate Pool Boiling on a Horizontal Surface″, Trans. ASME, J. Heat Transfer, 87-1, pp. 17-27.

Grigull, U. and Abadzic, E.:1967-68, ″Heat Transfer from a Wire in the Critical Region″, Proc. Instn. Mech. Engrs, 182-31, pp. 52-57.

Groeneveld, D. C. and Stewart, J. C.:1982, ″The Minimum Film Boiling Temperature for Water during Film Boiling Collapse″, Proc. 7th Intern. Heat Transfer Conf., 1, pp. 393-398.

Groeneveld, D. C. and Fung, K. K.:1976, ″Forced Convective Transition Boiling (Review of Literature and Comparison of Prediction Method)″, AECL-5543.

Gunnerson, F. S. and Cronenberg, A. W.:1980, ″On the Minimum Film Boiling Conditions for Spherical Geometries″, Trans. ASME, J. Heat Transfer, 102-2, pp. 335-341.

原村,甲藤:1983, ″限界熱流束に対する新しい流体力学的モデル[プール沸騰・強制流動沸騰(飽和液中に沈められた加熱面)の限界熱流束発生機構]″, 日本機械学会論文集(B編), 49-445, pp. 1919-1927.

原村:1987, ″プール沸騰の限界熱流束点近傍の伝熱特性(気泡の挙動と熱流束変 動の相関)″, 日本機会学会論文集(B編), 53-490, pp. 1793-1800.

Hasan, M. Z., Hasan, M. M., Eichhorn, R. and Lienhard, J. H.:1981, ″Boiling Burnout during Crossflow over Cylinders beyond the Influence of Gravity″, Trans. ASME, J. Heat Transfer. 103-3, pp. 478-484.

Hein, D., Kefer, V. and Liebert, H.:1984, ″Maximum Wetting Temperature up to Critical Pressure″, NUREG/CP-0060, pp. 118-136.

Henry, R. E. and Fauske, H. K.:1979, ″Nucleation Processes in Large Scale Vapor Explosions″, Trans. ASME, J. Heat Transfer. 101-2, pp. 280-287.

Henry, R. E.:1974, ″A Correlation for the Minimum Film Boiling Temperature″, AIChE Symp. Ser., 138-70, pp. 81-90.

Hesse, G.:1973, ″Heat Transfer in Nucleate Boiling Maximum Heat Flux and Transition Boiling″, Intern. J. Heat Mass Transfer, 16-8, pp. 1611-1622.

堀田,一色:1969, ″電熱・空冷併用伝熱面による沸騰曲線の研究″, 日本機械学会論文集, 35-271, pp. 643-648.

本田,西川:1972, ″遷移沸騰の伝熱機構に関する実験的研究(第 2 報,気ほう塊の挙動と熱伝達)″, 日本機械学会論文集, 38-305, pp. 177-187.

Houchin, W. R. and Lienhard, J. H.:1966, ″Boiling Burnout in Low Thermal Capacity Heaters″, Proc. ASME Winter Annual Meeting, pp. 1-8.

飯田,小林:1968, ″プール沸騰における平面伝熱面上のボイド分布″, 日本機械学会論文集, 34-263, pp. 1247-1254.

Iida, Y. and Kobayashi, K.:1969, ″Distribution of Void Fraction above a Horizontal Surface in Pool Boiling″, Bull. JSME, 12-50, pp. 283-290.

Iloeje, O. C., Plummer, D. N., Rohsenow, W. M. and Griffith, P.:1975, ″An Investigation of the Collapse and Surface Rewet in Film Boiling in Forced Vertical Flow″, Trans. ASME, J. Heat Transfer, 97-2,

pp. 166-172.

Imura, H., Sasaguchi, K., Kozai, H. and Numata, S.:1983, "Critical Heat Flux in a Closed Two-Phase Thermosyphon", Intern. J. Heat Mass Transfer, 26-8, pp. 1181-1188.

稲田,宮坂,泉,小長谷:1981,"サブクールプール沸騰特性曲線の研究(第1報,局所熱伝達特性とそれにおよぼすサブクール度の影響",日本機械学会論文集(B編),47-417,pp. 852-861.

Inoue, A., Ganguli, A. and Bankoff, S.G.:1981, "Destabilization of Film Boiling due to Arrival of a Pressure Shock :PartII-Analytical", Trans. ASME, J. Heat Transfer, 103-3, pp. 465-471.

井上,田中:1988,"管内流膜沸騰の崩壊と伝熱面リウェット",日本機械学会論文集(B編),53-496,pp. 3748-3756.

石谷,久野:1965,"大気圧水そう中の垂直壁における遷移沸騰の実験",日本機械学会論文集,31-228,pp. 1251-1258.

Ivey, H.J. and Morris, D.J.:1962a, "On the Relevance of the Vapor-Liquid Exchange Mechanism for Subcooled Boiling Heat Transfer at High Pressure", British Rep. AEEW-R-137.

Ivey, H.J. and Morris, D.J.:1962b, "The Effect of Test Section Parameters on Saturation Pool Boiling Burnout at Atmospheric Pressure", Chem. Engng Progr. Symp. Ser., p. 68. 2

Kalinin, E.K., Berlin, I.I., Kostyuk, V.V. and Nosova, E.M.:1975, "Heat Transfer in Transition Boiling of Cryogenic Liquids", Adv. Cryogenic Engng., pp. 273-277.

Kalinin, E.K., Berlin, I.I. and Kostiouk, V.V.:1987, "Transition Boiling Heat Transfer", Adv. Heat Transfer, 18, pp. 241-323.

甲藤,横谷:1966,"干渉板を加熱面に近づけた場合の核沸騰の実験的研究",日本機械学会論文集,32-238,pp. 948-958.

甲藤,横谷:1968,"プール沸騰バーンアウト機構の研究",日本機械学会論文集,34-258,pp. 345-354.

甲藤,横谷:1971,"プール沸騰におけるバーンアウトおよび遷移沸騰の機構",日本機械学会論文集,37-295,pp. 535-545.

甲藤,菊池:1972a,"高熱流束プール核沸騰の加熱面近傍に作用する力の研究",日本機会学会論文集,38-309,pp. 1049-1055.

甲藤,高橋,横谷:1972b,"気ほう,固体面間の薄液膜形成の法則(沸騰熱伝達に関連して)",日本機会学会論文集,38-315,pp. 2906-2914.

甲藤,横谷:1975,"飽和プール核,遷移沸騰における蒸気塊の挙動",日本機会学会論文集,41-341,pp. 294-305.

甲藤:1978,"制限流路内の自然流動沸騰の限界熱流束の無次元整理について",日本機械学会論文集,44-387,pp. 3908-3911.

甲藤,原村:1983,"飽和液体の低速上昇流に直交して置かれた一様加熱・水平円柱面上の限界熱流束",日本機械学会論文集(B編),49-445,pp. 1928-1936.

甲藤,三明:1984,"高圧下の直交流における一様加熱円柱の限界熱流束の研究",第21回日本伝熱シンポジウム講演論文集,pp. 415-417.

甲藤,谷口:1985,"直交流下の一様加熱円柱の限界熱流束",第22回日本伝熱シンポジウム講演論文集,pp. 22-24.

甲藤,吉原:1989, "管内強制流動サブクール沸騰の限界熱流束の解析的研究", 日本機械学会論文集(B編), 55-519, pp. 3515-3522.

Kawamura, H., Tachibana, F. and Akiyama, M.:1970, "Heat Transfer and DNB Heat Flux in Transient Boiling", Proc. 4th Intern. Heat Transfer Conf., 5, B3.3.

Kikuchi, Y., Hori, T. Michiyoshi, I.:1985, "Minimum Film Boiling Temperature for Cooldown of Insulated Metals in Saturated Liquid", Intern. J. Heat Mass Transfer, 28-6, pp. 1105-1114.

Kirby, D.B. and Westwater, J.W.:1965, "Bubble and Vapor Behavior on a Heated Horizontal Plate During Pool Boiling Near Burnout", Chem. Engng Progr. Symp. Ser. 61-57, pp. 238-248.

高庄,甲藤:1979, "平行水平二円板間流路の自然対流沸騰の限界熱流束", 日本機械学会論文集(B編), 45-399, pp. 1718-1722.

Kostyuk, V.V., Berlin, I.I. and Karpyshoev, A.V.:1986, "Experimental and Theoretical Study of the Transient Boiling Mechanism", J. Eng. Phys, 50, pp. 38-45.

Kovalev, S.A.:1966, "An Investigation of Minimum Heat Fluxes in Pool Boiling of Water", Intern. J. Heat Mass Transfer, 9-11, pp. 1219-1226.

Kutateladze, S.S.:1951, "A Hydrodynamic Theory of Changes in Boiling Process under Free Convection Conditions", IZV Akad Nauk SSSR, Otd. Tekhn. Nauk No. 4, p 529 (English Translation AEC-TR-1441)

Kutateladze, S.S.:1952, "Heat Transfer in Condensation and Boiling", AEC-TR-3770.

Kutateladze, S.S. and Schneiderman, L.L.:1953 "Experimental Study of the Influence of the Temperature of a Liquid on the Change of the Rate of Boiling", USAEC Report, AEC-TR-3405, pp 95-100.

Kutateladze, S.S. and Burakov, B.A.:1969, "The Critical Heat Flux for Natural Convection and Forced Flow of Boiling and Subcooled Dowtherm", Problems of Heat Transfer and Hydraulics of Two-Phase Media, Pergamon, pp. 63-84.

Lee, L.Y.W., Chen, J.C. and Nelson, R.A.:1985, "Liquid-Solid Contact Measurements Using a Surface Thermocouple Temperature Probe in Atmospheric Pool Boiling Water", Intern. J. Heat Mass Transfer, 28-8, pp. 1415-1423.

Lehongre, S, Boissin, J.C., Johannes, C. and De La Harpe, A.S.:1968, "Critical Nucleate Boiling of Liquid Helium in Narrow Tubes and Annuli", Proc. 2nd Intern. Cryogn. Eng. Conf., pp. 274-275.

Liaw, S.P. and Dhir, V.K.:1986, "Effect of Surface Wettability on Transition Boiling Heat Transfer from a Vertical Surface", Proc. 8th Intern. Heat Transfer Conf., 4, pp. 2031-2036.

Lienhard, J.H. and Schrock, V.E.:1963, "The Effect of Pressure, Geometry and the Equation of State upon the Peak and Minimum Boiling Heat Flux", Trans. ASME, J. Heat Transfer, 85-3, pp. 261-268.

Lienhard, J.H. and Wong, P.T.Y.:1964, "The Dominant Unstable Wavelength and Minimum Heat Flux during film Boiling on a Horizontal Cylinder", Trans.

ASME, J. Heat Transfer, 86-2, pp. 220-225.

Lienhard, J.H.:1968, "Interacting Effects of Geometry and Gravity upon the Extreme Boiling Heat Fluxes", Trans. ASME, J. Heat Transfer, 90-1, pp. 180-182.

Lienhard, J.H. and Sun, K.H.:1970, "Effects of Gravity and Size upon Film Boiling from Horizontal Cylinders", Trans. ASME, J. Heat Transfer, 92-2, pp. 292-298.

Lienhard, J.H. and Dhir, V.K.:1973, "Hydrodynamic Prediction of Peak Pool-Boiling Heat Fluxes from Finite Bodies", Trans. ASME, J. Heat Transfer. 95-2, pp. 152-158.

Lienhard, J.H., Dhir V.K. and Riherd, D.M.:1973, "Peak Pool Boiling Heat-Flux Measurements on Finite Horizontal Flat Plates", Trans. ASME, J. Heat Transfer. 95-4, pp. 477-482.

Lienhard, J.H. and Eichhorn, R.:1976, "Peak Boiling Heat Flux on Cylinders in a Cross Flow", Intern. J. Heat Mass Transfer, 19-10, pp. 1135-1142.

Lienhard, J.H. and Hasan, M.M.:1979, "On Predicting Boiling Burnout with the Mechanical Energy Stability Criterion", Trans. ASME, J. Heat Transfer. 101-2, pp. 276-279.

Lienhard, J.H. and Dhir, V.K.:1980, "On the Prediction of the Minimum Pool Boiling Heat Flux", Trans. ASME, J. Heat Transfer, 102-3, pp. 457-460.

Lin, D.Y.T. and Westwater, J.W.:1982, "Effect of Metal Thermal Properties on Boiling Curves Obtained by the Quenching Method", Proc. 7th Intern. Heat Transfer Conf., 4, pp. 155-160.

Lyon, D.N., Kosky, P.G. and Harman, B.N.:1964, "Nucleate Boiling Heat Transfer Coefficients and Peak Nucleate Boiling Fluxes for Pure Liquid Nitrogen and Oxygen on Horizontal Platinum Surfaces from Below 0.5 Atmosphere to the Critical Pressures", Adv. Cryogenic Engng, pp. 77-87.

Mckee, H.R. and Bell, K.J.:1969, "Forced Convection Boiling from a Cylinder Normal to the Flow", AIChE Symp. Ser., 65, p. 222.

Merte, H. and Clark, J.A.:1964, "Boiling Heat Transfer with Cryogenic Fluids at Standard, Fractional, and Near-Zero Gravity", Trans. ASME, J. Heat Transfer. 86-3, pp. 351-358.

Merte, H. and Lewis, E.W.:1968, "Boiling of Liquid Nitrogen in Reduced Gravity Fields with Subcooling", Referred in Adv. Heat Transfer, 5, p. 427.

門出,楠田,上原:1981, "垂直流路内における自然流動沸騰の限界熱流束",日本機械学会論文集(B編), 47-423, pp. 2181-2185.

Mudawar, I. and Maddox, D.E.:1989, "Critical Heat Flux in Subcooled Flow Boiling of Fluorocarbon Liquid on a Simulated Electronic Chip in a Vertical Rectangular Channel", Intern. J. Heat Mass Transfer, 32-2, pp. 379-394.

奈良崎,淵澤,薄羽:1989, "高温金属をサブクール水中に急冷した時の特性温度に及ぼす試片形状の影響", 鉄と鋼, 75-4, pp. 634-641.

Neti, S., Butrie, T.J. and Chen, J.C.:1986, "Fiber-Optic Liquid Contact Measurements in Pool Boiling", Rev. Sci. Instrum., 57-12, pp. 3043-3047.

Nikolayev, G. P. and Skripov, V. P. : 1970, ″Experimental Investigation of Minimum Heat Fluxes at Submerged Surfaces in Boiling″, Heat Transfer-Soviet Research, 2-3, pp. 122-127.

Nikolayev, G. P., Bychenkov, V. V. and Skripov, V. P. : 1974, ″Saturated Heat Transfer to Evaporating Droplets from a Hot Wall at Different Pressures″, Heat Transfer-Soviet Research, 6-1, pp. 128-132.

西川, 長谷川, 本田, 坂口 : 1968a, ″遷移域を中心とした沸騰特性曲線の研究（第 1 報, 熱伝達におよぼす過冷度および伝熱面表面条件の影響）″, 日本機械学会論文集, 34-257, pp. 134-141.

西川, 長谷川, 本田, 坂口 : 1968b, ″遷移域を中心とした沸騰特性曲線の研究（第 2 報, 伝熱面温度の変動と沸騰特性曲線との関係）″, 日本機会学会論文集, 34-257, pp. 142-149.

西川, 藤井, 本田 : 1971, ″遷移沸騰の伝熱機構に関する実験的研究（第 1 報, 伝熱面上の固液接触状態および温度変動）″, 日本機械学会論文集, 37-297, pp. 1018-1025.

西尾, 平田 : 1977, ″ライデンフロスト温度に関する研究（第 1 報 : ライデンフロスト温度の基本的性格に関する実験的検討）″, 日本機械学会論文集, 43-374, pp. 3856-3867.

西尾, 平田 : 1978, ″ライデンフロスト温度に関する研究（第 2 報 : 固液接触面の挙動とライデンフロスト温度）″, 日本機械学会論文集, 44-380, pp. 1335-1346.

西尾 : 1980, ″Leidenfrost 系における固液接触過程に関する基礎的研究″, 東京大学生産技術研究所報告, 28-6, pp. 265-308.

Nishio, S. : 1983, ″Cooldown of Insulated Metal Plates″, Proc. 1983 ASME-JSME Thermal Eng. Joint Conf., 1, pp. 103-109.

西尾, 上村 : 1983, ″静止水の冷却能力に関する実験的研究（サブクール度の影響）″, 熱処理, 23-5, pp. 260-265.

Nishio, S. : 1984, ″Minimum Heat Flux Conditions in Boiling Heat Transfer″, NUREG/CP-0060, pp. 137-169.

西尾 : 1985, ″水平平面上での沸騰熱伝達における極小熱流束点に関する研究（非定常性, 伝熱面熱伝導性の影響）″, 日本機械学会論文集, 51-462, pp. 582-590.

西尾, 上村 : 1986, ″サブクール沸騰における膜沸騰熱伝達と極小熱流束条件に関する研究（第 1 報, 白金球-大気圧水のプール沸騰系）″, 日本機械学会論文集（B 編）, 52-476, pp. 1811-1816.

Nishio, S. : 1987, ″Prediction Technique for Minimum-Heat-Flux (MHF)-Point Condition of Saturated Pool Boiling″, Intern. J. Heat Mass Transfer, 30-10, pp. 2045-2057.

西尾, 芹沢 : 1987, ″表面付加層の熱伝導性を利用した極小熱流束点条件の制御″, 日本機械学会論文集（B 編）, 53-487, pp. 1061-1064.

西尾, 坂口 : 1987, ″サブクール沸騰における膜沸騰熱伝達と極小熱流束点条件に関する研究（第 2 報, 水平白金円柱-減圧水のプール沸騰系）″, 日本機械学会論文集（B 編）, 53-490, pp. 1781-1787.

Noyes, R. C. : 1963, ″An Experimental Study of Sodium Pool Boiling Heat Transfer″, Trans. ASME, J. Heat Transfer, 85-2, pp. 125-129.

大久保, 西尾 : 1989, ″ミスト冷却の冷却能力の高精度予測に関する研究（第 2 報, 伝熱面表面のぬれ性の影響）, 日本機械学会論文集（B 編）, 55-517,

pp. 2846-2851.

奥山, 小澤, 井上：1985, "非定常高熱入力下の沸騰除熱特性に関する研究（第 3 報, 気泡充満モデルによる除熱限界付近の沸騰除熱特性の解析）", 第 22 回日本伝熱シンポジウム講演論文集, pp. 13-15.

Okuyama, K., Kozawa, Y., Inoue, A. and Aoki, S.:1988, "Transient Boiling Heat Transfer Characteristics of R113 at Large Stepwise Power Generation", Intern. J. Heat Mass Transfer, 31-10, pp. 2161-2174.

Pan, C., Hwang, J.Y. and Lin, T.L.:1989, "The Mechanism of Heat Transfer in Transition Boiling", Intern. J. Heat Mass Transfer, 32-7, pp. 1337-1349.

Park, E.L. Jr., Colver, C.P. and Sliepcevich, C.M.:1966, "Nucleate and Film Boiling Heat Transfer to Nitrogen and Methane at Elevated Pressures and Large Temperature Differences", Adv. Cryogenic Engng. 11, pp. 516-529.

Pasamehmetoglu, K.O. and Nelson, R.A.:1987, "The Effect of Helmholtz Instability on the Macrolayer Thickness in Vapor Mushroom Region of Nucleate Pool Boiling", Inter. Comm. Heat Mass Transfer, 14-6, pp. 709-720.

Peyayopanakul, W. and Westwater, J.W.:1978, "Evaluation of the Unsteady-State Quenching Method for Determining Boiling Curves", Intern. J. Heat Mass Transfer, 21-11, pp. 1437-1445.

Ponter, A.B. and Haigh, C.P.:1969, "The Boiling Crisis in Saturated and Subcooled Pool boiling at Reduced Pressures", Intern. J. Heat Mass Transfer, 12-4, pp. 429-437.

Ragheb, H.S., Cheng, S.C. and Groeneveld, D.C.:1978, "Measurement of Transition Boiling Boundaries in Forced Convective Flow", Intern. J. Heat Mass Transfer, 21-12, pp. 1621-1624.

Ragheb, H.S. and Cheng, S.C.:1979, "Surface Wetted Area during Transient Boiling in Forced Convective Flow", Trans. ASME, J. Heat Transfer, 101-2, pp. 381-383.

Ragheb, H.S., Cheng, S.C. and Groeneveld, D.C.:1981, "Observations in Transition Boiling of Subcooled Water under Forced Convective Conditions", Int. J. Heat Mass Transfer, 24-7, pp. 1127-1137.

Ramilison, J.M. and Lienhard, J.H.:1987, "Transition Boiling Heat Transfer and the Film Transition Regime", Trans. ASME, J. Heat Transfer, 109-3, pp. 746-752.

Rohsenow, W.M. and Griffith, P.:1956, "Correlation of Maximum-Heat-Flux Data for Boiling of Saturated Liquids", Chem. Engng Progr. Symp. Ser., 52-18, pp. 47-49.

Sakurai, A., Shiotsu, M. and Hata, K.:1984, "Effect of System Pressure on Film Boiling Heat Transfer, Minimum Heat Flux and Minimum Temperature", Nuclear Sci. Engng., 88-3, pp. 321-330.

Sakurai, A., Shiotsu, M. and Hata, K.:1980, "Steady and Unsteady Film Boiling Heat Transfer at Subatmospheric and Elevated Pressures", Proc. 1980 ICHMT Intern. Seminar.

桜井,塩津,畑:1984,"蒸気膜崩壊に伴う膜沸騰極小点からの非定常熱伝達",第 21 回日本伝熱シンポジウム講演論文集,pp.469-471.

Sciance, C.T., Colver, C.P. and Sliepcevich, C.M.:1967, "Pool Boiling of Methane between Atmospheric Pressure and the Critical Pressure", Adv. Cryogenic Engng, 12, pp.395-408.

Sciance, C.T. and Colver, C.P.:1970, "Minimum Film-Boiling Point for Several Light Hydrocarbons", Trans. ASME, J. Heat Transfer, 92-4, pp.659-661.

Segev, A. and Bankoff, S.G.:1980, "The Role of Adsorption in Determining the Minimum Film Boiling Temperature", Intern. J. Heat Mass Transfer, 23-5, pp.637-642.

Seki, M., Kawamura, H. and Sanokawa, K.:1978, "Transient Temperature Profile of a Hot Wall Due to an Impinging Liquid Droplet", Trans. ASME, Sereis C. 100-1, pp.167-169.

Serizawa, A.:1983, "Theoretical Prediction of Maximum Heat Flux in Power Transients", Intern. J. Heat Mass Transfer, 26-6, pp.921-932.

庄司,高木:1982,"水平加熱面上の膜沸騰下限界に関する研究(飽和液の場合の理論的研究)",日本機械学会論文集(B編),48-435,pp.2324-2334.

庄司,長野:1986,"水平加熱面上のプール飽和沸騰における極小熱流束に関する実験的研究(R113 を用いた低中圧実験)",日本機械学会論文集(B 編),52-478, pp.2431-2436.

Simon, F.F., Pappel, S.S. and Simoneau, R.J.:1968, "Minimum Film-Boiling Heat Flux in Vertical Flow of Liquid Nitrogen", NASA TN D-4307.

Spiegler, P., Hopenfeld, J., Silberberg, M., Bumpus, C.F. and Norman, A. :1963, "Onset of Stable Film Boiling and the Foam Limit", Intern. J. Heat Mass Transfer, 6-11, pp.987-989.

Sun, K.H. and Lienhard, J.H.:1970, "The Peak Pool Boiling Heat Flux on Horizontal Cylinders", Intern. J. Heat Mass Transfer. 13-9, pp.1425-1439.

Swanson, J.L., Bowman, H.F. and Smith, J.L., Jr.:1975, "Transient Surface Temperature Behavior in the Film Boiling Region", Trans. CSME, 3, pp.131-140.

Tachibana, F., Akiyama, M. and Kawamura, H.:1967, "Non-Hydrodynamic Aspects of Pool Boiling Burnout", J. Nuclear Sci. Tech., 4, pp.121-130.

高木,庄司:1983,"静止溶融すず一流水系で生ずる小規模蒸気爆発に関する実験的研究",日本機械学会論文集(B編),49-446,pp.2190-2199.

戸田:1973,"遷移沸騰機構の理論的考察",日本機械学会論文集,39-322,pp.1924-1939.

鳥飼,山崎:1966,"沸騰気ほう付着面のかわき状態",日本機械学会論文集,32-240,pp.1275-1281.

鳥飼,秋山:1969,"第 2 バーンアウト点に関する考察",日本機械学会論文集,35-279, pp.2273-2277.

鳥飼,鈴木,山口:1989,"プール沸騰における気泡付着面に関する研究(遷移沸騰域を中心とした観察)",日本機械学会論文集(B編),55-518,pp.3199-3204.

Veres, D.R. and Florschuetz, L.W.:1971, "A Comparison of Transient and Steady-State Pool-Boiling Data Obtained Using the Same Heating

Surface", Trans. ASME, J. Heat Transfer, 93-2, pp. 229-232.

Vliet, G.C. and Leppert, G.:1964a, "Critical Heat Flux for Nearly Saturated Water Flowing Normal to a Cylinder", Trans. ASME, J. Heat Transfer, 86-1, pp. 59-66.

Vliet, G.C. and Leppert, G.:1964b, "Critical Heat Flux for Subcooled Water Flowing Normal to a Cylinder", Trans. ASME, J. Heat Transfer. 86-1, pp. 68-74.

Westwater, J.W. and Satangelo, J.G.:1955, "Photographic Study of Boiling", Ind. Eng. Chem., 47-8, pp. 1605-1610.

Witte, L.C. and Henningson, P.J.:1969, "Identification of Boiling Regimes with a Reaction-Force Apparatus", J. Phys. E: Sci. Instr., 2-12, pp. 1101-1102.

Witte, L.C. and Lienhard, J.H.:1982, "On the Existence of Two 'Transition' Boiling Curves", Intern. J. Heat Mass Transfer, 25-6, pp. 771-779.

Yao, S.C. and Henry, R.E.:1978, "An Investigation of the Minimum Film Boiling Temperature on Horizontal Surfaces", Trans. ASME, J. Heat Transfer, 100-2, pp. 260-267.

Yilmaz, S. and Westwater, J.W.:1980, "Effect of Velocity on Heat Transfer to Boiling Freon-113", Trans. ASME J. Heat Transfer, 102-1, pp. 26-31.

Zuber, N.:1959, "Hydrodynamic Aspects of Boiling Heat Transfer", AEC Report, No. AECU-4439.

Zuber, N., Tribus, M. and Westwater, J.W.:1961, "The Hydrodynamic Crisis in Pool Boiling of Saturated and Subcooled Liquids", Intern. Devlopments in Heat Transfer, 27, pp. 230-236.

# 編集後記

　序文に書かれている通り、本書は、平成2年（1990年）に東京大学生産技術研究所で開催された生研セミナー「沸騰熱伝達の基本構造と冷却制御工学への応用」のために西尾先生が執筆されたテキストがベースです。このたび、西尾研OB関係者数名が編集・校正作業を担当し、出版に至りました。以下、その生研セミナーテキスト執筆時の西尾先生のお考えや取り巻く状況を半ば想像も交えながら概説し、また、その後本書が出版されるまでの経緯について述べます。

　1990年頃、西尾先生は沸騰熱伝達の基本構造把握と冷却制御への応用に関する研究をメインテーマとしていました。研究の基盤として、沸騰現象の素過程や沸騰熱伝達特性に関する様々な知的情報を、各種専門書や文献を通じて調査・整理し、電子ファイル（当時はワープロソフト一太郎）として取りまとめていて、研究室メンバーに、その資料を共有して下さいました。同時期に、西尾先生は次の3つのイベント業務をご担当されていました。
　　1．（前述の）生研セミナーの担当（1990年11月）
　　2．日本機械学会の"「高温面の沸騰熱伝達と冷却」委託出版分科会"が取り
　　　　まとめ1989年9月に出版された「沸騰熱伝達と冷却」の幹事的役割
　　3．日本伝熱学会関東地方研究グループ主催の第2回トピカルワークショップ
　　　　「沸騰研究の到達点と可能性を探る」の担当（1990年7月）
　2．は国内54名の沸騰研究最前線の研究者による沸騰の基礎と応用に関する知見の取りまとめ作業であり、1965年に出版された日本機械学会編「沸騰熱伝達」の改訂版との位置づけです。3．のワークショップでは、海外から著名な沸騰研究者 J.H.Lienhard 教授を招き、国内22名の沸騰研究者により議論する課題設定と資料取りまとめ等をなされました。このように、その当時の西尾先生は、「沸騰現象の素過程や沸騰熱伝達特性についてどのような知見が既に公表され、どこまでが解明され、何が未解決なのか」を調査・整理するターニングポイントにいたと思われます。それらを、西尾先生個人の視点で（ある意味大胆に、ある意味自由に）取りまとめたのが1．の生研セミナーテキストです。その特徴は、第1章に現れていて、その当時の西尾先生の沸騰熱伝達基本構造に対する視点が記されています。すなわち、固液接触割合をパラメータとして沸騰曲線を1つの連続曲線と捉え、この視点に立って、第5章以降の沸騰熱伝達特性の章立てを行っています。

　その後、この生研セミナーテキストを出版する計画もあったように聞いていますが、Van P. Carey 教授著の「Liquid-Vapor Phase-Change Phenomena(1$^{st}$ Ed.)」が1992年に出版され、沸騰曲線の捉え方に違いはあるものの、気液相変化素過程の解説に始まり沸騰・凝縮熱伝達の基本的特性を述べるという構成が生研セミナーテキストと類似のものであり、その時点の出版は見合わせることになったようです。また、序文の文章をそのまま引用すると、「1990年以降当然のことながら、沸騰に関する新たな知見が次々と発表されており、筆者の研究成果だけを見ても、膜沸騰蒸気膜ユニットモデル、接触界線長さ密度による高熱流束プール沸騰熱伝達モデ

ル、高温面スプレー沸騰冷却熱伝達特性、等に関する成果を論文発表している。」という状況にあります。これら様々な新知見もふまえて西尾先生は 1990 年代～2000 年代にかけて、東大の管理運営業務や各種学会運営業務、各種審議会業務等に追われる中、折に触れて生研セミナーテキストの大幅な改訂版を執筆されていました。そして、ようやく東大での管理運営業務から解放され、改訂版の仕上げに取りかかれるかと思われた 2008 年 9 月に、西尾先生は志半ばでお倒れになり、改訂版は未完のままとなっています。

　ほぼ同時期、2007 年 11 月～2017 年 3 月に日本機械学会熱工学部門「相変化研究会」（主査：小泉安郎教授）が設置され、沸騰研究徹底討論と前述の「沸騰熱伝達と冷却」の改訂版出版作業が行われました。この相変化研究会での議論により、「沸騰熱伝達と冷却」の改訂版の内容は 1990 年以降の日本の沸騰研究成果を英語で取りまとめ全世界で販売するものとしました。また、沸騰素過程や沸騰熱伝達の基本的特性については、日本語版は西尾先生の生研セミナーテキスト（1990 年版）を出版する方向性となりました。「沸騰熱伝達と冷却」の改訂版については、2017 年 6 月に「Boiling -Research and Advances-」として無事出版されました。このこともあり生研セミナーテキストについて、西尾研究室 OB 関係者数名が西尾先生と相談しながら、20 数年前のテキスト再入力・数式入力・図表スキャン・文章や数式や文献の校正等を行うこととなった次第です。

　編集・校正作業を行って改めて感じることは、研究に対する西尾先生の真摯な態度や思想です。「当然」といえばそうですが、研究を行うにあたり、まずは基礎的な学術知識を確認し、過去の研究成果の到達点や未解決点を御自身の視点により構造化して整理されていて、沸騰研究者はもちろん、他の分野の研究者にとっても本書は大変参考になるものと思います。

『沸騰熱伝達の基本構造』出版刊行委員会

平成 30 年（2018 年）1 月 13 日

著者紹介

## 西尾 茂文 (にしお しげふみ)

1949年　岐阜県出身
1977年　東京大学大学院工学系研究科博士課程　（舶用機械工学専攻）修了 工学博士
1995年　東京大学 教授（生産技術研究所）
2002年　東京大学 生産技術研究所 所長
2005年　東京大学 理事・副学長
現　在　東京大学 名誉教授
専　攻：熱事象学，熱制御工学，エネルギー工学，科学技術論
＜主な受賞歴＞
日本伝熱学会学術賞(1990)，日本機械学会賞（論文賞）(1994,2004)，日本冷凍空調学会論
文賞(2000)，日本機械学会熱工学部門業績賞(2001)，日本機械学会熱工学部門研究功績賞
(2009)，日本伝熱学会功労賞(2011)


◎『沸騰熱伝達の基本構造』出版刊行委員会

稲田　孝明　　　　産業技術総合研究所 研究グループ長 省エネルギー研究部門
大久保英敏　　　　玉川大学 教授 大学院工学研究科 機械工学専攻
大竹　浩靖　　　　工学院大学 教授 工学部機械工学科
白樫　了 ＜代表＞　東京大学 教授 生産技術研究所 機械・生体系部門
芹澤　良洋　　　　新日鐵住金株式会社 プロセス研究所
永井　二郎　　　　福井大学 教授 学術研究院工学系部門 機械工学講座

（五十音順）


◎本書スタッフ
アートディレクター/装丁：　岡田 章志＋GY
デジタル編集：　栗原 翔


●お断り
掲載したURL等は2018年2月28日現在のものです。サイトの都合で変更されることがあります。
●本書の内容についてのお問い合わせ先
株式会社インプレスR&D　メール窓口
np-info@impress.co.jp
件名に「『本書名』問い合わせ係」と明記してお送りください。
電話やFAX、郵便でのご質問にはお答えできません。返信までには、しばらくお時間をいただく場合があります。な
お、本書の範囲を超えるご質問にはお答えしかねますので、あらかじめご了承ください。
また、本書の内容についてはNextPublishingオフィシャルWebサイトにて情報を公開しております。
http://nextpublishing.jp/

●落丁・乱丁本はお手数ですが、インプレスカスタマーセンターまでお送りください。送料弊社負担 にてお取り替え
させていただきます。但し、古書店で購入されたものについてはお取り替えできません。
■読者の窓口
インプレスカスタマーセンター
〒 101-0051
東京都千代田区神田神保町一丁目 105 番地
TEL 03-6837-5016／FAX 03-6837-5023
info@impress.co.jp
■書店／販売店のご注文窓口
株式会社インプレス受注センター
TEL 048-449-8040／FAX 048-449-8041

## 沸騰熱伝達の基本構造

2018年3月23日　　初版発行Ver.1.0（PDF版）

著　者　西尾 茂文
編集人　宇津 宏
発行人　井芹 昌信
発　行　株式会社インプレスR&D
　　　　〒101-0051
　　　　東京都千代田区神田神保町一丁目105番地
　　　　https://nextpublishing.jp/
発　売　株式会社インプレス
　　　　〒101-0051　東京都千代田区神田神保町一丁目105番地

●本書は著作権法上の保護を受けています。本書の一部あるいは全部について株式会社インプレスR
&Dから文書による許諾を得ずに、いかなる方法においても無断で複写、複製することは禁じられてい
ます。

©2018 Shigefumi Nishio. All rights reserved.
印刷・製本　京葉流通倉庫株式会社
Printed in Japan

ISBN978-4-8443-9811-0

●本書はNextPublishingメソッドによって発行されています。
NextPublishingメソッドは株式会社インプレスR&Dが開発した、電子書籍と印刷書籍を同時発行できる
デジタルファースト型の新出版方式です。https://nextpublishing.jp/